海洋档案文化产品开发体系研究和建设实践

薛惠芬 徐文斌 等编著

天津出版传媒集团

天津人民出版社

图书在版编目（CIP）数据

海洋档案文化产品开发体系研究和建设实践 / 薛惠芬等编著 . -- 天津 : 天津人民出版社, 2025. 2.
ISBN 978-7-201-21007-0

Ⅰ. P7
中国国家版本馆CIP数据核字第202540D6D5号

海洋档案文化产品开发体系研究和建设实践
HAIYANG DANG´AN WENHUA CHANPIN KAIFA TIXI YANJIU HE JIANSHE SHIJIAN

出 版	天津人民出版社	
出 版 人	刘锦泉	
地 址	天津市和平区西康路35号康岳大厦	
邮政编码	300051	
邮购电话	（022）23332469	
电子信箱	reader@tjrmcbs.com	

责任编辑	张 璐		
特约编辑	崔 怡	徐冰莲	
装帧设计	汤 磊		

印 刷	北京虎彩文化传播有限公司
经 销	新华书店
开 本	710毫米×1000毫米 1/16
印 张	23.5
字 数	350千字
版次印次	2025年2月第1版 2025年2月第1次印刷
定 价	88.00元

序

海洋档案是海洋和人类海洋活动最真实、最直接、最原始的历史记录，是海洋文化重要的信息载体。中国海洋档案馆作为国家海洋档案资源集中保管和开发利用的基地，栉风沐雨40余年，在档案资源建设、档案保管保护、档案信息化、档案利用和产品开发服务等方面都取得了长足的发展，为我国海洋综合管理、海洋经济建设、海洋权益维护等各项海洋工作提供了不可或缺的档案信息服务。

《海洋档案文化产品开发体系研究和建设实践》一书，就是在一大批海洋档案文化产品开发和服务的基础上，对档案服务海洋文化建设研究和实践成果进行进一步梳理、凝练和提高而成的。该书内容丰富，既有理论研究，阐明了海洋档案的文化属性和产品开发的内涵和要求，深入浅出地分析了海洋档案文化产品开发体系框架的结构、组成及相互关系；又有实践总结，形成了不同类型海洋档案文化产品开发的技术和方法，提出了产品开发的关键要素；还有成果分享，彰显了新中国海洋的成就，表现了海洋档案文化产品开发实践的成果和魅力。该书融合职业技能、专业知识和文化气息，不仅可以为档案工作者和海洋工作者开展档案文化产品开发服务提供管理上和技术上的参考，还可以为大专院校师生和社会公众认识档案、了解海洋提供新的途径。

习近平总书记指出："档案工作是一项非常重要的工作，经验得以总结，规律得以认识，历史得以延续，各项事业得以发展，都离不开档案"。中国共产党成立100周年之际，习近平总书记又指出"档案工作存史资政育人，是一项利国利民、惠及千秋万代的崇高事业"，并强调"加强党对档案工作的领导，贯彻实施好新修订的档案法，推动档案事业创新发展，特别是要把蕴含党的初心使命的红色档案保管好、利用好，把新时代党领导人民推进实现中华民族伟大复兴的奋斗历史记录好、留存好，更好地服务党和国家工作大局、服务人民群众"。海洋档案工作者要深入学习领会习近平总书记对档案工作的重要论述，挖掘馆藏资源，开发海洋档案文化产品，让更多的社会公众更好地了解新中国的海洋发展和成就，传承海洋文化，弘扬海洋精神。也希望该书的出版，能促进档案工作更好地服务海洋强国建设，让新中国的蓝色印记熠熠生辉！

国家海洋信息中心主任
中国海洋档案馆馆长
2025年1月

前 言

海洋乃人类生命的摇篮。海洋档案记录了人类认识海洋、开发利用海洋的历史，真实反映了人类海洋活动的轨迹，蕴含着丰富的文化属性，是传播和传承海洋文化、助力海洋强国建设和文化强国建设的重要载体。加强海洋档案文化产品开发服务的系统化、规范化、常态化建设，构建海洋档案文化产品开发体系，有序有效开发服务系列海洋档案文化产品，是发挥海洋档案的文化价值、提高海洋档案公共服务能力的必然途径。

海洋档案文化资源挖掘、产品开发和服务起步于2012年，随着实践工作的逐步深入，工作成效也逐步显现，并引起社会公众的关注。2022年，我们总结分析了多年的实践经验，形成了"专业档案赋能的新中国海洋档案文化产品体系框架建设研究与实践"成果，并获得了国家档案局的优秀科技成果奖。为了更好地发挥该成果的作用，进一步提高海洋档案文化产品开发服务的能力和成效，2024年我们在该成果的基础上，从体系建设和运行视角，开展了相关内容的理论研究，对现有海洋档案文化产品开发服务及其相关业务的技术、方法进行凝练、提高和升华，经过1年的努力，最终将理论、实践和成果融为一体，撰写成书。

本书共有8章38节，各章主要内容如下：

第一章是关于海洋档案、海洋档案文化产品概念分析及本书研究对象定位。主要包括档案、海洋档案、海洋档案文化特征、海洋档案文化产品等，书中涉及主要概念的定义、特征和属性等。

第二章是关于海洋档案文化产品开发的需求及体系建设的价值。主要是从文献研究角度分析现状，总结近五年来国家在档案文化产品开发的实践情况，论述海洋档案文化产品开发的需求及其体系价值。

第三章是关于海洋档案文化产品开发体系的框架。主要包括产品开发体系框架构建的理论依据、建设理念、形成过程和框架结构，以及构成部分在体系中的定位、内容组成、互相之间的关系等。

第四章是海洋档案文化产品开发体系支撑保障实践内容。主要从体系运行方案计划和程序规范两个方面介绍编制的总体要求、编写程序和方法、注意事项或拟解决关键问题及实践中形成的方案计划、程序规范等，同时阐述体系运行中跨界人才队伍的构成和建设途径。

第五章是关于海洋档案文化产品开发资源管理实践的内容。首先提出海洋档案文化资源和资源整合的原则、方法和要求，然后从馆藏档案资源挖掘、海洋事实数据整合管理、档案资料网络搜集和接受捐赠、口述历史采集、珍贵史料仿真等六个方面，归纳形成相应的程序和方法及实践成果。

第六章是关于海洋档案文化产品开发实践的内容。总结提出海洋档案文化产品开发的一般流程和方法，并以展览展示、档案视频制作、史料文章编撰、档案整编四类产品为分析对象，详细阐明各类型产品开发的程序、方法和要点。

第七章是关于海洋档案文化产品传播服务实践的内容。主要包括海洋档案文化产品传播理念和传播方法，以及基于"海洋档案"微信公众号、"海洋档案信息网"网站的传播和多形式的现场传播及其他媒体平台传播的实践情况等。

第八章是海洋档案文化产品开发体系建设实践中形成的各类典型产品案例介绍，包括八个案例的形成背景、概况、亮点、影响和效果、部分产品的文字内容。这些案例展示了新中国海洋发展的历史和成果，具有欣赏价值和参考价值。

本书结构及各章节内容由薛惠芬和徐文斌共同研究确定，其中第一、四、五、六、八章由薛惠芬主要撰写，第二、三、七章由徐文斌主要撰写。其他参与撰写的人员有：于钊，参与了第二章第一节、第四章第二节、第五章第四节、第五章第五节、第六章第五节等的撰写；孙晓燕，参与了第一章第二节、第三章第一节、第四章第一节、第四章第三节、第六章第四节等的撰写；李渊玮，参与了第三章第四节、第七章第二节、第八章第七节等的撰写；岳晓峰，参与了第五章第七节、第八章第八节等的撰写；余林夕，参与了第五章第二节、第五章第三节的撰写；门翔，参与了第六章第三节的撰写；陈继香，参与了第五章第三节的撰写。全书由薛惠芬统稿、徐文斌审校，上述参与撰写的人员均参与了内容校对工作。书中涉及海洋档案文化产品案例的主要完成人除以上参加本书撰写的人员，还有王文玫、卢明生、孙雨新、李瑛、侯智洋、李维杉、刘巍、杜琛骛、杨再冉、胡玉潇、杨益等。

本书最终付梓，要特别感谢中国海洋档案馆馆长、国家海洋信息中心主任石绥祥对撰写工作的重视和支持，以及对本书撰写提出的宝贵意见。感谢国家海洋信息中心副主任李双建，为本书编写大纲提出非常好的意见，协调本书的出版。感谢国家海洋信息中心原纪委书记刘小强长期以来对海洋档案文化产品开发实践工作的辛苦付出和用心策划。在此也利用这个机会，感谢一直支持、鼓励和帮助我们的领导、同事和朋友。

本书的撰写过程也是我们学习研究的过程，档案相关领域的研究成果给了我们很大的帮助，凡引用内容在参考文献中已尽量注明，在此对相关作者表示感谢，如有疏漏和不周之处也请谅解。由于我们学识、水平和能力有限，理论研究还不够深入，实践总结还不完全到位，难免存在不足和遗憾，期待读者批评指正，以便我们在研究和实践中进一步完善和提高。

编著者

2024 年 12 月

目 录
contents

序 ……………………………………………………………………… 01

前 言 ……………………………………………………………… 03

第一章 海洋档案和海洋档案文化产品 ……………………… 01
    第一节 海洋档案的概念 ………………………………… 03
    第二节 海洋档案文化特征 ……………………………… 13
    第三节 海洋档案文化产品 ……………………………… 28

第二章 海洋档案文化产品开发需求和体系价值 …………… 33
    第一节 档案文化产品开发体系研究和实践分析 ……… 35
    第二节 海洋档案文化产品开发需求 …………………… 50
    第三节 海洋档案文化产品开发体系价值 ……………… 56

第三章 海洋档案文化产品开发体系框架 …………………… 59
    第一节 产品开发体系建设基于的理论方法 …………… 61

第二节　产品开发体系框架结构和设计 ·················71

第三节　产品开发体系框架各部分作用 ·················78

第四节　产品开发体系框架各部分内容 ·················86

第四章　海洋档案文化产品开发支撑保障实践 ··············105

第一节　运行方案计划 ·····························107

第二节　运行程序规范 ·····························115

第三节　跨界专业团队 ·····························122

第五章　海洋档案文化产品开发资源管理实践 ··············125

第一节　海洋档案文化产品开发资源管理策略 ·············127

第二节　馆藏海洋档案文化资源挖掘 ···················134

第三节　海洋事实数据资源整合管理 ···················141

第四节　档案资料网络搜集 ·························147

第五节　接受档案资料捐赠 ·························158

第六节　海洋口述历史采集 ·························170

第七节　珍贵史料高度仿真 ·························182

第六章　海洋档案文化产品开发实践 ··················189

第一节　海洋档案文化产品开发要求、原则和方法 ··········191

第二节　档案展览展示 ·····························198

第三节　档案视频创作 ·····························219

第四节　史料文章编撰 ·····························236

第五节　档案整编 ·······························247

第七章　海洋档案文化产品传播服务实践 ·········· 255

　　第一节　海洋档案文化产品传播服务实践理念 ········· 257

　　第二节　微信传播 ································· 259

　　第三节　网站传播 ································· 271

　　第四节　现场传播 ································· 276

　　第五节　拓展媒体传播渠道 ······················· 283

第八章　海洋档案文化产品典型案例 ··············· 287

　　第一节　"蓝色印记"档案展厅 ····················· 289

　　第二节　中国南极长城站建站专题视频 ··············· 302

　　第三节　海洋系统第一台电子计算机微纪录片 ········· 309

　　第四节　新中国海洋不能忘记的29名专家专题视频 ········· 316

　　第五节　纪念我国首次洲际导弹全程飞行试验成功40周年专题
　　　　　　产品 ································· 323

　　第六节　"那年今日"系列专题文章 ················· 333

　　第七节　"中国海洋之开端"系列专题文章 ··········· 342

　　第八节　"蓝色印记"纪念徽章 ····················· 352

附录　我们用档案点亮新中国的蓝色印记 ············ 359

第一章

海洋档案和海洋档案文化产品

　　档案作为人类社会活动的客观记录和传播载体，是贮存、获取和传承人类文化成果的重要形式与物质财富。海洋档案是国家重要的信息资源，具有丰富的海洋文化元素，而海洋档案文化产品则是档案部门利用档案资源传播和传承海洋文化的载体。本章重点介绍海洋档案的概念、文化特征及海洋档案文化产品的概念、属性和种类等。

第一节　海洋档案的概念

一、档案的概念

（一）档案的定义

档案作为人类社会活动的客观记录和传播载体，是贮存、获取和传承人类文化成果的重要形式与物质财富。我国目前发现记述档案名称来历较早的古籍是清代杨宾的《柳边纪略》，这本书记述了杨宾在康熙二十八年（1689）到柳条边外宁古塔驻军营地看望父亲途中的所见所闻，其中有这样的记载："边外文字多书于木，往来传递曰牌子，以削木片若牌子故也，存贮年久者曰档案，曰档子，以积累多贯皮条若档故也，然今文字之书于纸者，亦呼为牌子，为档子……"①这段文字传递了这样的信息："木"为文字的载体，"纸"也是文字的载体，都叫牌子，这些牌子放久了，就叫"档案"。随着社会的发展，文字记录载体不断发生变化，从古至今有甲骨档案、铭文档案、简牍档案、缣帛档案、纸质档案、电子档案，等等。

最先出现档案定义的是《档案的整理与编目手册》，也称"荷兰手册"，该手册认为档案是"某一行政机关或某一官员正式收到或产生的并指定由该机关或官员保管的文件、图样和印制品的总和"。②但这一定义仅将档案限定于行政公务范围内。英国档案专业创始人希拉里·詹金逊认为：档案是"某一行政管理或行政事务（无论为公共的还是私人的）实施过程中所拟就或使用，成为该事务过程的组成部分，事后由该事务过程之负责人或其合法继承者保管以备不时查考的各种文件"。该定义在

①《档案工作》编辑部.档案史话[M].北京：档案出版社，1986.
②斯·缪勒，伊·阿·裴斯，阿·福罗英.档案的整理与编目手册[M].中国人民大学历史档案系档案室教研室，译.北京：中国人民大学出版社，1959.

一定程度上指明了档案的保存（查考）价值，但适用范围仍具有相当大的局限性。①同时，意大利档案学家欧根尼奥·卡萨诺瓦、德国档案学家阿道夫·布伦内克等欧洲著名档案学家对档案的定义均围绕政务"文件"展开，内容大同小异。由于意识形态的不同。苏联与东欧原社会主义国家对档案的认识相对宏观，他们认为：档案不仅仅是统治阶级为巩固政权而保存的机关政务文件，还包括一些社会组织、家庭或个人在进行实践活动时形成的关于历史、文化、艺术、科学等诸多领域的书信、文稿、画作、照片、图纸、录音录像等材料，由社会全体成员共同享有。

我国学界对档案定义的探究也颇为丰富。1938年出版的《档案管理与整理》提出：档案与文书是处于不同时期的同一事物，只是因需长期保存而留待参考的文书才可称为档案。②新中国第一任国家档案局局长、中央档案馆馆长曾三认为："档案是本机关（包括工厂企业）在工作和生产中形成的文书材料、技术文件、影片、照片、录音带等，经过一定的立卷归档制度，而集中保管起来的材料。"③中国当代著名档案学家陈兆祦与和宝荣认为："档案是机关、组织和个人在社会活动中形成的，作为历史记录保存起来以备查考的文字、图像、声音及其它各种方式和载体的文件材料。"④

1988年1月1日施行的《中华人民共和国档案法》，第一章总则第二条："本法所称的档案是指过去和现在的国家机构、社会组织以及个人从事政治、军事、经济、科学、技术、文化、宗教等活动直接形成的对国家和社会有保存价值的各种文字、图表、声像等不同形式的历史记录。"这是首次在法律层面上给出了档案的定义，规范了档案的内涵和外延。1994年出版的《档案学词典》⑤中直接引用了《中华人民共和国档案法》中对档案的定义。现行《档案工作基本术语》（DA/T 1-2000）则定义档

①T·R·谢伦伯格.现代档案——原则与技术[M].黄坤坊等，译.北京：档案出版社，1983.
②何鲁成.档案管理与整理[M].北京：档案出版社，1987.
③曾三.当前技术档案工作的几个基本问题[J].档案工作，1960，（1）：3-5.
④陈兆祦，和宝荣.对档案定义若干问题的探讨[J].档案工作，1982，（5）：15-22.
⑤吴宝康，冯子直.档案学词典[Z].上海：上海辞书出版社，1994.

案为"国家机构、社会组织或个人在社会活动中直接形成的有价值的各种形式的历史记录"。该定义在内容表述上进行了简化,主语里删除了"过去和现在的",用"社会活动"代替了"从事政治、军事、经济、科学、技术、文化、宗教等活动",用"有价值"代替了"对国家和社会有保存价值",用"各种形式"代替了"各种文字、图表、声像等不同形式"等,扩大了档案的外延。而《中华人民共和国档案法》所指的档案是受法律约束和保护的档案,不是从术语上定义的档案。

2021年1月1日开始施行,修订后的《中华人民共和国档案法》第二条定义:"本法所称档案,是指过去和现在的机关、团体、企业事业单位和其他组织以及个人从事经济、政治、文化、社会、生态文明、军事、外事、科技等方面活动直接形成的对国家和社会具有保存价值的各种文字、图表、声像等不同形式的历史记录。"对比《中华人民共和国档案法》初次施行版本,这个定义有两个变化,一是进一步明确和规范了主语,用"机关"代替了"国家机关",用"团体、企业事业单位和其他组织"代替了"社会组织",二是对枚举的活动进行了重新排序,并增加了"社会""生态文明""外事",将"科学"和"技术"合并为"科技",删除了"宗教",但档案的本质特征并未改变。

(二)档案的特点

以《中华人民共和国档案法》《档案工作基本术语》中的定义为依据,相较其他类型的信息资源,档案具有"历史""直接形成""具有价值""各种形式""显性记录和隐性记录的集合体"五个方面的特点。

1.档案是历史记录

档案具有原始性且不可再生,即档案是办理完毕并归档保管的材料。正在办理过程中的文件材料不是历史记录,但在办理过程中形成的过程性材料在办理结束后即为历史记录。因此"办理完毕"是鉴定一份文件材料成为档案的依据之一。

2.档案是直接形成的历史记录

历史记录有一定的来源且形成具有规律,即档案具有所有性,是形成者的档案。"文件材料归档范围"既是档案工作重点，也是判断文件是否成为档案的依据之一。凡非本单位形成的且不需要本单位办理的文件材料，均不属于本单位档案。

3. 档案是具有价值的历史记录

历史记录转换为档案是有条件的，即不是所有的历史记录都能成为档案。"价值鉴定"成为档案工作中一个重要内容，"档案保管期限"是档案价值的重要体现。

4. 档案是各种形式的历史记录

历史记录的形式和记录的载体具有多样化的特点，即判断一份材料是否是"档案"，与记录形式和记录载体无关。文字、数字、表格、图形、图片、照片、声音、影像等都是档案记录的方式，一切镌刻和书写了历史记录的材料，或者记录了声音和影像的介质，或者活动形成的物体，都是档案记录的载体。

5. 档案是显性记录和隐性记录的集合体

任何一份档案都不是孤立的，其表现形式是显性记录，一份纸质文件、一张照片、一幅图片，或者一张电子光盘，或者一个印章、奖杯，都是可以被看到的，并具有可以直接识别的相关信息。但档案更是具有丰富的隐含在背后的相关信息，如一张照片不仅有人物等事件信息，而且还有更多背后的故事。这些隐性记录恰是若干个显性记录的纽带，形成档案集合体。

（三）与有关概念的区别和联系

档案学在我国高等院校现有学科体系设置中，常与"图书馆学""情报学"从属于信息管理类一级学科，如中国人民大学的信息资源管理学院及南京大学、武汉大学、中山大学等信息管理学院。但图书、情报、档案在内容、功能和形式上各有侧重，档案重在原始记录和社会实践，强调其信息是直接形成的；图书则是现有信息再加工以后的信息集合，主观性比较强；情报强调获取途径，重点在于该信息对非所有者和获取者的价值。三者在整理加工、保存利用、提供服务等方面具有各自的理论体系和实践要求，本书不作具体分析。

资料、文献是两个泛称的概念，"档案""图书""情报"对使用者来说都属于"资料"或"文献"。但"资料"也常常与"档案""图书""情报"连用，形成"档案资料""图书资料""情报资料"。这种连用方法，在一定程度上丰富了相关领域的工作范畴。但在档案工作中，"资料"代表"非档案"类型的信息资源，如立档单位收集保管的具有重要参考价值的情报资料、图书文献及不归档的文件等，档案馆通过接受捐赠、复制、购买、交换等途径收集的具有保存价值的历史记录载体等，从档案管理视角来看，常常都被称为"资料"。

二、海洋档案定义

（一）海洋档案制度标准中的定义

1999年10月29日，国家海洋局、国家档案局联合发布了《海洋档案管理规定》，其第二条提出："本规定所称的海洋档案是指国家机构、社会组织和个人，在从事海洋的管理、科研调查、资源开发、公益服务、对外合作与交流以及海洋部门党政工作等活动中直接形成的，对国家及社会有保存价值的各种文字、图表、声像等不同形式的原始的历史记录"。《海洋科学技术研究档案业务规范》（HY/T 056-2010）、《海洋管理机关档案业务规范》（HY/T 057-2011）、《海洋调查观测监测档案业务规范》（HY/T 058-2010）和《海洋行政执法档案业务规范》（HY/T 139-2011）四个海洋行业标准中相应的档案定义均为相应活动中"直接形成的有保存价值的各种载体的历史记录"。

《国家海洋专项档案管理办法》（海办发〔2013〕29号）明确国家海洋专项档案为："专项任务从预研、立项、实施、验收、成果应用转化和后评价等活动中形成的具有保存价值的各种类型和载体形式的历史记录。"同时在多个海洋专项档案管理制度中，也明确将相应的专项档案或专项文件材料定义为在与项目全周期相适应的全流程实施过程中形成的档案或文件材料。2020年9月，国家档案局、科技部第15号令《科学技术研究档案管理规定》第三条明确："科研档案是指科研项目在立项论证、研究实施及过程管理、结题验收及绩效评价、成果管理等过程中形成的，具有保存价值的文字、图表、数据、图像、音频、视频等各种形式和载体的文件材料及标本、样本等实物"。可以看出，国家海洋专项档案在形成主体、覆盖范围、档案类型和形式等方面与国家对科学技术研究档案的描述是完全一致的。

（二）与其他专业档案定义的区别

从施行的海洋档案有关规章和标准来看，海洋档案的概念只有"海洋活动"的限制，无形成主体、档案内容和档案形式的限制。从广义上来看，一切与海洋相关的活动所形成的档案都可以称之为海洋档案，这个定义与有些专业档案的定义存在不同之处。如《环境保护档案管理办法》（2016版）中的环境保护档案是"指各级环境保护主管部门及其派出机构、直属单位，在环境保护各项工作中和活动中形成的，对国家、社会和单位具有利用价值、应当归档保存的各种形式和载体的历史记录"。该定义与"海洋档案"的根本区别在于，环境保护档案的形成主体是"各级环境保护主管部门及其派出机构、直属单位"，"海洋档案"的形成主体是"国家机构、社会组织和个人"。因此，海洋主管部门及其相关机构等在海洋环境保护工作中形成的档案，就不属于《环境保护档案管理办法》的定义范围。对比之下，现有"海洋档案"的内涵要丰富一些，其外延也相对宽泛。

（三）本书的理解

依据《中华人民共和国档案法》对档案的定义，参考《海洋档案管理规定》，本书理解的海洋档案是：过去和现在的机关、团体、企业事业单位和其他组织及个人，在从事海洋的管理、科研调查、资源开发、公益服务、对外合作与交流及海洋部门党政工作等活动中直接形成的，对国家和社会具有保存价值的各种文字、图表、声像等不同形式的历史记录。

三、海洋档案类别

（一）从档案内容来看

从档案内容来看，海洋档案包括海洋管理机关档案、海洋科学技术研究档案、海洋调查观测监测档案和海洋人物档案等。

1.海洋管理机关档案

根据《海洋管理机关档案业务规范》，海洋管理机关档案是各级海洋管理机关从事管理工作中形成的档案。海洋管理机关档案内容涉及综合行政、业务管理以及党、纪、审、妇、工、团工作等方方面面。其中业务管理是海洋管理机关档案中的特色档案，有海洋政策与法规、海洋经济与规划、海域与海岛管理、海洋环境保护、海洋观测预报与防灾减灾、海洋科研与调查、国际合作与维权、海洋维权执法、海洋学术研究等。

2.海洋科学技术研究档案

根据《海洋科学技术研究档案业务规范》，海洋科学技术研究档案是以完成项目和任务为目标开展的海洋自然科学研究、海洋社会科学研究、海洋设备研制、海洋技术开发、海洋工程建设等活动中形成的档案，包括管理类档案和技术成果类档案两大部分，其内容涉及项目和任务在预研、立项、实施、验收、鉴定、报奖和推广应用全过程。

3.海洋调查观测监测档案

根据《海洋调查观测监测档案业务规范》，海洋调查观测监测档案是常态化开展的海洋调查、海洋观测和海洋监测活动中形成的档案，其内容包括获取的原始数据记录、室内分析记录和成果报告及影响调查、观测和监测记录质量的有关档案。

4.海洋人物档案

海洋人物档案是指对我国海洋工作做出重大贡献的人物在学习、工作中形成的各种载体和形式的档案及资料。

（二）从形成主体来看

从形成主体来看，有海洋立档单位档案、国家海洋重大项目档案和珍贵历史档案。

1.海洋立档单位档案

专门海洋工作机构形成的档案，如原国家海洋局及其所属各单位（含挂靠单位、临时机构、已撤销单位）形成的反映其主要职能活动和历史面貌的档案。这些档案形成主体明确，即专门的海洋工作机构，一般是指各级海洋主管部门及其所属单位。将这些单位形成档案纳入海洋档案范围，与其隶属关系有关。

2.国家海洋重大项目档案

国家海洋重大项目档案是指国家海洋主管部门牵头组织实施或下达有关单位承担的海洋项目形成的档案，包括项目管理部门和任务承担单位在项目管理和实施过程中形成的全部档案。国家海洋重大项目档案形成主体从顶层来看是海洋主管部门，从档案形成者角度来看，则涉及全部项目承担和参加单位。

3.海洋珍贵历史档案

有关单位或档案馆通过购买、接受捐赠等方式获得的，具有重要保存价值的，能反映我国不同时期海洋工作和海洋状况的档案。这些散存和散失在境内外组织或个人手里的海洋珍贵历史档案，主要内容与我国海域或海洋相关活动有关，与形成主体无直接关系，如新中国成立以前尤其是明清和民国时期形成的或外国组织和个人形成的。有些则与形成主体有关，内容上可能与海洋没有直接关系，如海洋人物档案。

（三）从表现形式来看

海洋档案是"各种形式的历史记录"，同一般档案一样具有文字、图表、图形、图像、声音、影像、实物等表现形式。但在具体内容上，海洋档案有着自己的特色。

1.海洋观测记录表

海洋观测记录表是描述海洋状况信息的直接载体。如将海上现场观测或室内样品分析获取的信息，用文字、数字和符号等记录在既定格式的表格里，形成的原始记录表；将相同或相近学科要素的现场观测或室内分析数据及其相关信息抄录在既定格式的表格里，形成的综合性记录表等。

2.海洋图形

海洋图形是通过线条、色彩等来描述海洋状况的一种记录形式。有海洋仪器在自动观测过程中连续描记的曲线或轨迹，如温度、湿度自记曲线；还有基于海洋数据，用计算机或者手工绘制的反映海洋状况或海洋学特征的图形，如剖面图、等值线图、矢量图、玫瑰图等。

3.海洋图像

海洋图像是通过画面表现海洋状况的一种记录形式。如早期 XBT 传感器生成的照片，海洋卫星遥感器和航空遥感器生成的图像，海上调查用相机拍摄的照片等。

4.电子数据

随着海洋观测技术的发展和应用，反映海洋状况的信息可直接形成量化的电子数据。有海洋调查观测监测传感器直接获取的反映海洋状况的科学数据，如温度、湿度、风等传感器，卫星遥感、地波雷达、Argo浮标等；有样品样本分析仪器自动生成的反映其属性的数据等。

5.海洋样品

海洋样品是直接承载海洋状况信息的记录，因其具有代表性、典型性、不同的生命周期和人文记录特征等形成特点，以及历史记录和再利用等档案属性，成为海洋档案特有的记录形式。海洋样品是自然产物，不同于一般实物档案，其人文记录是隐性的，其核心的凭证作用是对样品实体进行物理、化学和生物等物质特性的再分析。[①]

---

①薛惠芬，袁泽轶.论海洋科学调查样品管理的档案属性[J].海洋开发与管理，2011，28（1）：11-13+28.

（四）从记录介质来看

海洋档案的记录介质即存储载体，总体上有两种类型。一种是人工可直接记录及肉眼可直接读取信息的载体，包括全部可以记录或书写的材料，如纸张、织品、木石、器皿等，其中以"纸"为现代海洋档案的主要记录介质。由于海洋档案的形成方式不一样，海洋纸质档案在幅面、规格上有很大的差别，最具特色的是自动观测设备直接形成的记录纸，有的可以装订成册，有的则是以"卷轴"形式呈现。另外一种就是借助特定软硬件设备记录和读取信息的存储介质，如穿孔纸带、胶片、磁带、磁盘、磁鼓、光盘等，也包括计算机软硬件设备或特定的刻录机、阅读机、播放机等，这些档案通常称为模拟档案或电子档案。

还有无须特定载体，其实体可以独立存在，但与其信息是分离的档案，如设备模型、仪器样机和海水、底质、生物等样品类档案。这类档案的相关信息则存储在上述两类载体上。

四、海洋档案属性

海洋档案不仅具有一般档案的基本属性，更有自身的特性。

（一）基本属性

从档案视角来看，海洋档案具有档案的基本属性，即历史属性和再利用属性。海洋档案的历史属性体现在两个方面，一是海洋档案承载着人类认识海洋、利用海洋、经略海洋的历史，二是海洋档案记录着海洋历史上不同时期的自然特征和人文特征。档案的再利用属性是指档案有价值。在《档案工作基本术语》中，档案价值被定义为"档案对国家机构、社会组织或个人的有用性"。海洋档案具有极高的再利用价值，主要表现在凭证价值、研究价值和展示价值三个方面。

（二）特有属性

科学属性和人文属性是海洋档案的特有属性。科学属性又分为自然科学属性和社会科学属性，是指通过科学方法对其进行分析研究，获取反映海洋相关事物的特征和规律，并为人们掌握和利用。海洋档案的自然科学属性表现为其蕴含着的海洋自然环境信息，如第一手获取的海洋自然环境数据和海洋样品，它作为不可再生资源，是海洋自然科学研究不可或缺的组成部分，可以用于海洋自然环境演变规律研究、海洋环境特征再分析研究，还可以为建立海洋自然环境变化模型提供基础信息。海洋档案的社会科学属性表现在其蕴含丰富的各种海洋活动的信息，如海洋开发和利用、海洋生态保护等，这些信息是了解历史真实面貌的独家途径，是"鉴过去、明现在、展未来"的重要信息资源，通过对这些档案信息进行科学研究，可以更好地为未来的海洋工作提供支撑。

海洋档案的人文属性是指其记录的国家机构、社会组织或个人从事海洋活动的信息，是海洋活动记录的组成部分。海洋档案的人文属性有显性的，也有隐性的。显性信息是指在档案上承载的可以直接被识别的有关海洋活动的信息，如调查记录表上承载的"记录人""审核人"，海洋样品的包装标志，以及为保持这些实物的一些成分属性进行的处理信息，在海洋活动中形成的各种管理记录等。隐性信息是指海洋档案本体上没有表现出来的但与其密切的其他信息，如海洋样品获取的时空条件、采集方式、价值确定及调查项目信息等。

第二节　海洋档案文化特征

一、档案和文化之间的关系

（一）文化

"文化"即"纹化"，这是文化最初的本义，"文化"是由"纹化"演化而来的。在汉语中，"文"有"纹"的意思，指"纹理"，引申为某种特征，"化"本义为改易、生成、造化，引申为用行动使对象发生某种改变。[①]在我国，自古便有礼仪风俗、文治教化、典章制度等说法，文化意识至少可追溯到东周时期。近代开始，文化内涵随着西方人文科学的涌入而得到不断地扩充和丰富。

国外各学科领域的学者们相继围绕这一概念形成了各自对文化的理解。英国著名人类学家爱德华·伯内特·泰勒在《原始文化》中提及，"文化或者文明，是一个错综复杂的总体，包括知识、信仰、道德、法规、习俗以及所有作为社会成员的人所获得的其他能力和习惯的符合整体"[②]。美国人类学家阿尔弗雷德·克洛依伯和克莱德·克拉克洪在列举和分析近200个文化概念与定义的基础上提出，"文化由外显的和内隐的行为模式构成，这种行为通过象征符号而获致和传递，文化代表了人类群体的显著成就"[③]。有苏联学者认为，"文化是受历史制约的人们的技能、知识、思想感情的总和，同时也是其在生产技术和生活服务的技术上、在人民教育水平以及规定和组织社会生活的社会制度上、在科学技术成果和文学艺术作品中的固化和物质化"[④]。法国维克多·埃尔在其著作《文化概念》一书中表示，"文化就是对人进行智力、美学和道德方面的培养，文化并不是包括行为、物质创造和制度的总和"[⑤]。美国佛蒙特大学人类学系威廉·A.哈维兰教授在其著作《当代人类学》中将文化定义为"文化是一系列规范或准则，当社会成员按照它行动时，该行为应限于社会成员认为合适和可接受的变化范围内"。西方国家文化概念丰富多样，但无论是深邃的精神意志，还是包罗万象的社会化成果，文化都是人类共享的财富。

我国许多学者对文化的认识基于《辞海》中的两层含义："广义文化，指人类社会历史实践过程中所创造的物质财富和精神财富的总和。

---

①陈辉.档案模式文化变迁分析[J].档案学研究，2013，（4）：4-8.

②爱德华·泰勒，原始文化[M].蔡江浓编译.杭州：浙江人民出版社，1988.

③王英玮.档案文化论[M].北京：中国人民大学出版社，1998.

④王威孚，朱磊.关于对"文化"定义的综述[J].江淮论坛，2006，（2）：190-192.

⑤维克多·埃尔.文化概念[M].康新文等译.上海：上海人民出版社，1988.

狭义文化，指社会的意识形态，以及与之相适应的制度和组织机构。"①
哲学家任继愈认为，那些能够代表一个民族特点的精神成果是狭义上的
文化，其中宗教信仰、民俗特色、科学思想、饮食器服、艺术作品等内
容则都属于广义的文化范畴。国学大师梁漱溟在《中国文化要义》中谈
及："我今说文化就是吾人生活所依靠之一切，意在指示人们，文化是极
其实在的东西。文化之本义，应在经济、政治，乃至一切无所不包。"②
综上，文化并不是拘泥于艺术、历史、哲学或科学等某一专指领域的产
物，而是囊括人类生产生活的方方面面，是人类认识和改造自然、社会
的实践经验的总结和物质形态的凝聚。

（二）档案文化

人类社会的文化肇始于何时，迄今尚无定论。可以肯定的是：档案
是人类辛勤劳动和智慧创造的文化之果，通过千年的发展和传承，使人
类自身逐渐摆脱了蒙昧和野蛮，从而进入灿烂、文明的社会。但档案文
化并不是自发形成的，而是伴随着档案与档案活动的形成而发生发展的。
纵观文化与档案的概念也可发现，形式多样、内容丰富的档案是人类获
取、保存和传承多种文化的重要方式，是人类文明进步的阶梯。因此，
围绕档案与档案活动产生并传播的文化就是档案文化。

档案文化概念最早见于1989年一篇名为《档案文化意识：理性的呼
唤——纪念"五四"运动七十周年的思考》③的文章，作者阿迪利用文化
的视角对档案与档案工作进行了审视，该文章让这种新的研究视角成为
档案学界广泛关注的热点。王英玮在《档案文化论》这一著作中定义档
案文化"是人类社会各种组织和社会成员，通过有意识地创造性劳动，
逐步积累和保存下来的维系和促进人类历史文明延续和发展的物质与精

---

①辞海编辑委员会.辞海[Z].上海：上海辞书出版社，1979.
②梁漱溟.中国文化要义[M].上海：上海人民出版社，2018.
③阿迪.档案文化意识：理性的呼唤——纪念"五四"运动七十周年的思考 [J].
档案与建设，1989，（2）：14-17.

神文化财富"①。他还提出档案文化这一概念，有广义和狭义之分。狭义的档案文化一般仅指作为人类物质文明和精神文明的记录与反映的档案信息及其载体，即档案实体文化。广义的档案文化，则除了档案实体文化之外，还包括人类有效管理和利用这种实体文化成果而采取的活动方式及其创造出来的档案事业。②

冯子直认为："档案是文化，除了档案是文化以外，围绕档案所进行的管理工作和服务工作以及档案馆（库）基础设施也是文化，档案事业也是一项文化事业，档案和档案事业的作用所产生的各种效益以及人们的档案观念和社会档案意识，也是档案文化的重要内容。"③还有学者认为档案文化"是人类群体在实现自身目标过程中逐渐形成的具有行业特点并得到共同遵循的档案观、档案管理理念与模式以及与之相关联的物质载体的总和"④。

综上，档案载体以及形成档案需要的各种实体材料是人类创造的物质文化成果，档案中记录、承载、传播的风俗习惯、伦理道德、法律制度、宗教信仰、传统艺术等内容是人类共同享有的精神文化财富，某一特定时期围绕档案所产生的意识观念或进行的一切活动是社会文化现象的表现，甚至档案建筑的选址、风格、环境也都蕴含着丰富的文化特点。

（三）档案和文化的联系

1.档案是最早人类文化的代表

档案是人类社会发展到一定阶段的文明产物。档案伴随着人类文化发展历程，它的起源和演变与人类社会物质文明、精神文明的发祥和进步密切相关。有学者曾经指出档案是"历史文明之母""文化之母"⑤。

---

① 王英玮.档案文化论[M].北京：中国人民大学出版社，1998.
② 王英玮.档案文化论[J].档案学通讯，2003，（2）：48-52.
③ 冯子直.论档案文化[J].档案学研究，2005，（3）：3-7.
④ 薛匡勇.什么是档案文化？——"档案文化建设"探讨之一[J].浙江档案，2011，（6）：27-30.
⑤ 国家档案局，中央档案馆.第十三届国际档案大会文件报告集[C].北京：中国档案出版社，1997.

吴宝康等认为："档案是有史以来最早的文字信息记录，社会发展中的第一代文献。"[①]档案是人们社会实践活动的历史记录。档案在历史上可能早于国家，甚至早于文字出现，在早期人类文明中扮演着重要文化载体的角色。吴宝康等认为在原始社会生活中，早在文字发明之前，人们就以原始的方法记事，使用结绳和刻契等，于是最早的档案便应运而生。中国古人已经认为结绳刻契之类的原始档案早于以文字为符号的档案，同时也说明了档案的历史早于文字和国家，是人类最早的文化产物之一。[②]档案是人类早期的主要文化成就，几个主要的古文明体系都留下了档案来证明其存在与辉煌：古埃及留下用象形文字形成的泥板档案、巴勒摩石碑和纸草卷《伊浦味陈辞》，通过这些可以了解到古埃及人的社会实践活动；两河流域产生了用楔形文字形成的泥板档案和刻在黑色玄武岩柱上的《汉穆拉比法典》，借此可了解古巴比伦人在社会实践中产生的精神文明成果[③]；中国殷商时期甲骨档案的发现，把一个只在典籍中存在的王朝，活生生地呈现到我们面前。因此，档案作为人类最早的历史文化成果，记录了大量的人类社会实践活动，对现代学者研究古代文明具有重要参考价值。

2.档案是文化传播的载体和媒介

文化系统既有独立性，同时保持开放性。文化的流动与传播是文化发展的必要条件。文化传播必须有一定的承载物，档案就是文化传播的承载媒介之一。社会学家把文化传播分为两种：一种是自然的传播，另一种是有组织的传播。同时，对文化传播的方式还有另外两种解读：一种是纵向传播，即社会遗传；另一种是横向传播，即文化扩散。档案以时间为纲，顺序记录和保存人类文化，这是档案的基本功能，所以为纵向传播。综合来看，以档案为媒介的纵向文化传播既是自然的，也是有组织的。

首先，人们总是在前人遗留的智慧和文化中生活，并产生着新的智

①吴宝康.档案学概论[M].北京：中国人民大学出版社，1988.
②王旭东.论档案文化资源的开发利用[D].昆明：云南大学，2013.
③郝红梅.试论档案的文化价值及其开发利用[J].文化产业，2022，（31）：25-27.

慧和文化，也希望能把自己的文化传递给后人，这是人类社会发展、人类存在的基本方式之一。这种智慧和经验传递的载体之一就是档案，档案在客观上成为人类文化传承的载体，这是纵向的自然传播。其次，人类形成了社会，产生了文字，组织了国家，社会管理的复杂和公共事务的增加，使得有规模地形成档案和有目的地保留收藏档案成为一种固定的国家管理职能、公共职能和文化职能，即便是政权更迭，新政权也会因档案于己有益而接收和保藏前代档案，使得文化代代流传，这是纵向的、有组织地传播。

由于档案具有孤本性①，以档案为媒介的主动文化传播往往是有组织的、间接的，通常是以档案的文化产品作为传播的具体媒介，传播的是档案中的信息和知识，而不是档案本身，如《尚书》在世界范围的广泛传播，实际上就是对孔子所编订的上古档案文件的传播。②另外，中国历史上形成的很多重要的通书、政书实际都是当时档案文献的编纂成果，如我国明清时期重视档案编纂，形成的《明实录》《明会典》《十朝圣训》《清实录》《东华录》等文献流传至今，成为今天各国学者研究明清历史时使用的基本史料。

3.档案是文化发展、创造的基础

社会的发展、科学的进步都要建立在一定的文化积累之上，档案是人类社会的发展与创造得以连绵不绝的基础之一。文化是人类创造力的凝聚，但它首先是一个创造的活动和过程。人类的文化创造活动是一个"物化"的过程，"所谓物化，就是把客观规律性和主观目的性相结合，综合人的内在尺度和外在客观尺度，按照美的规律建造的过程……它标志着某种客观事物诞生的内容与过程。它的最佳效应是达到规律性与目的性的统一。物化包括物质产品的物化，精神产品的物化，以及在特定的历史阶段上的人自身的物化"③。档案正是人类文化既有创造的"物

---

①张斌.档案孤本性探微[J].机电兵船档案，1996，12（5）：35-37.

②张天望.我国远古第一部档案文件汇编——《尚书》[J].图书情报知识，1987，（4）：56-57+68.

③卢卡奇.历史与阶级意识[M].北京：商务印书馆，1999.

化"产物，又是人类文化能够继续创造的"物化"基础。档案作为人类文化载体和基础的作用已经得到广泛认同，挪威档案学家列维米克伦在国际档案大会上的报告《从职业到专业：档案工作者的职业特性》中提道："档案的重要性在于它不仅仅是一种信息，而且是人类进行各种活动的记录，反映人类所获得的知识和经验，是反映人类文化和文明的基础。没有档案的世界，是个没有记忆、没有文化、没有法律权利、没有历史的世界。"①

总的来说，文化保持稳定是相对的，而不断变化则是绝对的。通常文化的变化要通过缓慢的积累才会出现质变，而档案正是这种积累的基础。文化创造不是无中生有地产生全新或原先不存在的事物，"没有人类文化，就不会有档案，同样，没有档案的存在，人类文化也就会断裂或者一片空白"②。通过档案，人类文化得以沉淀、积累、传承，后人在继承前人留下的档案基础上创新发展，创造出具有新的时代特色的文化成果。如此循环往复，人类文化在档案的继承与发展中始终保持着生命力。

无论哪个层次上的文化的发展和创造，基本与档案都有直接或间接的关系，"世界上的知识来自档案"，利用档案进行新的文化创造，是人类社会中非常普遍的现象。即使是基于虚构与想象的文化创造也与档案有关，雨果在《悲惨世界》中创造了"冉·阿让"这个经典的悲剧式英雄人物，而他最初的写作灵感就来自警方档案中记载的一件刑事案件。③

4.档案是人类重要的文化遗产

文化遗产包括物质文化遗产与非物质文化遗产两个部分，档案主要属于非物质文化遗产，同时也兼具物质遗产性质。

首先，档案是重要的非物质文化遗产。档案属于联合国确定的非物质文化遗产中的"世界记忆文献遗产"范畴。记忆文献遗产是属于全世界的共同记忆，它反映了人类的语言、民族和文化的多样性，它是世界

---

①方立霏.档案的文化价值及其历史表现[J].北京档案，2003，（3）：35-37.

②张斌.关于档案价值鉴定的理论与实践（七）——鉴定活动论：鉴定标准与价值判断[J].档案学通讯，2002，（1）：22-26.

③张易.解读《悲惨世界》中冉·阿让的形象[J].作家，2013（16）：92-93.

的一面镜子。但是，这种记忆又很脆弱，每天都有仅存的重要记忆在消失。因此，联合国教科文组织发起了世界记忆计划，来防止集体记忆的丧失，并且呼吁保护宝贵的文化遗产和馆藏文献，并让它们的价值在世界范围内广泛传播。1978年11月28日，联合国教科文组织第二十届大会会议通过《关于保护可移动文化遗产的建议》，在与国际档案理事会的共同努力下，联合国教科文组织于1992年启动了旨在国际范围内广泛开展抢救和保护包括手稿、档案、图书以及口述历史记录等具有突出的、普遍价值的世界级文献遗产的"世界记忆工程"，建立《世界记忆名录》，作为世界文化遗产的延续。①另外，由国家档案局组织的"中国档案文献遗产工程"国家咨询委员会，开展了中国档案文献遗产评定及保护工作，按照"中国档案文献遗产"入选标准审定、形成《中国档案文献遗产名录》。②

其次，档案也具有重要的物质文化遗产性质。根据联合国《保护世界文化和自然遗产公约》内容，历史文物、历史建筑、人类文化遗址均属其中。而古代珍贵历史档案往往是世间孤本，兼具档案、文物、文献等多重性质，所以也具有物质文化遗产性质。例如，殷墟是重要的人类文化遗址，其中收藏甲骨档案的墟坑则是与档案密切相关的物质文化遗产。又如：毛公鼎是国宝级文物，但就其铭文内容来看，叙事完整，记载翔实，是研究西周历史的重要材料，属于金文档案。③此外，不仅珍贵古代档案是世界重要的物质文化遗产，与档案有关的设施、建筑也是物质文化遗产之一，如皇史宬、故宫内阁大库等，它们都以其独具魅力的中国古代建筑风格和实用、科研价值成为我国档案文化和建筑文化中极具魅力的组成部分。

---

①李美慧，李天硕.中国档案文献与《世界记忆名录》研究[J].图书馆学刊，2020，42（10）：40-45.

②本刊评论员.让中国档案文献遗产与全人类共享[J].中国档案，2024（5）：21.

③刘后毅.西周毛公鼎铭文考释及档案价值浅析[J].炎黄地理，2023（1）：13-15.

二、海洋档案的文化特性

海洋档案是一种综合性很强的专业档案，是人们从事海洋科学研究和管理开发等活动的真实记录，记录了人类认识海洋和开发海洋的发展过程。在数百年的海洋历史发展进程中，海洋档案作为海洋文化载体的角色始终未变，尽管遭受战乱、水火与盗毁，档案的物质载体也几经变迁，但海洋档案就像一棵饱经沧桑的大树，依然枝繁叶茂，把灿烂的海洋文化延续至今。海洋档案具有文化和档案共有的精神性、社会性、集合性、独特性和一致性等特性。

（一）精神性

精神性是文化最基本的特征。所谓精神性是指文化必须是与人类的精神活动有关的，与人类精神活动无关的物质就不能称为文化，如山河湖泊、天体运行就不属于文化范畴。文化的精神性不仅塑造了人类社会的面貌，也是推动社会不断发展的重要力量。[①]

档案的精神性是指档案在满足人类记录、记忆、认同需求中所体现的深层文化价值和精神追求。档案的精神性是多维度的，它不仅关系物质的保存，更关系到精神的传承和发扬，这是由档案的信息和知识属性决定的。因此，学术界有人认为，"从一定的意义上可以说档案是'历史文明之母''文化之母'"，而"档案馆收藏的档案是一种精神文化财富，档案馆工作是管理国家精神文化财富的一项工作"。[②]海洋档案承载了人类对海洋的认知和观点，以及人类海洋活动中形成的精神力量。这种精神在海洋档案中是有形和无形的深度融合，具体表现在三个方面：一是海洋档案的形成过程本身就是一个精神活动支持下的过程；二是海洋档案承载的各种活动记录能够反映形成者的精神内核；三是海洋档案中有明确的有关海洋精神的记录。这三个方面既是海洋档案精神性的表现，也是海洋精神递进形成的过程。新中国海洋工作者铸就了中国载人深潜

①马定保.档案与文化试析[J].档案，1990，（4）：27-30.
②吴宝康.档案学概论[M].北京：中国人民大学出版社，1981.

21

精神、极地精神和大洋精神等一系列昂扬向上的海洋精神，以及乘风破浪、勇于探索的开拓创新精神，海纳百川的开放包容精神，以苦为乐的奉献精神，同舟共济的团队协作精神等，这些精神镌刻在一份份海洋档案中，也将通过海洋档案传承和发扬。

（二）社会性

文化具有强烈的社会性，它是人与人之间按一定的规律结成社会关系的产物，是人与人在联系的过程中产生的，是在共同认识、共同生产、互相评价、互相承认中产生的。没有人与人之间的关系就不会有文化。

档案的社会性体现在档案不是一种自然事物，而是由人创造发明的，人类需要并形成一定的社会文化环境，档案才能产生和形成。因此，档案是从一定的文化土壤中产生和发展起来的，与一定的社会文化相联系。档案生于社会文化系统之中，是社会文化的一个部分，同时又忠实记载着社会文化的历程，在社会文化发展进程中发挥重大作用。档案是在社会文化（包括物质文化和精神文化）的发展过程中形成的，是社会文化的最原始的记录。①海洋档案不但以海洋视角记录人类社会的变迁，此外还包括其在对民生服务、社会教育、提高公共服务能力等方面发挥重要作用。主要表现为三个方面：一是海洋档案记录人类与海洋互动的历史，反映了社会变迁和海洋事业的发展轨迹，是海洋社会记忆的重要组成部分。二是海洋档案作为社会生产活动的记录，不仅记录了海洋资源的开发利用和保护，还记录了海洋与人们日常生活密切相关的问题。三是海洋档案为国家和地方的海域管理、海洋环境保护、海洋经济宏观管理和海洋执法提供决策依据和技术支撑，体现了海洋档案在社会管理和服务中的重要价值。

（三）集合性

文化的集合性是指文化必须是在一定时期、一定范围内的许多人共

---

①陈岩.也谈档案与文化的关系[J].黑龙江档案，2012，（1）：17.

同的精神活动、精神行为或它们的物化产品。它是由无数的个体组成的集合，是由多个相关元素组成的整体，任何个人都无法构成文化。集合性使文化具有广泛性和代表性，能够反映一个群体或社会的整体风貌。

档案的集合性是档案本质属性的重要体现，也是其独特价值所在。档案的集合性是指档案作为一个整体，是蕴藏国家的政治、军事、行政、文化等信息的汇集。档案的集合性体现在其不仅是单一文件的累积，更是经过归档保存、具有内在联系的文件材料的整体。这种集合性使得档案成为一种宝贵的信息资源和知识载体，能够全面、系统地反映某一时期或某一领域的活动情况和发展历程。海洋档案是海洋活动中形成的各类有价值记录的集合，涵盖了管理、科研、资源开发等多方面内容。海洋档案来源广泛、内容丰富，不仅有官方文件，还有民间契约、口述历史资料等，展现不同社会阶层和群体对海洋的认知与情感，其集合性体现在其多元、包容与融合中。

（四）独特性

文化的独特性表现在文化是构成一个民族、一个组织或一个群体的基本因素。这些民族、组织、群体的差异性就形成了不同的文化。因此文化带有独特性，不可能有两个完全相同的文化存在于两个民族、组织或群体中。[①]

档案的文化独特性来源于三个方面。一是档案是文化贮存、积累的一种实体。[②]譬如，近代发现的商代甲骨档案、现代发现的西汉骨签档案等，就贮存、积累了商代和西汉文化。二是档案是文化传播的一种重要手段。譬如春秋战国时期，正是档案的文化传播才为这一时期的文化发展提供了条件。孔子为向弟子传播文化，曾派子夏等人"求周史记，得百二十国宝书"[③]等。三是档案是文化发展的一个重要条件和标志。譬如我国两汉时期档案文化的发展为我国古代文化的发展提供了极其有利的

---

①马定保.档案与文化试析[J].档案，1990，（4）：27-30.
②芳言.近年来档案文化研究成果概述[J].档案，1991，（3）：43-45.
③马定保.档案与文化试析[J].档案，1990，（4）：27-30.

条件，唐宋时期档案文化的发展也证明了这一点。海洋档案具有海洋特色鲜明、海洋科学与实践传承积累深厚、科学与艺术交融、国际交流广泛等特点。海洋档案突出体现了海洋文化的特质，记录人类与海洋的互动关系，承载着沿海地区世代相传的文化传统和习俗，具有深厚的历史底蕴和文化内涵。海洋档案的文化独特性表现在海洋文化的独特性。

（五）一致性

文化的一致性是指在一个民族、一个组织或一个群体中，文化有着相对一致的内容，即共同的精神活动、精神性行为和共同的精神物化产品。这种一定时期、一定范围内的相对一致性是构成一种文化的基础。正是有了这种一致性，各种文化才有了各自的内涵。①

档案的文化一致性体现在档案是一个国家的共同记忆，是集体经验的体现，是同一文化传统下不同文化环境的不同表现。尼日利亚国家档案馆馆长埃思这样评价档案与文化的关系，"档案既是政府成长和职能运行的反映，也是国家发展的见证。一个没有档案的国家必然是一个没有记忆的国家，一个没有智慧、没有身份的国家，一个患有记忆缺失症的国家"②。一个民族、一个组织或一个群体形成的档案必然承载了各自共同的记忆、共同的文化。海洋档案记录的沿海地区的海洋记忆，是区域范围内集体经验的体现，是中华文化传统下海洋环境的不同表现，在世界观、人生观、价值观等方面具有明显的区域性和一致性。

三、典型的海洋档案文化元素

（一）"深邃浓厚"的人文元素

海洋是一个具有开放性、多元文化的自然资源仓库，其中包含多层次的物质运动形态，海洋人文就是指在人类海洋活动的各种文化现象，

---

① 成蹊.追本溯源——中国档案文化内核摭谈[J].档案学通讯，2016，（4）：9-12
② 国家档案局，中央档案馆.第十三届国际档案大会文件报告集[C].北京：中国档案出版社，1997.

其集中体现为重视人、尊重人、关心人、爱护人，只要是跟海上的"人"的活动有关，都可以归为一类。海洋劳动、海洋民俗、海洋精神、海洋情怀等都是典型海洋人文元素的代表。海洋档案中蕴含丰富的人文元素。如海洋调查档案，经年累月的海洋调查过后，留下的是封存在馆库房里层出不穷，宝贵而枯燥，数不胜数甚至冰冷的海洋档案资料与数据。虽然这些资料与数据背后一切的人文活动随着时间的湮灭而逝去，但后人仍可以利用海洋档案撰写和演绎海洋事业曾拥有过的一辈辈人的艰难与困苦、生命与泪水、涅槃与重生、苦难与辉煌交织的故事，再现跌宕起伏的海洋事业。一张张海洋调查的历史照片，可以直观感受到几十年前海洋调查的艰苦环境，海洋人的艰苦奋斗场景等。再如中国南极长城站建站过程音像档案记录，真实再现了中国南极长城站选址、奠基、施工、竣工和落成等重要环节的时间和场景，更忠实地展现了长城站建站的艰难困苦和科考队员"爱国、团结、创新、拼搏"的精神风貌。

（二）"因海而生"的科技元素

科技是海洋档案文化组成的重要元素。传统的历史档案，与政治、人伦相关的档案内容汗牛充栋、丰富完整，而科学技术方面的档案却寥若晨星，残缺不全，两者在比例上极度失衡。海洋档案则不然，海洋档案包括海洋管理、海洋调查、海洋观测监测、海洋科学研究、海洋资源开发、海洋工程建设等多种档案类别，而且档案的科技属性十分鲜明。例如海洋观测、监测档案记录报表从原始的手绘书写记录，到计算机打印输出，至今天的实时数据传输，海洋档案记录了我国海洋观测监测仪器设备从颠倒温度计、海水透明度色盘等纯机械式靠人工肉眼判断的原始仪器，到现在的温盐深探测仪、海流仪等操作简单、自动化程度高的电子仪器设备的发展历程，海洋事业蓬勃发展与海洋技术进步的科技文化属性在海洋档案科技元素中得到了淋漓尽致地展现。

（三）"向海而名"的人物元素

新中国成立以来，有一大批著名人物对海洋事业发展和海洋科学研究产生重要影响或作出重大贡献，给他人留下了深刻的印象。海洋人物档案客观翔实地呈现了海洋名人的毕生经历、重要节点和重大影响，是一个学科发展史的重要标志和缩影，是宝贵的精神财富和物质财富，其文化属性表现两个方面。一是传承科学精神，体现人文价值。海洋人物档案是弘扬科学家精神文化、开展科普宣传的重要载体，它反映了求真务实、开拓创新、无私奉献、献身科学的宝贵品质，为建设海洋强国和创新型国家提供精神支撑。二是印证海洋发展，体现科技文化价值。海洋人物档案具有社会史和文化史的价值，它从不同侧面体现着某一时空范围下海洋科技发展历史、社会变迁与经济面貌。海洋人物档案连同科研档案共同保存着科技发展的社会记忆。

（四）"靠海而生"的生物元素

海洋生物种类繁多，是海洋的重要组成部分，海洋动物与海洋植物隶属于海洋生物。海洋动物包括鱼类、水母、贝类、乌龟、螃蟹、珊瑚、虾、海螺、海鸥、海燕等；海洋植物包括海草、海带、红树林和藻类植物等。海洋环境保护、海洋生态修复、海洋生物调查研究等档案中蕴含了丰富的海洋生物元素，将海洋生物元素应用到文化产品创作中，以文化产品为媒介，唤醒人们对海洋生物的保护意识，把保护海洋生态的意识融入人们的生活。如以鲎、玳瑁、砗磲等濒危海洋生物为设计元素，借此探究人与海洋生态文化的艺术关系、审美取向及艺术价值，以感受海洋生物元素在文化产品中带来的独特美感和精神寓意。

（五）"不可捉摸"的神话元素

海洋具有两面性，它变幻莫测，时而平静如镜，时而波涛汹涌。静则丰稔，动则灾难，海洋的"喜怒哀乐"直接关系到海边居民的生死存亡。沿海居民出海时求平安，打鱼时求丰收，平时则祈求风调雨顺、五谷丰登、六畜兴旺、家人平安，从而出现了神秘多彩的海洋文化崇拜现象。这些崇拜现象遍布沿海地区的社会生活和人们精神世界的各个角落，如发源于湄洲并在我国沿海地区广泛传播的妈祖信仰。在科技不发达的古代，海洋的运动规律难以捕捉，面对多发的海洋灾害，人类束手无策，自然而然产生了敬畏与恐惧。如中国明代《西洋朝贡典录》中提到"龙吸水"被视为海神发怒①，一些古代地图中标注有"鲛人国"等虚构地点，地方的司法档案中有渔民因为"触犯海神禁忌"引发冲突的记录。清代《福建沿海航务档案》中记载，渔民因为"得罪龙王"拒绝出海，官员调整朝廷禁海政策的记录②。这些海洋档案中的神话元素是历史认知的"化石"，反映了人类对海洋的阶段性理解和文化心理。

（六）"丰富多彩"的文学、音乐和建筑元素

海洋档案中的文学元素既包括直接记录的文学文本，这些文学文本表达的或是赞美或是恐惧或是惊奇，体现着人们对海洋的向往与渴求，也涵盖档案本身蕴含的文学性表达，如《郑和航海图》记载异域风情的诗意描述③，《南海更路簿》用歌谣记录航线④等。海洋档案中的音乐元素是人类海洋活动在声音维度的历史沉淀。海洋音乐分为两类，一类是在海洋活动中逐渐形成的海洋曲调，如我国非遗档案《舟山渔民号子》中完整记录的劳动歌曲乐谱⑤。另一类是专门创作的海洋歌曲，如在"98国际海洋年"活动中形成的我国首张海洋歌曲专辑。以音乐形式对大海进行赞美，是音乐家和渔民对大海表达崇拜的一种方式。海洋档案中的建筑元素是人类海洋工程智慧于海洋文化信仰的物质见证，从功能性设施到象征性构筑物，形成了独特的海洋建筑谱系。如明清时期《沿海渔业图册》中的"潮间带

---

①陈丹丹.黄省曾《西洋朝贡典录》的史论价值 [J].文教资料，2023，（1）：35-38.

②谢忱.《福建沿海航务档案》（嘉庆朝）的史料价值 [J].国家航海，2014，（1）：148-157.

③毛娟.中国古代海洋文化中的科技思想研究[D].厦门：厦门大学，2018.

④阎根齐，吴昊.海南渔民《更路簿》地名命名考[J].社会科学战线，2021，（6）：142-149+2.

⑤苏进静."非遗"视角下的鲁浙两地渔民号子对比研究[D].舟山：浙江海洋大学，2018.

石堰"建造图纸①，福建土楼式鱼港"避风坞"民间营造口述档案②，明代《筹海图编》中的城墙海闸联动系统设计图纸③等。而今如港珠澳大桥、海上石油平台、风能潮能发电设施等海洋工程中形成的档案，不仅是现代海洋工程技术的结晶，更是新中国海洋文化的载体。

第三节　海洋档案文化产品

一、概念

（一）档案文化产品

目前对档案文化产品尚未形成较为统一的定义，不同学者都从各自的观察视角给出了关于档案文化产品的定义。如杜竹君认为，档案文化产品是具有较强公共物品属性的档案文化元素与文化产品的结合，比如档案展览、档案文化节目、档案讲座等，具有较强的非竞争性，很多人可以互不影响地享受同样质量的服务。④该定义强调了档案文化产品的公共属性，并将与文化传播活动相关的档案展览、文化节目、讲座等都归入档案文化产品的范畴。黄芮雯则从广义和狭义两个层面区分了档案文化产品的概念，广义档案文化产品包括档案服务公众的相关工作，也包括利用档案资源开发的一切档案文化衍生品，狭义的档案文化产品指的是通过脑力、体力、精神和物质的双重输出，将档案文化的内涵由精神形态转化为与档案文化有关的带有文化性、纪念性的特有商品。⑤

---

①白斌，夏攀，黄佳仪.晚清朱正元与《江浙闽沿海图说》[J].上海地方志，2021（4）：37-42.

②叶怀仁.厦门市厦港避风坞改造策略研究[J].建筑与文化，2012，（2）：112-113.

③郭渊.《筹海图编》与明代海防[J].古代文明，2012，6（3）：67-73+113.

④杜竹君.论档案文化产品及其开发策略[J].北京档案，2015，（9）：39-40.

⑤黄芮雯.新时期公共档案馆文化产品开发的策略探究[J].浙江档案，2015，（8）：12-14.

与档案文化产品类似的概念是档案文化创意产品。如北京市档案馆根据"北京的胡同与四合院"展览开发的魔方和四合院瓦当摆件、天津市档案馆以入选《中国档案文献遗产名录》的5组档案为主题制作的中国档案文献遗产系列书签、中国海洋档案馆以新中国海洋7个重大事件及庆祝新中国成立70周年为主题设计的8枚成套"蓝色印记"徽章。

（二）档案文化产品特点

第一，作为一种能够用来交换并且满足某种需要的劳动产品，档案文化产品具有使用价值和价值。档案文化产品的使用价值，体现为档案文化产品的有用性，能够满足利用者文化、知识和娱乐方面的精神需求。档案文化产品的价值，是指凝结在档案文化产品制作过程中的人类劳动（体力劳动和脑力劳动），或是档案文化产品能够进行交换的内在价值衡量。

第二，从文化产品内涵上看，档案文化产品具有文化娱乐性。档案文化产品不同于物质产品，文化产品是精神产品，包含一种内在的文化精神。档案是人类社会实践活动的原始记录，具有真实可靠性和原始记录性，因此以档案为依据开发的史料编研成果具有知识性和权威可靠性，成为探究历史真相、获取文化养料的首选材料。从档案史料中挖掘出与旅游文化、饮食文化、服饰文化等方面有关的内容，或是画册，或是制作档案纪念品，都富有独特的文化性和娱乐性。

第三，从利用和消费的对象看，档案文化产品具有社会共享性。随着档案馆职能的拓展，档案的来源拓展至社会组织机构或个人，记录着人类社会实践活动，具有很强的社会性。且收集和保存的档案最终也为全社会所用。所以档案文化产品开发是一种面向社会的、开放的利用行为，目的是服务于全社会，为全社会共享。

第四，从开发效果来看，档案文化产品带有一定的效益性，即社会效益和经济效益。档案文化产品的社会效益，主要体现在档案的文化传播功能、宣传教育功能及提升档案馆的社会地位与形象等方面。社会效益在潜移默化中影响人们的精神生活和社会文化氛围。档案文化产品的经济效益，是指档案文化产品具有使用价值和价值，在合理定价的基础上，可以在市场上进行交换，进而直接获得一定的经济收入。

（三）本书研究对象

借鉴目前已有的研究成果，本书将档案文化产品定义为：在满足公众精神文化需求的前提下，档案机构作为主要开发主体，借助一定的物质手段和精神手段，对档案文化元素进行挖掘、开发、利用后，形成的档案文化衍生产品。从表现形态来看，分为实体形态的档案文化产品和服务形态的档案文化产品。实体形态的档案文化产品主要是指通过脑力和体力的加工制作，能够被社会、组织或个人所利用和消费，满足社会对档案文化需求的有形产品，如图书、展览、影视片、纪念品等。服务形态的档案文化产品是档案馆在满足用户对档案有形产品需求的同时，本着档案文化意识和公共服务理念，以无形的劳动服务形式来满足社会、组织或个人档案利用需求，包括档案整理、寄存、代管、销毁等常规服务，以及档案信息咨询、指导培训、专题信息检索等专业性的知识服务。

本书研究讨论的对象是实体形态的档案文化产品。在"海洋档案文化产品"一词中，"产品"是核心词。基于上述所定"档案文化产品"概念，本书所指的"海洋档案文化产品"既不是"海洋的""档案文化产品"，也不是"海洋档案文化的""产品"，而是基于海洋档案的文化产品，即以档案机构作为主要开发主体，对海洋档案的文化元素进行挖掘和利用，从而形成满足传播要求的、具有一定创作特征的衍生信息集合体。这个集合体从档案业务工作角度来看，类似于档案的编研产品，从生成的过程和蕴含的文化元素来看，可称之为档案工作与其他领域跨界融合的艺术作品。

二、特征

（一）档案机构为产品开发主体

海洋档案文化产品的第一个特征是其形成主体为档案机构。从历史视角开发的文化产品非常多，且历史离不开档案，尤其是纪实类文化产品，不乏是基于档案信息形成的，但大部分产品是由新闻媒体或以新闻媒体主导开发创作的，如中国中央电视台《国家记忆》栏目《秘寻洲际导弹靶场》、大型纪录片《走向海洋》，自然资源部和中国国家博物馆联合举办的"冰路征程——中国极地考察40周年成就展"等，虽然这些产品内含丰富的海洋档案内容及元素，且档案部门提供了大量的档案信息支撑，但因其开发主体不是档案机构，所以属于宣传类或艺术类作品。

（二）档案信息为产品开发资源

海洋档案文化产品的第二个特征是其核心资源为海洋档案和海洋档案信息。挖掘档案资源是开发海洋档案文化产品的第一要义，因此形成海洋档案文化产品的核心内容应该是档案。基于本书对海洋档案文化产品的理解，离开海洋档案的文化产品，虽然其形成主体是档案机构，也不能将其归入海洋档案文化产品之列。档案机构开发的以宣传海洋工作包括海洋档案工作为目的产品，如宣传报道、档案工作纪实、业务体系展示等，均不属于海洋档案文化产品范畴。

（三）海洋文化为产品开发内核

海洋档案文化产品的第三个特征是其开发内核为海洋文化，即产品以传播海洋文化为目的。以海洋档案为资源，经过加工整理后形成的海洋档案工具类产品，如制度标准汇编、全宗介绍、档案目录、科研项目汇编等；或者以海洋档案为资源，从海洋自然环境属性视角研究开发的各种海洋数据集及其他类型产品等，均不属于海洋档案文化产品之列。

三、种类

海洋档案文化产品种类复杂多样，根据表现形式、载体特征、功能角度的不同，可以划分出不同的类型。

（一）产品表现形式

从产品的表现形式来看，海洋档案文化产品可分为文字型、图像型和复合型。文字型产品主要指档案馆利用馆藏资源编研的文字形态产品，如专著、汇编、报刊等，该类产品具有历史文化性、学术研究性和信息工具性。图像型产品是利用图像与文字，或者图像与声音的灵活组合，围绕某一主题制作出具有创意性和思想性的图册、电视片、明信片等，其中文字内容起到辅助说明的作用。复合型产品主要是集图、文、声、像等形式于一体的综合性产品，如电视文献片、展览等。

（二）产品载体特征

从产品的载体特征来看，海洋档案文化产品可分为印刷型、视听型和缩微型。印刷型产品历史悠久，其阅读方便、直观、可触摸的特点，符合大多数读者的阅读心理和阅读习惯。印刷型产品除专著、档案汇编等文字形态产品外，各种类型的图册越来越多地进入人们的视野，其直观形象、真实再现等显著特点深受读者的欢迎。视听型产品是档案馆利用馆藏资源，如文件、照片、影像、实物等档案资料，按照某一主题加工制作的专题片、纪录片、宣传片、电视节目、影视剧等，具有图文声像一体化的特点，易于公众接受和理解，具有良好的文化传播效果。缩微型产品是以感光材料为载体，利用专门的光电摄录装置，把纸质档案原件上的图文信息进行高度微化，缩拍在胶片上的文件复制品。

（三）产品功能角度

从产品的功能角度来看，海洋档案文化产品可分为研究参考型和娱乐艺术型。研究参考型产品主要包括史料汇编、学术专著、期刊报纸等，它们既是档案信息资源深度、系统加工和编研的成果，也是进行理论研究、历史考证的权威资料参考。中国第一历史档案馆利用资源优势，积极开展各种学术研讨，为社会贡献了大量的学术论著。娱乐艺术型产品主要是指以电视、网络为传播载体和媒介的档案文化制成品，如专题片、文献纪录片、影视剧等。这种类型的文化产品集知识性和趣味性于一体，形象生动地展示了档案内涵，传播档案文化知识，满足大众文化需求，寓教于乐，使观众在潜移默化中受到文化熏陶和教育。

第二章

海洋档案文化产品开发需求和体系价值

　　档案是海洋事业发展历程的忠实记录。深挖海洋档案的文化属性，开发海洋档案文化产品，是国家档案工作和海洋工作的要求。海洋档案文化产品开发体系化运行有利于形成全视域、多视角的海洋档案文化产品和专业的开发服务平台，有利于提升档案部门服务社会的能力和产品开发的学术价值。本章重点分析档案文化产品开发体系相关文献、产品开发研究方向和实践结果，阐述海洋档案文化产品开发的需求及其开发体系价值。

第一节　档案文化产品开发体系研究和实践分析

一、档案文化产品开发体系相关文献分析

本书统计数据截至 2024 年 9 月，以收录在中国知网的期刊全文数据库，中国优秀硕士、博士学位论文全文数据库及万方数据知识服务平台等为检索范围，以"档案文化产品开发体系""档案文化创意产品开发体系""档案资源开发体系""档案编研体系""档案文化产品""档案文化创意产品"等为检索词进行了篇名检索，除去会议报告、新闻报道及无关文献、重复文献，关于档案文化（文创）产品、档案编研产品、产品开发等方面的文献共 253 篇。下文将从文献学科、发表年度、主题等方面展开细致分析。

（一）文献研究学科

从研究学科来看，文献集中分布在档案与博物馆、文化经济、文化、高等教育和工业通用技术及设备五个学科。其中档案与博物馆为 222 篇，占 87.7%；文化经济为 21 篇，占 8.3%；文化为 21 篇，占 8.3%；高等教育为 20 篇，占 7.9%；工业通用技术及设备为 19 篇，占 7.5%。因学科间有交叉，故存在同一文章出现在多个学科下的情况。

（二）文献研究层面

从文献的研究层面来看，文献主要分布在管理研究、应用研究、行业研究、技术研究等多个不同层面，偏重于管理研究和应用研究。

（三）文献发表年度

从文献的发表年度分布看，关于档案文化产品的相关研究始于 2004 年，2004 年至 2011 年的总发文量为 7 篇，2012 年以后，发文量增多，总

体呈上升状态，2023年达到了峰值，具体发文年限分布见图2-1。这与2012年，时任国家档案局局长杨冬权在第三次全国档案工作者年会上的讲话有一定的关联。在该年会上，他就"档案与文化建设"提出：一要把档案转化为文化产品；二要为文化建设提供档案；三要为文化建立档案；四要建设档案文化。在2012年以后便出现大量对档案文化产品开发工作思考的文献。可见档案文化产品研究与档案工作的重心有关，受档案中心工作方向的影响。

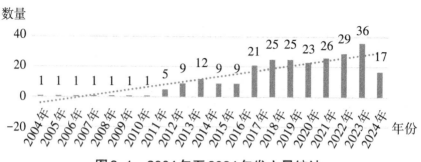

图2-1　2004年至2024年发文量统计

2016年5月，国务院办公厅转发文化部等部门《关于推动文化文物单位文化创意产品开发若干意见》，明确提出"积极稳妥推进文化创意产品开发，促进优秀文化资源的传承传播与合理利用""开发艺术性和实用性有机统一、适应现代生活需求的文化创意产品"及"促进文化创意产品开发的跨界融合"，鼓励档案部门进行档案文创产品的开发，弘扬中华优秀传统文化，推动国家软实力的提升。此后，档案部门积极响应国家对文创产品开发的要求，致力于大众喜闻乐见的文化创意产品开发与研究，关于这方面的文献开始增多。关于档案文化产品与档案文创产品的发文量趋势见图2-2。

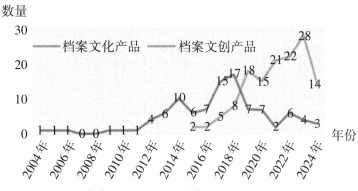

图2-2　档案文化产品与档案文创产品发文量趋势

（四）文献研究主题

从文献的研究主题来看，主要涉及十个方面，包括档案文化产品开发策略、现状、问题及对策、路径、传播营销推广、基础概念界定、开发应用纪实等，具体主题分布情况见表2-1。

表2-1　文献研究主题分布情况

序号	主题	数量	占比
1	产品开发策略	54	21.3%
2	产品开发现状、问题及对策	42	16.6%
3	产品开发路径	25	9.9%
4	产品传播、宣传、营销、推广	22	8.7%
5	基础概念界定	14	5.5%
6	产品开发应用纪实	10	4%
7	用户需求分析	8	3.2%
8	产品设计策略	8	3.2%
9	产品开发模式与模型	7	2.8%
10	产品产业化研究	6	2.4%

*本表格数据以253篇为统计基数

通过对文献主题分析可知，我国对档案文化产品开发策略及现状、问题和对策的研究较多，但缺乏系统化产品开发体系设计和研究。特别是专业档案方面，尚未见到以新中国为界定范围的专业领域档案文化产品的系统化研究和开发实践。

二、档案文化产品开发体系研究方向分析

国外十分重视档案文化创意产品的开发，研究多集中于此方面，对文化创意产业的研究也有较为成熟的理论和实践体系，研究成果较多且成效显著。其研究方向主要集中在档案文化创意产品设计方法、营销策略、产品版权保护、服务项目等，美国、英国、澳大利亚、法国等国家拥有丰富的实践经验，是文化创意产品开发的典范。

目前国内关于档案文化产品开发体系方面的研究方向主要集中在以下几个方面。

（一）档案文化产品文化功能、基本概念

周喜增认为，档案文化产品开发，是充分实现档案文化和档案工作价值的重要手段。[1]张洪波认为，要有效发挥档案文化功能，探索开发利用档案文化资源的多种途径，积极开发档案文化产品，使其成为一种"活的文化""现实中的文化"。[2]刘敏认为，档案文化产品有广义和狭义之分，广义既包括了有形的文化产品，也包括无形的文化服务和为其他产品提供的附加值等多种形式，狭义是指为满足社会大众的精神文化享受和发展的需要，通过脑力、体力、精神和物质的双重输出，以有目的的生产劳动使档案的文化内涵由精神、意识的形态转化为物质形态，构成档案文化产品。[3]王贞认为，档案文化创意产品是一种以实物为载体的精神消费产物，通过一定方式方法将档案中的历史文化信息进行整合、

---

①周喜增.论档案文化产品的开发[J].档案管理，2004，（6）：30.

②张洪波.以档案文化产品提升档案文化功能[J].陕西档案，2005，（3）：18-19+42.

③刘敏.档案文化产品开发之思考[J].兰台内外，2017，（6）：35-36.

提炼、转化，从而形成大众易于认可、接受并喜爱的文化产品和服务。[①]
李子林、王玉珏认为，档案文化创意服务依托馆藏档案，发掘文化历史
价值，并将其作为创造性设计档案文化创意产品的灵感源泉。[②]

（二）档案文化产品开发现状、难点

逄晓玲认为，尽管很多档案馆正在努力适应互联网时代的发展，积
极寻求与其他机构和企业的跨界合作，但在实际操作中仍然存在着诸多
阻碍因素，如陈旧的观念、法规政策的缺失、人才和技术资源匮乏、多
方责任和利益协调困难等。[③]王彦之从公众感知视角下分析了档案文化产
品开发存在的问题，包括服务价值和选择价值提供不足，公众参与度不
高；功能价值和认知价值相对单一，档案文化产品开发能力不足；文化
价值和情感价值释放不足，档案文化资源挖掘力度不够。[④]朱莉认为，档
案文化创意产品开发受阻是由于管理体制弊端、法律法规缺失、开发动
力不足、人员配置封闭等宏观和微观因素。[⑤]方华、陈淑华等人指出，档
案文化创意产品存在品质提升遭遇同质化困境、文化创意平台建设不够
健全等问题，并指出这背后更深层的原因是开发状况不够稳定、开发驱
动力不够强健等。[⑥]梁徵琳提出部分档案馆在收集档案时，没有将具有地
方特色的档案资料纳入档案库，造成了一些地方特色档案资源的缺失。[⑦]
罗宝勇、吴一诺以社交媒体为背景，理性阐明了当前档案文化创意产品
开发存在档案馆思想固化，并且没有意识到社交媒体平台对产品开发重

[①]王贞.档案文化创意产品的开发[J].中国档案，2015，（1）：70-72.
[②]李子林，王玉珏.档案多元论视域下档案文化创意服务研究[J].档案与建设，2017，（12）：16-20.
[③]逄晓玲.档案部门参与社会记忆建构的路径探析[J].山东档案，2017，（6）：32-35.
[④]王彦之.公众感知视角下档案文化产品开发研究[D].济南：山东大学，2023.
[⑤]朱莉.档案文化创意产品开发阻碍因素及策略分析[J].档案与建设，2016，（9）：33-35+28.
[⑥]方华，陈淑华，汤玲玲，等.从"缺味"到"有味"：档案文化创意产品的"档案味"初探[J].档案与建设，2020，（7）：11-14+10.
[⑦]梁徵琳.档案馆文化创意产品开发现状及途径研究[J].档案管理，2020，（4）：58+60.

要性的问题。①

（三）档案文化产品开发策略

杜竹君从甄选能够吸引公众的档案文化主题、根据不同的分类标准选择恰当的档案文化产品形式、跨领域合作联合创作等方面提出档案文化产品开发策略。②曹阳认为，应完善相关政策与法律法规支持、引导档案文化产品开发，打造接地气、高品质、具有丰富内涵的档案文化产品，利用国家时事社会热点等开发和宣传档案文化产品，借鉴经验促进档案文化产品的开发与创新，寻求多方合作解决档案文化产品开发窘境。③朱莉提出在档案文化创意产品开发过程中应改变开发观念，加强政策引导，呼吁完善法律法规。④宋香蕾、洵异提出通过跨界合作，实现对档案内容的深度挖掘与发展，并利用新媒介进行推广宣传。⑤王毅、刘莹以四家海外档案馆为研究对象，深入了解其档案文化创意产品的开发现状，借鉴其有益经验，提出适合我国的档案文化创意产品开发对策。⑥赵亚婷、蔡文强调IP运营，提出要选择优质IP、利用众筹协同合作以及合理授权档案文化产品的开发策略。⑦

（四）档案文化产品推广营销策略

屈洁莹从贯彻开发与营销一体化理念、尝试开发与营销主体多元化、丰富开发内容与营销手段、建立更符合消费者需求的馆藏原料库、明确

① 罗宝勇，吴一诺.社交媒体视域下档案文创产品开发策略研究[J].档案与建设，2019，（11）：15-19.

② 杜竹君.论档案文化产品及其开发策略[J].北京档案，2015，（9）：39-40.

③ 曹阳.浅析档案文化产品开发现状与策略[J].档案学研究，2017，（S2）：84-86.

④ 朱莉.档案文化创意产品开发阻碍因素及策略分析[J].档案与建设，2016，（9）：33-35+28.

⑤ 宋香蕾，洵异.档案馆文化创意产品开发的缺位与对策[J].档案学通讯，2017，（3）：88-93.

⑥ 王毅，刘莹.海外档案文化创意产品开发实践及启示[J].北京档案，2019，（12）：42-44+56.

⑦ 赵亚婷，蔡文.基于IP运营视角的档案文化产品开发策略研究[J].浙江档案，2020，（7）：56-57.

产品市场定位与市场细分、确定符合消费者心理的产品定价、创新档案文化产品的类型七个方面提出档案文化产品开发的实践策略。[①]蒋娟提出根据馆藏特色档案开发实用性较强的档案文化创意产品，并借助网络平台进行推广宣传。[②]戴艳清、周子晴主张打造档案文化创意"网红"产品，促进档案文化发展和传承。[③]李宗富、周晴从4V营销理论着手，深入剖析档案文化创意产品市场营销策略。[④]罗宝勇、吴一诺基于"5W传播模式"提出建立"三微一体"的渠道融合推广档案文化创意产品，优化传播内容，同时可以依托SoLoMo模式，定位多元化的受众群体。[⑤]

（五）档案文化产品产业化

罗莹对"档案产业"与"档案文化产业"两个概念进行了区分，她认为整个档案行业不可能产业化，只有档案文化产业化是可行的。[⑥]孙源晨、于元元通过对产业化发展进行SWOT分析，制定合理的产业化战略。[⑦]蒲婧翔、吴建华和袁研通过调研，发现部分档案馆已经初见成效，开发了不少独具档案文化特色的产品，并指出档案文化产业化将成为发展的大势所趋。[⑧]杜笛归纳了档案文化创意产品的内涵与意义，剖析国内外档案文化创意产业化成功范例，分析当前制约因素，并提出开发策略。[⑨]孙大

---

①屈洁莹.基于消费者视角的档案文化产品开发与营销研究[D].苏州：苏州大学，2018.

②蒋娟.档案馆参与文化创意产品开发存在的问题及对策研究[J].北京档案，2018，（9）：28-29.

③戴艳清，周子晴.档案文创产品开发及推广策略研究——基于故宫文创产品成功经验[J].北京档案，2019，（5）：26-28.

④李宗富，周晴.4V营销理论视域下的档案文化创意产品营销策略分析[J].档案与建设，2019，（12）：28-32.

⑤罗宝勇，吴一诺.基于5W传播模式的档案文创产品社交媒体推广策略研究[J].北京档案，2020，（1）：15-19.

⑥罗莹.档案文化产业研究[D].苏州：苏州大学，2014.

⑦孙源晨，于元元.基于SWOT分析的档案文化产品产业化路径研究[J].黑龙江档案，2017，（6）：61-62.

⑧蒲婧翔，吴建华，袁研.档案文化产品及其相关概念的界定[J].中国档案，2017，（8）：72-73.

⑨杜笛.档案文化创意产品开发的现状与策略研究[J].兰台世界，2019（12）：43-46.

东、杨子若基于数字创意产业融合视角，提出两条档案文创产品开发产业化路径：一为底层融合路径，通过融合创意要素、融入数字技术、疏通产品流通渠道促进产业化要素流动；二为产业融合路径，通过跨界融入产业集群、发展新型产业业态为产业化深入发展注能。[1]

（六）档案文化产品开发体系及多元融合路径

郑冰树提出了档案文化创意产品开发的构成要素，对档案文化创意产品开发提出"四位一体"的理念，并构建包含了开发环境、开发主体、开发客体以及开发形式为主要构成要素的开发体系。[2]王雁提出，在档案文化产品开发过程中，档案资源多元融合的路径，包括数字化、影像化、叙事化和故事化四种路径。[3]丁卫杰、袁田认为，档案文创产品开发体系的构建应突出系统思想、协同理念。把档案原始的信息资源转化成新的文化产品形式，需要各机构和部门协同合作。档案文创产品开发体系的关键要素主要包括制度要素、主体要素、客体要素、资源要素等。不同层次、不同表现形式的各项制度是制度体系的组成要素，各组成要素通过组织和协同，能够有序化、系统化地发挥作用。[4]周云霞提出红色档案资源体系建设的五个路径，包括构建制度体系、充实资源体系、打造协同体系、丰富利用体系和夯实人才体系。[5]

三、档案文化产品开发实践分析

（一）国家年度统计数据分析

国家档案局每年公布的《全国档案主管部门和档案馆基本情况摘

---

①孙大东，杨子若.数字创意产业融合视角下档案文创产品开发产业化的两条路径[J].档案与建设.2023，（2）：33-36.

②郑冰树.广西档案文化创意产品开发研究[D].南宁：广西民族大学，2022.

③王雁.基于多元融合的档案文化产品开发研究[J].兰台世界，2022，（5）：116-118.

④丁卫杰，袁田.档案文创产品开发体系构建研究[J].北京档案，2022，（4）：30-32.

⑤周云霞.红色档案资源体系建设路径初探——基于漯河市红色档案资源开发利用的分析[J].漯河职业技术学院学报，2023，22（6）：90-94.

要》，通常包含各级各类档案机构情况、档案人员数量和年龄情况、档案人员文化程度和专业程度情况、馆藏档案情况、档案馆基本建设和设施设备情况、开放档案情况、利用档案文件及资料情况、政府信息公开查阅场所和档案展览情况、编研档案资料情况等统计数据，这些内容为档案事业的管理和决策提供了重要的数据支持。其中与档案文化产品有关的统计数据涉及档案展览情况、编研档案资料情况两大项指标。本书选取2019年至2023年统计数据见表2-2，并制作了趋势图分别为图2-3和图2-4。

表2-2　各级综合档案馆档案展览举办数量和档案资料编研数量

年度	档案展览举办情况		档案资料编研情况			
	展览数量	参观人次（万人）	公开出版物		内部参考资料	
			种类	字数（万字）	种类	字数（万字）
2019	2841	788.2	705	35989	1355	17125.1
2020	2618	501.9	780	44900	1328	16335.1
2021	2882	1311	864	42826.6	1541	18638.8
2022	3115	431.3	926	62272	1815	20822.1
2023	3832	655.7	956	46496.5	1811	30633.0

　　由图2-3可以看出，近五年，展览数量呈现出整体增长的趋势，五年间增长了近1000场。尽管在2020年展览数量有所下降，这可能与全球新冠疫情的蔓延和防控措施有关，随后几年展览数量迅速恢复并持续增长。参观人次在2019年至2023年波动较大。2020年受新冠疫情影响，参观人次大幅度下降，2021年参观人次出现明显回升，这可能与疫情得到一定控制后，人们积极参与展览活动有关。然而，2022年参观人次又有所回落，降至431.3万次，这可能与疫情反弹、经济环境变化或展览内容吸引力不足等因素有关。到了2023年，参观人次再次回升，虽然未恢复至2021年这一高点，但显示出展览活动正在逐渐恢复活力。

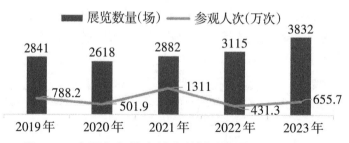

图2-3 全国各级综合档案馆档案展览举办趋势图

　　图2-4表明，近五年来公开出版的种类数量逐年增加，呈现出稳步增长的趋势。公开出版物的字数在2019年至2023年波动较大，2022年是近五年来的最高值，而到了2023年，字数又有所回落，这种波动可能反映了出版内容的多样性和市场需求的变化。内部参考资料的种类数量也呈现出逐年增长的趋势，说明内部参考资料的需求在不断扩大。内部参考资料的字数在2019年至2023年持续增长，增长幅度较大，这表明内部参考资料的内容越来越丰富。

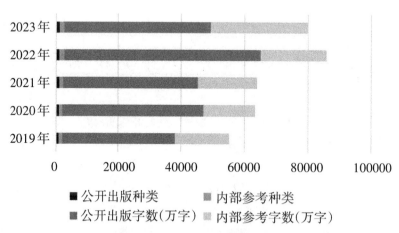

图2-4 全国各级综合档案馆档案资料编研趋势图

无论是展览还是档案资料编研，总体都呈现增长趋势，这表明了档案文化产品在数量上的增加，也反映了社会对档案文化产品需求的增长和档案文化服务能力的提升。

（二）年度工作报告分析

从国家档案局发布的2019年至2023年历年档案工作报告中，可以清晰地看到，五年间，档案文化产品的创作与展示在全国范围内呈现出了蓬勃发展的态势。无论是国家层面，还是地方各级，从综合性档案馆到专业性极强的部门档案馆，乃至企业档案馆，都积极参与其中，共同绘制了一幅绚丽多彩的档案文化长卷。档案文化产品的发展有着鲜明的特点，形式多样、主题突出、内容丰富、传播效果显著。

1.产品主题内容

以党和国家重大历史事件与纪念日为主题。围绕新中国成立70周年、中国共产党成立100周年、中国人民志愿军抗美援朝出国作战70周年等重大历史事件开发的档案文化产品，旨在回顾国家历史，弘扬民族精神，增强民族自豪感。如"百年恰是风华正茂"主题档案文献展，生动再现了党的辉煌历程；"从'五一口号'到开国大典"大型档案文献专辑，详细记录了新中国的诞生历程；《100个档案故事讲述党的历史》重大题材读物，用生动的档案故事讲述党的历史；《档案鉴赏——五四特辑》与《新中国这样走来》系列档案视频，则通过珍贵的档案资料，带领观众走进那个激情燃烧的岁月。"致敬！最可爱的人——纪念中国人民志愿军抗美援朝出国作战70周年档案文献展览"，更是深情致敬了那些为国捐躯的英烈们。

以红色文化与革命传统为主题。这些档案文化产品不仅记录了革命先烈的英勇事迹，还展现了他们的崇高精神和优良家风，对加强爱国主义教育和革命传统教育具有重要意义。如李大钊革命活动档案史料展，让观众深入了解李大钊同志的革命生涯；"长三角红色档案珍品展"展现了革命先烈的英勇事迹和崇高精神；"老一辈革命家的家教家风"主题档案文献展，则通过老一辈革命家的家教家风档案，传承红色基因，弘扬革命传统；《抗日战争档案汇编》编纂工程，是对抗日战争时期珍贵档案的全面梳理和汇编；《中国共产党重要文献汇编》系统收录了党的重要文献，为学习和研究党的历史提供了重要资料；"不忘初心、牢记使命"主题教育档案文献展，通过档案文献展现了党的初心和使命。

以社会变迁与时代发展为主题。这类档案文化产品展示了中国社会的巨大变迁和时代的发展进步，以及关于抗疫斗争、脱贫攻坚、乡村振兴等主题内容，记录了中国人民在不同历史时期所取得的伟大成就，彰显了中国特色社会主义制度的优越性。如"走进记忆之门"档案展，带领观众穿越时空，感受时代的变迁；"人民至上、生命至上"抗击新冠肺炎疫情专题展览，记录了全国人民众志成城、抗击疫情的感人瞬间；"不忘初心、奋发图强——新中国工业档案文献展"巡展，通过档案文献展现了新中国工业的发展历程和辉煌成就；"丝绸之路"历史档案文献展，让观众领略了古代丝绸之路的辉煌与繁荣；"奋进新时代"主题成就展，通过档案展示了中国脱贫攻坚战的伟大成就；西藏地方与祖国关系史档案文献展、闽台关系档案文献展等，则通过档案展示了西藏、台湾与祖国的历史渊源和紧密联系。

以国际合作与交流为主题。通过档案双多边交流合作，这些档案产品充分发挥了档案在服务中国特色大国外交中的重要作用，推动档案事业的国际化发展。不仅展示了中国档案事业的成就，还促进了中外文化的交流与互鉴。如与俄罗斯联邦档案署共同举办的庆祝中华人民共和国成立70周年历史档案文献展，展示了中俄两国友好交往的历史；与保加利亚国家档案局联合举办的中保建交70周年档案文献展，让观众领略了中保两国友谊的深厚底蕴；与德国档案部门共同举办的"双城记——青岛·曼海姆市民生活的过去与现在"展览，通过档案展现了青岛与曼海姆两座城市的历史变迁和文化交融；南京联合有关部门举办的"友城之约——庆祝南京与圣路易斯缔结友城40周年图片展"，则通过图片展示了南京与圣路易斯两座城市的友好交往；中俄两国档案部门合作编纂的《中苏文化关系档案文献汇编（1949—1960年）》，对中俄两国文化关系的历史进行了全面梳理和汇编。

以自身发展历程为主题。这类档案文化产品对自身发展历程进行了生动展现。如中国华电集团举办的"赓续血脉、逐梦追光"档案展，通过档案展示了中国华电集团的发展历程和辉煌成就；中国科学院与中国中央电视台合作推出的档案电视专题片《于无声处》，通过电视专题片的形式让观众了解了中国科学院的科研历程和科技成果；全国人大机关举办的"纪念现行宪法公布施行四十周年档案资料展"，通过档案资料展示了中国宪法的发展历程和重要意义；财政部、中国民航局、中国兵器装备集团等也围绕自身发展历程举办了光荣历史展，让观众了解了这些部门的历史发展和辉煌成就；中央广播电视总台建设发展历史陈列馆则通过实物展示和多媒体展示等形式，让观众了解了中央广播电视总台的发展历程和辉煌成就。

2.产品表现形式

档案展览。包括综合性档案展览，如"不忘初心、牢记使命"主题教育档案文献展、"新中国的记忆"国际档案日系列宣传活动展览、"百年恰是风华正茂"主题档案文献展等，这些展览涵盖广泛的历史时期和主题，旨在弘扬民族精神、传承红色文化。专题性档案展览，如"人民至上、生命至上"抗击新冠肺炎疫情专题展览、"致敬！最可爱的人——纪念中国人民志愿军抗美援朝出国作战70周年档案文献展览"等，这些展览聚焦特定历史事件或时期，通过档案展现了历史细节和时代精神。地域性档案展览，如长三角红色档案珍品展、"美丽乡村展新颜"成就展等，这些展览结合了地域特色，展现了不同地区的历史文化和建设发展。

档案出版物。档案文献汇编，如《抗日战争档案汇编》《中国对日战犯审判档案集成》《中国共产党重要文献汇编》《明清珍档集萃》等，这些出版物通过整理和编纂档案文献，为读者提供了研究历史、了解时代的宝贵资料。档案读物，如《100个档案故事讲述党的历史》等，这些读物通过讲述档案背后的故事，让读者更加直观地了解历史的发展和时代的变迁。

档案视频。档案微视频，以微视频的形式，聚焦于历史事件的再现，如中国档案文献遗产系列微视频、"凝百年之辉，筑兰台之梦"微视频征集展播活动，《档案鉴赏——五四特辑》《新中国这样走来》。电视专题片，如《于无声处》等，通过较长的篇幅和深入的挖掘，对某一主题或历史事件进行全面、系统的介绍，引领观众深入了解历史事件或人物背后的故事。档案微电影，如国家电网有限公司拍摄的《阿体拉巴》等，这些微电影将档案元素与影视艺术结合，巧妙地运用了档案素材和影视艺术的表现力，展现了特定历史时期的社会现实和人物命运。微纪录片，如《红色档案——走进中央档案馆》百集微纪录片，这些纪录片通常短小精悍，聚焦于某一历史事件或人物，通过挖掘档案中的历史细节，以影像的形式呈现给观众，让观众更加直观地感受历史的魅力和力量。

3.产品传播效果

档案文化产品传播效果呈现四个特点：一是观众参与度高。线下展览吸引了大量观众到场参观，线上展示也获得了较高的阅读量和推荐量，如《红色档案——走进中央档案馆》百集微纪录片在央视新闻微博的阅读量超4亿。二是社会影响力大。档案文化产品通过线上线下多种渠道传播，不仅在国内产生了广泛影响，还通过国际合作项目走向国际，提升了中国档案文化的国际知名度。三是教育意义深远。档案文化产品以红色档案、历史故事等为主题，为党史学习教育、爱国主义教育等提供了生动教材，有助于增强公众的历史记忆和文化认同感。四是促进档案事业发展。档案文化产品的开发和传播推动了档案事业的创新发展，提高了档案工作的社会地位和影响力，为档案事业的可持续发展奠定了坚实基础。

（三）产品开发实践案例分析

1.中央档案馆百集微纪录片《红色档案——走进中央档案馆》

中央档案馆联合中央广播电视总台新闻新媒体中心策划、制作的百集微纪录片《红色档案——走进中央档案馆》，以扎实的档案发掘能力、创新的策划设计和精良的拍摄制作，引起社会各界强烈反响。其创作之本便是在深入挖掘中央档案馆数百万份中国共产党成立100周年间的珍贵档案基础上，选取其中精华展开生动讲述，让这些尘封已久、鲜为人知的档案通过新的影像表达、新的媒介平台，向新时代的年轻受众释放出其独特的魅力和精神力量。《红色档案——走进中央档案馆》每集聚焦一个关键看点，突出档案特征；剪辑紧凑，设计情感化，音效沉浸式；线上+线下、小屏+大屏，进行新型融合式传播。《红色档案——走进中央档案馆》在"中非情缘"非洲电视观众知识竞赛中，转译成英、法、斯瓦希里、豪萨语4种语言，面向非洲20个国家的观众进行展映。①

2. 四川省档案馆档案文化创意产品

2021年，四川省档案馆公开发布一系列档案文化创意系列产品，包括富有档案内涵的U盘、书灯、拼图、口罩、盲盒等，这些文化创意产品引发广泛关注，形成了从产品开发目标和定位、产品创意和设计到跨界合作的体系化开发模式。该模式明确以档案文化更好地服务经济社会发展、更好地服务人民群众为目标定位，以系统联动、区域协同、跨界合作促进档案资源大开发的路径定位，以档案文创品牌推动档案文化创造性转化、创新性发展的方向定位，依托"印记100"——川渝地区档案馆馆藏红色珍档名录库，主动与文创公司、研发团队和市场企业合作，开发具有"时尚范""档案味"的文化创意精品，让红色文化深入生活、深入人心。②

3. 中国科学院档案馆弘扬科学家精神系列档案文化产品

中国科学院档案馆深耕科技档案特色资源，推出了一系列主题鲜明、亮点突出的弘扬科学家精神档案文化产品，探索形成了利用档案弘扬科学家精神的长效机制。如，精选70位著名科学家的近百份珍贵手稿档案，出版《中国著名科学家手稿珍藏档案选》；荟萃了中国科学院百位著名科学家的300余件珍贵档案，建成"中国科学院著名科学家档案展室"；与中国中央电视台科教频道合作推出档案电视专题片《于无声处》，助力弘扬科学家精神；组织全院举办科学家档案系列展览和"档案中的科学家故事"百部档案微视频征集与展播活动；开展以档案讲述科学家故事为主题的党日活动，表演《档案中的科学家家风传承》情景剧等。

---

①韩任伟.百集微纪录《红色档案》创新之道：新看点、新叙事、新呈现、新传播[EB/OL].（2021-06-18）[2024-05-20].https://www.sohu.com/a/472844212_613537.

②王妍.档案界哪些文创产品"火爆出圈"？你欣赏的或许飞向你[EB/OL].（2022-01-15）[2024-05-20].https://mp.weixin.qq.com/s/7CWGEPiR-mnpgai_nEhl2w.

第二节　海洋档案文化产品开发需求

　　档案不仅是历史的见证，也是文化的传承。档案文化产品是以档案中的历史文化元素为基础，对档案历史文化进行现代化的改造和提升，使其具有贴近生活、为大众所接受等属性，再进行生产的文化产品或服务。近年来，随着档案工作重心向服务、民生转移，在国家档案事业发展总体规划的统筹下，各级档案部门越来越注重开发档案文化产品，以满足人民不断增长的文化需要，档案文化产品已渐渐成为档案服务社会发展的重要途径。在海洋领域，新中国海洋事业发展过程，因铭记海洋历史、传播海洋文化、传承海洋精神的现实需求，故迫切需要大量高质量的档案文化产品。正是档案工作具有存史资政育人作用，决定了海洋档案文化产品开发是新时代文化建设需求的重要组成，是充分实现档案文化和档案工作价值的重要手段。

一、档案是新中国海洋事业发展历程的忠实记录

　　21世纪是海洋的世纪，中国是一个海洋大国，经略海洋是实现中华民族伟大复兴的必由之路。海洋是高质量发展的战略要地，是高水平对外开放的重要载体，是国家安全的战略屏障，也是国际竞争与合作的关键领域。海洋事业是新中国史上绚烂的一页，也是新中国发展壮大的缩影。海洋事业从新中国成立初期极端落后，到改革开放依海而兴，再到新时代向海图强，走过了一段从无到有、从小到大、由弱变强的发展历程。①如今，新中国海洋事业取得了举世瞩目的成就，海洋经济持续快速发展，海洋生态文明建设深入推进，海洋科技创新取得重大突破，全民海洋意识显著增强，中国成为全球海洋治理的重要贡献者。

---

　　①自然资源部党史学习教育领导小组办公室.党领导新中国海洋事业发展的历史经验与启示[EB/OL].（2022-01-07）[2024-05-20].https://www.mnr.gov.cn/dt/hy/202201/t20220107_2716913.html.

海洋档案承载着新中国海洋事业发展的历史，是最真实、最直接的、最原始的历史记录。从新中国成立之初提出"建设一支强大的海军"等战略方针、建立海洋管理机构，到开展全国范围的海洋资源综合调查和开发、实施海洋综合管理，再到中国特色社会主义新时代实施陆海统筹、加快海洋强国建设，每个历史阶段、每个主要成就都被档案忠诚地记录着。档案中记录着海洋工作中的一次次重要会议、一个个重大事件、一项项重大工程和重要任务。翔实的档案史料、直观的现场照片、鲜活的纪实影像，勾勒出历史轮廓，标注出时间节点。一份份档案，蕴含海洋历史和海洋文化，是我国海洋事业的重要精神元素，其中蕴藏着党的初心使命，归集了新中国海洋事业发展的工作成果。海洋档案工作在新中国海洋事业发展全局中具有基础性、支撑性作用，是维护党和国家历史真实面貌的重要事业。

习近平总书记强调："经验得以总结，规律得以认识，历史得以延续，各项事业得以发展都离不开档案"，"档案工作存史资政育人，是一项利国利民、惠及千秋万代的崇高事业"。习近平总书记深刻阐释了档案的珍贵价值，指明了做好档案工作的重要意义。档案工作者要保管好、利用好这些档案资源，要传承过去、记录现在、联系未来，传承和弘扬海洋历史和海洋文化，推动和深化海洋文化研究和建设，助力海洋强国建设，为国家海洋战略的推进实施贡献智慧和力量。

二、国家层面大力倡导档案文化产品开发

近些年，国家从战略层面、我国档案事业发展层面、相关领域层面等出台了多项关于信息资源开发、档案文化产品开发相关的工作意见、发展规划、指导目录等，大力倡导档案文化产品开发工作。

（一）国家战略层面

2004年，《中共中央办公厅、国务院办公厅关于加强信息资源开发利用工作的若干意见》提出"充分认识信息资源开发利用工作的重要性和紧迫性"。

2011年，《中共中央关于深化文化体制改革、推动社会主义文化大发

展大繁荣若干重大问题的决定》进一步兴起社会主义文化建设新高潮。2014年，中共中央办公厅、国务院办公厅印发《关于加强和改进新形势下档案工作的意见》，提出："各档案馆（室）要加强对档案信息的分析研究、综合加工、深度开发，提供深层次、高质量档案信息产品，不断挖掘档案的价值，努力把'死档案'变成'活信息'，把'档案库'变成'思想库'，更好为各级党委和政府决策、管理提供参考。"

2022年，中共中央办公厅、国务院办公厅印发《关于加强重特大事件档案工作的通知》，指出："加强统筹协调，实现重特大事件档案跨地区跨部门跨层级查询利用，简化优化档案利用流程，加强重特大事件档案资源深度开发，不断提升重特大事件档案利用效能。"

2024年，中共中央办公厅、国务院办公厅印发《关于实施中华优秀传统文化传承发展工程的意见》，实施中华优秀传统文化传承发展工程的重点任务中提到，"加强党史国史及相关档案编修，做好地方史志编纂工作"。"充分发挥图书馆、文化馆、博物馆、群艺馆、美术馆等公共文化机构在传承发展中华优秀传统文化中的作用。编纂出版系列文化经典。"综上，可得出政府政策的支持对档案文化产品及档案资源开发利用起至关重要的作用。

（二）档案事业层面

国家档案局以2005年1号文件印发了《国家档案局中央档案馆关于加强档案信息资源开发利用工作的意见》，这是对信息资源开发利用工作的高度重视，是加强档案信息化建设，促进资源开发利用的重要举措。

2007年，国家档案局印发的《关于加强民生档案工作的意见》，明确提出要多途径、多形式地开发民生档案信息资源，有效地开发民生档案资源服务民生。

2021年，中共中央办公厅、国务院办公厅印发的《"十四五"全国档案事业发展规划》提到要加大档案资源开发力度，统筹馆（室）藏资源，积极鼓励社会各方参与，围绕重要时间节点、重大纪念活动，通过展览陈列、新媒体传播、编研出版、影视制作、公益讲座等方式，不断推出具有广泛影响力的档案文化精品。加强档案文化创意产品开发，探索产业化路径，支持和引导各级地方综合档案馆根据自身需要进行文化专题档案的开发，以实现地域文化传播、宣传馆藏特藏、满足公众需求、服务地方经济的目标。

2021年，国家档案局为贯彻落实《"十四五"全国档案事业发展规划》，统筹"十四五"期间国家重点档案保护与开发各项工作，全面提高档案保护与开发工作质量和水平，印发《"十四五"国家重点档案保护与开发工程实施方案》，方案中明确将"实施红色档案资源保护开发""创新档案资源开发利用方式"作为主要任务。

2020年新修订的《中华人民共和国档案法》、2024年颁布的《中华人民共和国档案法实施条例》为档案文化产品开发提供了明确的法律保障和有力的政策支持。《中华人民共和国档案法》中提到国家鼓励档案馆开发利用馆藏档案，通过开展专题展览、公益讲座、媒体宣传等活动，进行爱国主义、中国特色社会主义教育，传承发展中华优秀传统文化，继承革命文化，发展社会主义先进文化，增强文化自信，弘扬社会主义核心价值观。《中华人民共和国档案法实施条例》提出国家档案馆应当根据工作需要和社会需求，开展馆藏档案的开发利用和公布，促进档案文献出版物、档案文化创意产品等地提供和传播。

国家档案主管部门高度重视档案资源开发，并为相关工作指明了方向、提升了动力。

（三）相关领域层面

2012年，国家统计局出台的《文化及相关产业分类（2012）》将档案馆列入"文化艺术服务"部分。《北京市文化创意产业发展指导目录（2016年版）》，对档案馆的开发提供了众多支持和优惠。

2016年，文化部、国家发展和改革委员会、财政部、国家文物局等部门印发的《关于推动文化文物单位文化创意产品开发的若干意见》，对推动博物馆、美术馆、图书馆、文化馆、纪念馆等文化文物单位文化创意产品开发工作做出部署，提出要深入发掘文化文物单位馆藏文化资源，推动文化创意产品开发，充分运用创意和科技手段，满足广大人民群众日益增长、不断升级和个性化的物质和精神文化需求。

2021年，文化和旅游部、中宣部、国家发展改革委、财政部、人力资源社会保障部、市场监管总局、国家文物局、国家知识产权局等部门又印发《关于进一步推动文化文物单位文化创意产品开发的若干措施》，这一文件深入贯彻落实了习近平总书记关于繁荣发展文化事业和文化产业的重要指示精神，进一步推动文化文物单位文化创意产品开发。

这些领域的相关政策、意见，更加印证了文化产品开发在全社会层面的重要性和紧迫性。

三、专业档案社会价值和科技价值明显

《中华人民共和国国民经济和社会发展第十四个五年规划和2035年远景目标纲要》提出，把科技自立自强作为国家发展的战略支撑，对科技创新发展和科技支撑高质量发展做出了重点部署。专业档案是国家科技创新发展和经济社会发展的重要基础性、战略性资源，其自身蕴含着优秀传统文化和丰富的科学技术知识，一方面可以通过对人民群众进行荣誉感的教育，培养人民不忘历史，珍惜民族情结，增强凝聚力，作为爱国、护国、强国的精神动力；另一方面为人们在知识的获取和技能的提高上提供保障，在管理、生产、科技等各种实践活动中提供参考和借鉴，并发挥其智力支持的作用。专业档案是国家科技创新活动开展的基础与条件，更是科技创新活动的原始记录，对部署科研任务、组织实施科研项目、选择技术路线等具有参考价值，其在服务科研、支撑科技创新方面的作用越来越凸显。

专业档案工作是我国档案事业的重要组成部分，在国家创新能力建设、我国科技事业发展中起着重要的支撑作用，是领域内档案工作围绕中心、服务大局最好的着力点和结合点。国家对科技创新能力的迫切需求，也是对专业档案和科技档案的管理能力和提高管理水平的迫切需求。以中国海洋档案馆为例，作为我国保管海洋专业档案的基地，馆藏档案的核心之一是专业档案。这些专业档案以其特有的海洋学科价值，在海

洋管理、海洋开发、海洋保护和权益维护等工作中，发挥着决策参考、追溯凭证和科学研究等不可或缺的重要作用。专业档案馆承担着保存国家专业领域内科技历史的重任，需要适应新形势，抓住机遇，主动作为，做新时期专业档案工作理论与实践的先行者，担好"国家责"，做好"国家事"，切实把专业档案资源"保管好、利用好、记录好、留存好"，向社会贡献"专业档案智慧"。

四、社会对档案文化产品需求显著增加

当今社会的发展，文化方面的需求越来越凸显。档案文化产品是一种重要的文化资源，是人类历史文明和社会文明的发展成果，其在社会文化传承中发挥着凭证、媒介、传播和文化教育的功能，是国家保护档案文化资源的重要成果。档案文化产品丰富着人民群众的文化生活和娱乐生活。改革开放以后，档案部门开始打破封闭，走向开放，面向社会提供服务。各级国家综合档案馆，也正在向公共档案馆转化，更加重视档案馆服务公众的要求。在这种情况下，凭借档案馆所特有的档案优势开发文化产品，也就成为一种必然的选择。档案部门已不再仅仅是传统意义上查阅档案的场所，它还应该成为公众享受文化生活的场所，档案部门应站在社会公众的角度，建设满足公众动态和多元利用需求的档案文化产品。深化"以用户为中心"的服务理念，主动融入社会服务体系，促进档案文化产品的系统开发、深度开发和精准开发。

当前，档案文化产品开发工作在全国范围内正如火如荼地开展。国家档案局局长王绍忠在2024年全国档案工作暨表彰先进会议上的报告中提到了档案文化产品开发工作进展情况。报告中提到，2023年各级档案部门聚焦存史资政育人根本任务，持续深入落实"四个好""两个服务"的目标要求。围绕改革发展稳定和经济社会民生重点热点问题，积极主动编报各类档案资政参考，取得良好效果。组织实施国家重点档案开发项目115个，推出老一辈革命家的家教家风展、长江黄河流域红色珍档联展等一大批高质量的档案主题展，为学习宣传贯彻党的二十大精神和在全党深入开展主题教育提供了特色教材。深入推进《抗日战争档案汇编》

编纂工程，全年出版图书16种40册。编辑出版《中国档案文献遗产·第五辑》，拍摄第五批中国档案文献遗产系列微视频。

第三节　海洋档案文化产品开发体系价值

一、形成全视域多视角海洋档案文化产品

习近平总书记指出："坚定文化自信，离不开对中华民族历史的认知和运用。"中华优秀传统文化是我们最深厚的文化软实力，也是中国特色社会主义根植的文化沃土。海洋文化作为人类文化的一个重要组成部分，是人类认识、把握、开发、利用海洋，调整人和海洋关系，在开发利用海洋的社会实践中形成的精神成果和物质成果的总和。它包括对海洋的认识、观念、思想、意识、心态，以及由此而产生的生活方式等。而建设海洋强国需要海洋文化自信。

海洋档案作为新中国海洋发展历史和成就的主要记录载体，不仅是海洋知识、技术成果、研究和技术发展足迹的承载，因其蕴含人文属性和自然属性，更是海洋文化信息的重要承载体，在历史面前具有一般信息载体无法获得的证据力量和震撼力量。努力开发海洋档案中蕴含的历史内涵、文化内涵和思想内涵，让庞杂、零碎的原始档案信息变成海洋档案文化成果，是新历史时期赋予海洋档案工作尤其是海洋专业档案工作的一项政治任务、一项公益任务，也是海洋档案在"文化自信"战略引领下的重大课题。

开展海洋档案文化产品开发体系研究和建设实践，可以从宏观层面顶层设计到微观层面可行操作的全局视域，对海洋档案文化产品的设计与开发进行多角度、不同层面的探索，有利于形成反映新中国海洋发展历史和成就的完整海洋档案文化产品，满足传播和传承新中国海洋社会记忆的现实需要。同时通过产品开发和服务的过程，收集产生的各种各类海洋珍贵历史资料，如此可不断丰富中国海洋档案馆馆藏资源类型和结构，有利于促进新中国海洋社会记忆的永久保存。

二、形成专业档案文化产品开发服务体系

海洋文化建设对海洋档案文化产品开发服务具有持久性的需求，系统化的海洋档案文化产品更能呈现出新中国海洋的社会记忆，而规范化的海洋档案文化产品开发服务是其有效性和影响力的保障，也是相关工作可持续发展的基本因素。专业档案馆服务专业领域文化建设不是一蹴而就的事情，一方面需要长期的积累和不断地实践，用档案的模式为文化建设提供持续的动力；另一方面随着社会和时代的发展，文化建设的重点和方向会不断呈现新的特点，这就需要基于专业档案的产品开发进行新的调整与完善，保证与文化建设的一致性。

因此，对现状进行系统梳理，探究海洋档案的内在属性和档案文化产品开发需求，总结开发过程中存在的问题及其原因，最终构建一个系统的、适用的基于专业海洋档案的文化产品开发体系是当前的重点。

三、发挥专业档案馆服务社会的公共能力

理论上讲，档案面对的受众群体应该是很广泛的。但是在现实中，尤其是对像中国海洋档案馆这类专业档案馆而言，其受众大多为专家、学者及其他有特定需求的人员。相较其他形式的档案产品，档案文化产品作为一种更容易被社会接受的档案文化载体，具有教育和知识传播的意义的同时，还包含一定的艺术设计，更容易引起更多普通群众的关注。

因此，海洋档案文化产品开发，实现了从细碎信息到整体成品的发展，宝贵的海洋档案文化遗产不再是束之高阁的过期资料和文件，而是真正地与时代结合，成为走向人们生活、文化和休闲的产品。并且通过"国际档案日""全国海洋宣传日"等活动的推广，以及利用报纸专刊、新闻发布、电视宣传等多种媒体形式的宣传，可以打破长期以来形成的专业档案因知识性强、安全性高而不利于服务社会公众的惯性认知。由此，随着形式多样、种类繁多的海洋档案文化产品越来越多地走进社会公众的视野，必将有越来越多的不同来源的群体，认识到专业档案的重要性，认识到专业档案馆存在的意义和作用，进一步地吸引更多的社会

公众去了解档案馆、走进档案馆，从而扩大档案工作的影响力。同时，也能引起管理者尤其是相关领域的领导者对档案工作的重视和关注，提高对专业档案工作和专业档案馆的认识和投入。

在馆藏档案资源挖掘和产品制作服务的过程中，一方面档案工作者可以发现现有馆藏资源在服务公众方面的不足之处，有针对性地开展征集和收集工作。另一方面可以让更多人了解档案工作的使命和职责，以及海洋档案的价值所在，更愿意主动将收藏的档案资料交给档案馆保管，形成产品开发和馆藏资源建设互相促进的一个良性循环，实现馆藏结构的全面优化和馆藏资源的多样化。通过海洋档案文化产品的开发与传播，可以有效地发挥档案馆的文化功能，打造档案文化品牌，塑造品牌形象，提升档案馆的形象，促进专业档案馆提升综合业务运行能力。

四、提升专业档案文化产品开发学术价值

档案信息资源开发与利用是档案学的重要研究对象之一，档案文化产品开发是档案资源利用的重要手段之一，对相关问题进行研究，不仅是档案资源开发方式的拓展，也将丰富档案学的理论内容，推进档案学学科的发展。以海洋档案文化产品开发体系为研究对象，对海洋档案文化产品的开发问题进行系统分析，有利于帮助档案学者打破传统思维局限，拓宽研究视角，深入展示专业档案文化产品的基本特征、专业档案产品开发的现实需求，以及在开发过程中存在的问题和解决对策，从而形成专业档案驱动的海洋档案文化产品开发体系框架，丰富专业档案文化产品开发的研究成果，弥补档案界在专业档案资源开发利用、专业档案文化宣传服务方面的不足。

同时，科学的理论对实践具有积极的指导作用。档案文化产品开发工作是档案文化服务的重要研究内容，如中国海洋档案馆以馆藏档案资源为核心，以海洋历史文化底蕴为创作灵感，以满足社会公众文化消费需求和传承海洋历史文明为目标，对这一内容进行深入研究和探讨。这不仅能够丰富专业档案服务研究的理论成果，对专业档案文化服务和宣传工作也具有重要的实践指导价值。

第三章

海洋档案文化产品开发体系框架

海洋档案文化产品开发体系建设以档案多元理论、文化层次理论、档案情感理论、协同系统理论和公共传播理论等为基础。其建设是长期积累且不断完善的过程，现已初步形成了由支撑保障、资源管理、产品开发、传播服务四个部分组成的框架结构，它们既有各自的定位和作用，又密不可分，互相依赖，互相促进。本章详细介绍海洋档案文化产品开发体系建设基于的理论方法、框架结构及其各部分的作用、内容。

第一节　产品开发体系建设基于的理论方法

一、档案多元理论

档案多元理论的产生和发展，一方面源于西方后现代主义思潮下多元世界观和方法论在档案领域的拓展与应用，另一方面源于以美国为首的欧美国家历史、文化、社会学研究对档案理论与实践提出的新要求。[①]2011年，在美国档案教育与研究学会年度会议上，加州大学档案学者吉利兰正式提出"档案多元论"这一档案学术语，而该理论反映多元视角下档案存在及其建构意图的多元特征，揭示出学术机构、政府机构和个人在档案证据性文本和记忆留存意图方面的多样性，在社区视角及需求方面的差异性，并在档案专业和学术发展的文化构建方面倡导多元主体参与。[②]随后，吉利兰联合澳大利亚档案学者麦克米希等进一步阐述了规范化、体系化的档案多元论具体观点和应用场景。[③]档案多元论视域下档案文化产品服务发展应从档案文化资源建设、档案文化产品开发和档案文化产品服务三方面入手，将档案多元论倡导的来源主体多元、本质属性多元、价值实现方式多元的观点运用在档案文化产品开发的过程中。

（一）注重档案来源主体多元，保障档案产品开发资源基础

档案来源主体多元化，主张将社会各方主体形成的档案纳入档案部门馆藏资源建设范畴，鼓励档案馆接收和收集多门类、多主题档案资源。文化产品服务是文化产品产业竞争力的核心，档案资源建设质量的优劣

---

①李子林.国外档案多元论的发展及其启示[J].档案学研究，2018，（6）：138-144.

②安小米，郝春红.国外档案多元论研究及其启示[J].北京档案，2014，（11）：16-20+34.

③Gilliland A，McKemmish S. Pluralising the Archives in the Multiverse：A Report on Work in Progress[J].*Review for Modern Archival Theory and Practice*，2011，（21）：177-185.

直接影响档案文化产品服务的品质。一方面，承认并重视多元档案来源主体，重塑档案馆馆藏资源结构，收集和保存多主体来源的档案，以此作为档案馆文化产品服务"特色专题"的第一手资料。另一方面，在档案本质属性和档案价值实现方式多元化指导下，从档案内容和形式出发，结合档案内容主题、档案载体及传播介质的多样化特点，对馆藏资源进行深度组织和资源增值化加工，引导档案文化产品开发。档案多元论倡导档案部门不再将档案来源主体局限于社会主流群体——政府组织、官方机构、主流民族或种族，还应尊重并关注非官方组织、少数民族或种族、社会特殊人群、边缘群体作为档案来源主体的身份，逐步调整档案接收、征集策略，重新规划档案资源结构，为档案资源建设夯实根基。

海洋档案文化产品开发体系建设在档案多元理论的指导下，将海洋档案资源建设作为产品开发的重要环节和基础。档案文化资源建设作为海洋档案文化产品服务开发的"前端"，需为后续海洋档案文化资源的增值、档案文化产品开发及服务提供坚实基础。因此，收集多样化、高品质海洋档案文化资源的需求应当被满足。尊重多元档案来源主体的理论与实践正与这一需求相契合，为档案文化产品服务资源建设提供借鉴经验，革新收集、整理、组织档案资源的工作思路。开发体系建设应立足海洋档案资源内容多元化，夯实档案文化产品服务的资源基础。

（二）鼓励档案开发形式多元，引导多主体共同开发档案文化产品

档案开发形式实现多元化，鼓励多视角、多群体、多维度重新定义档案内涵及档案工作各项内容，有利于引导档案馆联合社会机构、公众共同开发档案文化创意产品。不同于传统的档案编研和出版物，档案文化产品开发更强调"文化性""创意性""社会性"和"娱乐性"。因此，仅凭档案部门一家之力远不足以实现，需要信息技术人员、设计人员、营销人员及社会大众共同参与其中。

立足档案文化创意产品开发主体多元化，推进跨界开发团队建设。海洋档案部门通过积极寻求与文博部门、文化艺术机构、数字媒体服务商、社交媒体网站、文化创意设计公司等展开跨界合作，以项目合作或

机构共建的形式充分调动和协调各方资源，增强档案文化创意服务项目的实施效果和社会影响力。针对海洋档案文化产品开发，中国海洋档案馆以组建跨界团队合作的方式，引入新的视觉再现方式，创新档案利用服务形式。

（三）强调档案价值实现方式多元，推进用户需求导向文化创意服务

档案价值实现方式多元化，强调打破传统的档案编研、展览、数字化等有限的档案开发利用方式，从社会发展和不同类型公众需求出发，开辟档案社会价值实现路径。档案文化产品的开发与消费，就是实现档案价值的多元形式之一。随着社会发展变化，特别是公众对文化产品的需求不断增大，传统的档案开发形式并不能满足公众的文化需求。因此，在档案多元理论指导、倡导下，应鼓励将文化产品开发作为实现档案价值的重要方式之一。

海洋档案文化产品开发在档案多元理论的指导下，强调充分尊重和考虑多元化用户的需求。因此，海洋档案文化产品开发应充分考虑到不同年龄（儿童、青年、中年人、老人），不同职业背景（管理人员、科研人员、学生、教师等），不同利用目的（海洋历史研究、科学研究、海洋管理、权益维护、科普知识传播等）等因素的影响，以满足档案用户的多元文化产品消费需求。对此，海洋档案文化产品开发体系应充分考虑到用户的多元性，开发"视频类""文章类""展览类""故事类"等多类别的创意产品，以便更好地满足公众对档案文化的消费需求。

二、文化层次理论

文化具备不同的层级空间，梁鼎斌和克拉克在2003年提出了研究文化对象框架，认为文化产品内涵可以划分为三个不同的层次：有形的、物质的外在层次；行为的、习俗的中间层次；意识形态的、无形精神的内在层次产品。[①]马林诺夫斯基提出文化层次理论将文化分为精神文化、

---

① Benny Ding Leong, Hazel Clark. Culture-Based Knowledge Towards New Design Thinking and Practice—A Dialogue[J]. *Design Issues*，2003，19（3）：48-58.

生活文化和器物文化三个层次。①陈国东等基于文化层次理论，归纳了文化产品的三个设计层次，分别为形式层次、行为层次和心理层次。②苏建宁等通过建立文化层次结构模型，归纳了文化产品设计的文化因子，并探析融合两种文化的产品意象造型设计方法。③陈飞虎等基于文化层次理论，对维吾尔族的文化资源进行物态文化、行为文化、心态文化的层次分类，归纳出每个层次的设计属性，并结合维吾尔族的日用品进行设计方法的推导，通过相关研究发现，以文化层次理论为基础构建的产品设计方法，能够充分利用文化资源，进行文化资源的设计转化。④

因为所研究的文化对象能够与文化产品设计产生关联，因而提取出了以下三种设计元素来进行辨别：内在层次也就是所谓的心理层次，它蕴含着文化产品的悠久历史、丰富内涵及情感故事；中间层次也就是行为层次，它包含文化产品的使用功能性；最后的外在层次也就是文化产品的外形，包含颜色、形状等属性。文化对象的三个层次能够对应到设计因素的三个层次，即外在层次对应本能设计因素，中间层次对应行为设计因素，内在层次对应反思设计因素。

文化层次理论能完整地解释档案文化产品体系的建设过程，即从核心利益层次开始向外逐层次地递进。通过运用文化层次理论可以从需求角度更细致地分析档案文化产品开发现状，从而开发出更满足社会公众需求的产品。外在层次相关的设计因素有材料、颜色、形式、质地、表面样式、装饰及细节等。如将海洋特色档案实体、有代表性的实物档案、档案建筑等作为设计元素融入海洋档案文化的产品设计。中间层次则注重消费者的行为，以及人们在不同情况下使用的情景。即使人们在不同文化环境下使用同种产品，它的使用方式也会有所不同，因为其代表着

①马林诺夫斯基.文化论[M].北京：华夏出版社，2002.
②陈国东，潘荣，陈思宇，等.基于改进双钻设计模型的良清古文化产品设计[J].包装工程，2019，40（12）：242-248.
③苏建宁，刘怡，师容，等.面向跨文化融合的产品意象造型设计方法[J].包装工程，2019，40（8）：10-15.
④陈飞虎，祝兆强，李川.基于文化层次理论的维吾尔族日用品设计[J]，包装工程，2018，39（6）：192-196.

不一样的文化含义，可以根据特有的使用功能和意义去进行操作。内在层次则注重文化对象的情感内涵与文化故事，外在层次更能集中体现此产品的文化象征意义。从这几点，能更好地发掘海洋档案文化产品本身的文化内涵。

三、档案情感理论

美国学者史蒂文·罗斯认为，人类记忆、人类行为需要的不只是认知，还有情感。记忆除了是一种认识活动外，还是一种情感体验行为。[①]社会情感再生产的过程包括对客观的档案记忆进行反复的建构和解构，而只要发生了转换，都是基于转换人的感性而存在的。档案情感是一种触发式情感，是人类浸入档案构建的历史情境，关联头脑记忆从而形成的一种对历史的能动性反映。档案的情感价值属于恒久的价值属性，是指由档案内容或载体引发的人类对历史、记忆、文化和社会等情感体验、情感共鸣的象征性价值。

（一）档案情感价值的来源

一方面，档案情感价值来自其讲述的内容。绝大多数档案与用户间的情感互动基于其所述内容。档案内容能够重现历史情境，历史情境可唤起社会记忆、国家记忆、集体记忆和个人记忆。因此，通过保护档案而保护档案内容中所包含的记忆成为各国关注的焦点。1992年联合国教科文组织启动"世界记忆"项目，以保护世界范围内正在逐渐老化、损毁、消失的文献记录，从而使人类的记忆更加完整。例如，我国入选世界记忆的"侨批档案——海外华侨银信""南京大屠杀档案"，其档案价值不仅在于真实反映了一段历史记忆，同时在于通过对记忆的深化和思考，引发人类追求人权、平等及和平的情感。

另一方面，档案情感价值同样来源于档案载体。结绳记事的智慧、石刻档案的厚重、羊皮纸的精细，以及照片和音像档案的生动，都会触

---

①法拉，帕特森.记忆[M].户晓辉，译.北京：华夏出版社，2006：132.

动人类的情感，影响着人们对档案的认知。正如历史学家乔治·杜比所说："我独自一人，终于将纸板带到桌子上。我打开它，打算从这个盒子里拿出来什么东西？我把手放在羊皮纸之间，这些皮肤往往是触摸的精致温柔。"载体同样是时代与社会的记忆呈现，是档案情感不可忽视的存在形式。档案情感价值或来自其内容，或来自其载体。

档案内容触动档案情感，档案载体能够帮助加快档案情感的触发。然而，无论是内容还是载体，只有通过档案工作者的档案资源开发利用工作，使个人、集体、社会情感与档案发生"化学反应"，公众才能够将档案中的信息和自身情绪相联系，档案情感才会释放。

（二）档案情感价值的特点

档案情感是一种触发式的情感，需要在对档案内容和载体充分认识的基础上，识别并开发档案中的情感，使其发挥作用。它具有以下特征：一是依附性。档案情感并非独立存在于档案之中，而是与档案内容、载体及档案工作者对档案的认识息息相关。档案情感价值发挥作用，须建立在社会记忆及公众情感需求的基础上，创造浸入式的体验环境，因此档案情感价值对环境具有依附性。二是发展性。档案情感价值并非一成不变。人们的情感随着时代发展也在不断变化，作为人类情感的重要组成部分，档案情感价值自然也在经历发展与变化。三是兼具个体性和公共性。"每个人眼中都有一个哈姆雷特"，因此每个主体与档案产生联系时，都基于其生活经历与感悟，所以各自所产生的情感是不相同的。但是，对社会而言，档案情感价值是具有公共性的，档案中的情感也就不可避免地蕴含着国家的意识形态。档案认识主体可以从档案中感受相同的情感体验，也会因为各自生活差异产生不同的情感。

（三）利用文化产品触发档案情感价值

档案作为社会实践活动的真实记录，是客观实在的，按照其物质本身来说是无法影响到人类情感的。但是，档案资源为关注者提供了事实和依据，具体翔实的内容描述、重现历史情境，将关注者从现实情境带入历史情境，浸入到历史记忆中。文化创意产品开发和消费能更为直观地触发公众的情感，有利于更好地服务于社会记忆构建、公民精神文化生活需要满足及社会多元性保障。档案工作者应在充分认识馆藏档案情感价值的基础上，利用科学技术或创新思想为大众主动提供新颖的，能够唤起社会记忆、触动档案情感的服务。

海洋精神是特定时代相联系的海洋群体的思维方式、思想状态、内在品质以及价值追求的统一体，它是海洋文明的核心，不仅具有横向的开放包容性，而且具有纵向的时代继承性。我国是世界海洋文化发祥地之一，在悠久的历史长河中形成艰苦奋斗、开放包容、团结协作、求真务实、开拓创新的海洋精神，是以爱国主义为核心的民族精神和以改革创新为核心的时代精神的鲜明体现。新中国成立后，我国海洋事业经历了由弱到强、由小到大的历史性巨变，涌现出大批典型海洋人物，彰显了与时俱进、忠党爱国、服务人民的海洋精神。在海洋档案文化产品开发过程中，应注重挖掘档案中蕴含的海洋精神和历史情感，让真实的历史素材、朴素的海洋精神和海洋历史情感得以传承和传递，比如南极考察站建站精神、海洋调查精神、载人深潜精神等，充分体现了中国海洋人永不褪色的忠诚、海纳百川的包容、求真务实的探索、与时俱进的创新精神。

四、协同系统理论

系统论的观念是由奥地利科学家贝塔朗菲提出的，他认为，"系统是由相互作用和相互依赖的若干组成部分合成的具有特定功能的有机整体"[①]。系统分为线性系统与非线性系统。线性系统的各类输入相加等于它的输出，系统要素之间是互不相干的独立关系；而非线性系统的输出与输入则不成比例，系统要素之间存在相互牵引的作用，难以准确预估系统的输出，正是这种相互牵引的作用，使得整体不再是简单地部分相加之和。我国科学家钱学森从系统论的观点出发，提出复杂巨系统，将

---

①单畅.系统论视阈下传统文化融入高校廉洁教育研究[J].法制博览，2020，（18）：36-38.

规模巨大，元素或子系统种类繁多，本质各异，相互关系复杂多变，存在多重宏、微观层次，关联复杂的系统，定义为开放的复杂巨系统。[①]

"系统论是以某一系统和组成系统的各要素之间的相互关系作为主要研究对象，从整体上探究某一系统的结构、功能、行为和动态，以把握系统整体，达到最优的目标。"[②]在不同的知识体系或者日常工作中，人们常常将系统、体系、平台等词混合使用，虽然定义可进一步区分，比如将"体系"定义为多个系统的结合或集合，比如将"平台"定义为一个或多个系统的基础，平台上构建的相互联系相互作用的组成部分组合在一起即为"系统"，但三者的定义均是衍生自系统论的。

（一）基于系统思维推动海洋档案文化产品开发

海洋档案文化产品开发涉及方方面面，既不是档案的简单堆砌，也不是轻轻松松地给已有档案信息套上一个各类设计或媒体的外壳，它是基于档案、成于编研、广于传播的整体。从系统论的视角来考虑海洋档案文化产品开发，需确定整体的目标，厘清整体与要素、要素与要素、要素与环境三者之间互为支撑、互为影响的相互关系。即从系统目的性角度，讨论海洋档案文化产品开发——具有特定目标典型特征的集合；从系统相关性维度，讨论海洋档案文化产品开发整体的组成要素——涵盖全部涉及的各方面内容；从系统整体性看海洋档案文化产品开发策略——有机整体中各要素的恰当配合。

（二）整体渐进式推动海洋档案文化产品开发

"协同"的概念最早是由德国学者赫尔曼·哈肯在系统论的基础上提出的，"是指系统中各子系统的相互协调、合作或同步的联合作用及集体

---

①曾剑秋，贾山召.智慧城市建设中定性到定量综合集成法的应用[J].经济研究导刊，2016，（16）：95-99.

②陈洁，王玉珏，郭若涵.档案宣导的背景、内涵与应用[J].档案学通讯，2019，（2）：9-16.

行为，结果是产生宏观尺度上的结构和功能"。①海洋档案文化产品开发是多个要素整体协同而产生的结果。但必须注意到，任何一个整体的系统，不可能一蹴而就，需要区分整体内各要素的紧迫性，分阶段优化完善。同时，海洋档案文化产品种类繁多，在开发过程中也需要分轻重缓急，按照整体渐进式的方式不断推动其发展。

（三）协同形成海洋档案文化产品开发体系框架

海洋档案文化产品开发体系是在系统论思想指导下，结合对长期以来海洋档案文化产品从无到有、从小到大实践过程的总结而形成的。所谓体系框架，则必然是从宏观层面的总体设计到微观层面不同层次、不同角度元素的整体考虑。从十余年前星星点点的尝试，到如今在整体体系框架下多类型海洋档案文化产品的系列化产出和规模化传播，海洋档案文化产品体系框架构建与海洋档案文化产品开发实践，二者互为依托、协同共进。体系框架正是在足够多的实践前提下，以提高海洋档案文化产品开发常态化、内容专业化、类型多样化、传播广泛化、资源优质化、流程规范化等为目标，破解"零敲碎打""模式单一""传播有限""投入不足"等问题，坚持"目标是指南针、问题是突破口""目标导向和问题导向相统一"的思路进行构建。

五、公共传播理论

"公共传播"一词较早出现于英国著名传播学者丹尼斯·麦奎尔著作《麦奎尔大众传播理论》，经历了从口语传播时代到大众传播时代，再到新媒体时代的演变，公共传播的形式和特征也随之变化。公共文化传播是政府、企业等组织通过各种方式同公众进行文化信息传输与意见交流的过程。公共文化是为满足社会共同需要而形成的文化形态，强调全民参与、共享和非营利性，其显著特征在于"公共性"。而传播则是文化延续的一个重要环节，传播现象、规律是公共文化研究的重要内容。在公

---

①魏宏森，曾国屏.系统论：系统科学哲学[M].北京：清华大学出版社，1995.

共文化领域多学科交叉的背景下，文化传播理论是公共文化实现理论交叉的一个选择，公共文化传播理论的创立对于指导学科发展和文化实践具有深远意义。

文化传播理论研究的是文化传播现象及其规律，是传播学原理应用于文化领域的理论，其理论来源是多方面的，包括学术传统的引入、多学科融合、大众传播理论的发展及公共文化与传播学的结合，是由政府主导、社会参与而形成的普及文化知识、公益性文化机构和服务的总和。理论来源涉及人类学、社会学、文化学、新闻传播学等多个学科。公共文化的传播形式包括新闻传播（如广播、电视、报纸、杂志等）、舆论传播（如口头议论、道德评议等），以及多媒体视频音频和网络媒体等。理论的核心目标强调全民参与、共享和非营利性，旨在普及文化知识、传播先进文化，满足人民群众文化需求。通过推动文化的广泛传播与全民共享，促进社会文化的繁荣发展。

（一）从受众角度设计海洋档案文化产品的公共文化传播核心

公共文化传播的过程是用户认知、了解和接受文化信息的过程。[①]首先，用户也就是受众，其认知能力是有一定区间的。庞杂的信息很容易冲散受众的关注度，而只有经过提炼的内容才更符合公共文化传播过程中受众的需求。其次，受众在公共文化传播链条中作为终端，其对于所感知到的文化信息必然做出对应的行为，例如打开页面的数量、阅读或停留的时间、表达或留言的内容等。通过对用户行为的分析和总结，可以有效掌握公共文化传播中用户的关注点。基于以上，在海洋档案文化产品的公共文化传播中，受众是核心，应通过优化产品内容、提升聚焦度等方法，加强在公共文化传播中海洋档案文化产品的独特性，减少受众自我信息筛选压力，强化视觉设计以提高各类产品在受众有限时间内的感知效率。同时在产品传播过程中，加强对受众各类反馈行为的掌握，通过行为与产品特性之间相关度的分析，发掘后续海洋档案文化产品公

---

① 徐延章.乡村振兴战略中公共文化传播策略[J].图书馆，2020，（12）：8-13+26.

共文化传播设计的优化点。

（二）从融合角度规划海洋档案文化产品的公共文化传播媒介

从传统媒体到各类基于网络的新兴媒体，再到更加泛化的融合平台媒体，公共文化传播的媒介在不断发展、壮大，也有此消彼长的态势和阶段性稳定的特征。特别是新媒体技术的发展加速了大众"乌合之众"身份认同的解构，文化权利的重新回归，强化了主体参与意识，这些促使大众个性化需求的萌发，使每个个体从"大众"中分离出来，成为具有文化主体意识的"个性化受众"①。从公共文化传播方面看，各类媒体的融合是海洋档案文化产品公共传播的必然选择，必须充分利用各类媒介媒体的优势，才能起到更为显著的公共传播效果。

（三）从内容角度提升海洋档案文化产品的公共文化传播用户黏性

海洋档案文化产品之所以能够具有公共文化传播的特性，归根结底在于其具备更有公共属性的文化内在。因此作为公共文化传播的海洋档案文化产品，就必须加强内容的创新、提升内容的品质，充分挖掘海洋档案的文化内涵，加强内容与用户"情境兴趣""个性化需求"的匹配程度，通过个性化的内容体现差异化的传播策略，借由多样化的内容体现提升用户黏度。与此同时，在海洋档案文化产品内容设计和形式方面，要由说教式的灌输转变为和风细雨式的浸润，用良好的传播感受提升用户黏性。

第二节　产品开发体系框架结构和设计

一、体系框架形成过程

海洋档案文化产品开发初期，主要依靠海洋档案工作者自发，也可称

---

① 赵娟娟，刘丹凌. 新媒体语境下公共文化传播的困境及出路[J]. 新闻知识，2014，（4）：21-23.

之为"自发阶段"。该阶段，主要工作模式是以掌握档案资源为导向的产品开发，所以产出的产品内容、类型等均与现有资源高度关联，也与海洋档案工作者的专业能力、格局眼界等密不可分。产品普遍规模小、表现形式单一，且以小范围的单向输出为主，影响力相对有限。

不断地工作积累和分析总结，促使海洋档案文化产品开发演进到以需求为导向的阶段，也可称之为"自觉阶段"。在该阶段，海洋档案工作者逐渐意识到，产品开发要紧密结合最终用户的需求，以需求为导向的开发理念逐渐形成，主体开发意识显著增强。适应社会大众网络化需求、个性化需求的产品逐渐增多。

随着社会发展和工作的深入，海洋档案文化产品开发进入以价值目标为导向的第三个阶段，即"自然阶段"。该阶段的形成，主要基于对档案政治属性和政治价值的深刻认识，意识到必须将海洋档案文化产品的开发与国家重大战略需求联系起来、与社会经济文化的发展结合起来，坚持国家需要为第一需要，社会需求为第一使命，公众满意为第一标准的价值目标取向。[①]顺势提出了海洋档案文化产品开发——"新中国海洋社会记忆保存和传承"的定位。

上述三个阶段的演进，也是海洋档案文化产品体系从零开始逐渐清晰的过程。从探索和尝试、实践和完善、总结和归纳等几个方面并行展开的工作，促进了体系目标、组成部分、内在关系、运行机制的确立。

二、体系框架构建理念

海洋档案文化产品体系的设计，要把握系统性的要求，从全局提出体系的整体目标，继而分解到各个层级；树立自主性的意识，充分依托可自主把握的资源；强调协同性的观念，融合多方为我所用；突出交互性的设计，避免闭门造车；贯穿特色性的理念，体现海洋特色有助于品牌建设。

---

① 王春晖.论档案文化产品开发的导向[J].档案学研究，2017，（S2）：87-89.

（一）系统性

只要各元素之间具有某种相互作用，且因这种相互作用形成一个有序整体，它们就构成一个系统。[①]海洋档案文化产品开发体系必须关注任何与产品有联系的层级元素，从整体上梳理任何保障、服务、支撑海洋档案文化产品生产的内容，比如资源、传播、制度、规划等，在体系框架中明确各自的定位。此外还需关注不同层级、不同元素之间的关联关系，建立层级或元素之间的联系，确定层级之间相互作用方式。

（二）自主性

海洋档案文化产品从根本上看是基于海洋档案资源的产物。资源的独有性决定了产品开发必须坚持"以我为主"的策略，即从资源的整合、产品的规划设计和开发、制度规范的订立和主要传播途径的建设等方面，均应设计可控的解决方案。并配备具有满足档案信息处理、档案产品设计开发等基础环节的人员队伍、仪器设备和技术能力。

（三）协同性

协同有助于整个系统的稳定性和有序化，能从质和量两个方面放大系统的功效，创造演绎出局部所没有的新功能，实现力量增值。[②]海洋档案文化产品开发体系框架构建需要坚持协同性，在"以我为主"的基础上，重视相关资源和力量的整合。多种类型的协同，使整体效应大于其单个要素的简单相加。例如，拓展馆藏之外的资料收集渠道，挖掘与馆藏档案关联密切的海洋科学数据等信息，联合其他档案机构和图书、文博等机构共同推动海洋档案文化产品开发等。又比如在产品推广宣传方面，要充分利用各类媒介；在技术实现方面，要充分学习和依托广播电

---

①范冬萍.当代系统观念与系统科学方法论的发展[J].自然辩证法研究，2021，（11）：9-14.

②陆世宏.协同治理与和谐社会的构建[J].广西民族大学学报（哲学社会科学版），2006，（6）：109-113.

视行业和其他专业机构的成熟标准、创新做法和技术优势等。将协同性体现在海洋档案文化产品开发体系框架的构建中是补齐短板的捷径，也是提升产品质量和自身水平的必由之路。

（四）交互性

传统的档案编研存在一定的封闭性，产品以基础性汇编类居多，且多为内部资料。海洋档案文化产品开发体系框架的交互性设计体现在以下方面：一是优化海洋档案文化产品的表现，紧扣公众需求。秉承艺术性和实用性的要求，基于记忆的集体性、社会性特征，贴近公众的认知范围和"阅读体验"。二是在传播层面增加交互式、互动性的设计，紧跟时代步伐，树立"体验为王"的意识，满足人们多样化的需要，特别是要融合各类新媒体渠道，建立"感觉、感受、感想"等多样的产品体验反馈链条，加强整体的互动性。

（五）特色性

海洋档案属于国家明确的基本专业档案。专业档案的文化产品开发，要充分利用其专业属性和专业特色。因此海洋档案文化产品开发体系的构建也应该充满浓浓的"海的味道"。一是产品的主题要贴合海洋历史、海洋文化、海洋事业、海洋人文精神等方向，聚焦内容的特色性。二是产品的风格要有满满的"海的痕迹"，意象性的海洋元素表达、抽象性的海洋事件画面简化呈现、标志性海洋历史声音元素等，这些都应该纳入产品特色化的要求中，聚焦风格的特色性。三是适当将海洋档案中专业数据信息的元素纳入产品中，丰富海洋档案文化产品的科技内涵。

三、体系框架总体设计

（一）体系构成要求

体系指若干事物互相联系而构成的一个整体。体系源于系统科学，是系统科学关于软系统和硬系统研究的综合，对大规模、超复杂系统的研究。①体系的组成不同于一般系统的内部结构（紧耦合），它是一种系统间的交互，而不是重叠。它具备如下特性：一是能够提供单一系统简单集成所不具备的更多或更强的功能和能力；二是其组成系统能够是独立运作的单元，能够在体系所生存的环境发挥其自身的职能。②

从上面的定义和解释可以清楚地看到，所谓能够构成体系，则要求体系内各自组成部分必须是互为支撑、共同配合、协同运行的，如此方可保障达成体系目标而非简单组装。同时要求体系内各组成部分（层级或系统）应具备单独存在的价值和自行运转的能力，确保发挥体系赋予其的职责。因此海洋档案文化产品开发体系，作为一个复杂的且有目的的整体，它的设计也要遵循体系建设应该把握的侧重点，按照总体目标构建体系框架，按照体系内"单元"的标准合理确定组成部分，从体系整体角度确定各单元（层级）的职责，并明确体系框架内各单元（层级）间的相互联系及协同机制。

（二）体系组成部分

任何系统、体系建设都有其目的性。目的性也称功能性，是系统为达到既定目的所具有的特定功能。这是系统的基本特征，在系统中居于统领地位。③而体系则是一定范围内或同类事物按照一定的秩序和内部联系所组合成的整体。

构建海洋档案文化产品开发体系框架，其根本目的是基于海洋档案资源开发各类档案文化产品，继而起到传承社会海洋记忆、弘扬海洋精神和传播海洋文化的作用。综合上文，能够发现海洋档案文化产品开发体系核心要素是三个——资源、产品、传播，其中产品是核心，资源是

---

① DR. WILLIAM J. RECKMEYER. Systems of systems approaches in the U.S. Department of Defense. 1st annual system of systems engineering conference proceedings，June 13-14，2005[C]. Johnstown: PA，2005.

② 阳东升，张维明，刘忠，等.信息时代的体系——概念与定义[J].国防科技，2009，30（3）：18-26+37.

③谢联灵.系统论视角下的全媒体传播体系建设——以福州日报社媒体融合实践为例[J].中国记者，2023，（5）：50-53.

基础，传播是手段，三个要素协同则是达成体系目标的关键。

在海洋档案文化产品开发体系框架设计中，除了上述核心要素，还要从体系运转的常态化和规范化方面考虑，补充必要支撑保障层面的内容。因此政策法规、制度标准和规范、规划方案和计划、经费人员技术和设施等要素组成的支撑保障层自然而然地成为体系的组成部分。

（三）框架总体结构

结合上述分析，海洋档案文化产品体系框架的组成部分是按照其在体系内的职能分层设置，包括作为基础存在的资源管理层、作为核心存在的产品开发层、作为渠道存在的传播服务层，以及提供支持作用的支撑保障层。体系框架总体结构如图3-1。

（四）各层协同逻辑

系统论认为，系统内部的要素间，既存在整体同一性，又存在个体差异性。"整体同一性表现为协同因素，个体差异性表现出竞争因素，通过竞争和协同的相互对立、相互转化，推动系统的演化发展，这就是竞争协同力。"[1]海洋档案文化产品开发体系的各个组成部分，既相互联系，又相互独立。要处理好整体同一性、个体差异性的关系，就是要协同好"统分结合"的关系。强化产品开发层作为整个体系核心的定位，其他层均按照规则为核心层提供支撑服务。建立各层之间除主要支撑关系之外的附属反馈关系，如产品开发层除通过传播服务层发布外，还应根据传播服务层收集的最终用户反馈，优化产品开发策略；资源管理层除为产品开发层提供所需资源外，还应根据不同时期、不同类型产品开发需求扩展资源补充建设，以此达到各层级之间协同运行、互为促进的效果。

---

① 魏宏深，曾国屏.系统论[M].北京：世界图书出版公司，2009.

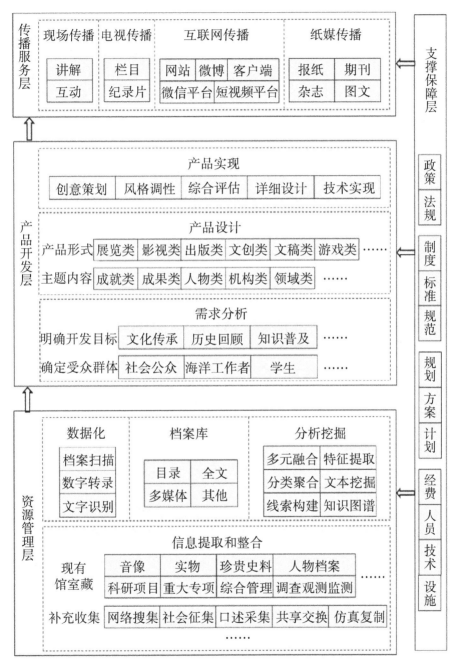

图3-1 海洋档案文化产品开发体系框架结构

第三节　产品开发体系框架各部分作用

海洋档案文化产品开发体系框架由资源管理层、产品开发层、传播服务层和支撑保障层组成，各部分既各司其职又互相作用，共同保障体系正常运行。

一、资源管理层的作用

资源本意指一个国家或一定地区内拥有的物力、财力、人力等各种物质的总称，分为自然资源和社会资源两大类，自然资源包括阳光、空气、水、土地、森林、草原、动物、矿藏等，社会资源包括人力资源、信息资源，以及经过劳动创造的各种物质财富。档案资源是一种社会资源。冯惠玲从档案资源观的角度提出"档案是一种具有独特价值的信息资源"，阐述了在时代背景下，档案资源体系的价值和意义、现状态势和发展趋势。①海洋档案文化产品开发体系框架充分呈现和传递了资源管理层的价值和作用。

（一）档案资源是海洋档案文化产品的主要构成要素

海洋档案文化产品通过对海洋档案资源及信息的提取、整合、编纂整编，挖掘和展现海洋档案资源蕴含的价值。一方面，海洋档案资源是海洋档案文化产品的核心与基础，没有海洋档案资源，海洋档案文化产品便失去了其存在的根基。另一方面，在海洋档案文化产品开发过程中，海洋档案资源是不可或缺的创作元素。档案资源中的文字、图片、视频、音频等多元化的素材，为海洋档案文化产品的创作提供了丰富的素材和灵感。

---

① 冯惠玲.档案记忆观、资源观与"中国记忆"数字资源建设[J].档案学通讯，2012，（3）：4-8.

（二）档案资源是海洋档案文化产品反映历史真实性的凭据

海洋档案是人们在从事各项海洋专业活动中直接形成的具有保存价值的原始记录，海洋档案的价值体现在其原始性，富含无可替代的真实性和权威性，从而保障了海洋档案文化产品的说服力。杨东权在2012年全国档案工作年会上提出，"打造传得开、立得住、留得下的文化精品"，"立得住"的根本就在于真实性。任何记载海洋事业发展重要节点的材料，其背后的时间、人物、地点、缘由等关键要素，均能在海洋档案中找到依据。我国有哪些海洋历史调查、形成了哪些专业资料，也必然能在海洋档案中找到答案，而做出重要贡献的海洋领域的院士专家主持的国家重大海洋科研项目，及其立项背景、实施过程、主要成果等也记录在档案里。这些档案资源都是海洋档案文化产品反映历史真实性的凭据。

（三）资源管理促进海洋档案文化产品发挥更多功能

海洋档案资源内容丰富、类型繁杂、形式多样，但若不加以区分和细化管理，档案资源是无法直接服务于产品开发的，资源管理的各类活动是发挥资源价值、提供产品所需资源的根本。有效的资源管理为海洋档案文化产品提供更为丰富的素材和深刻的内涵，为开发历史性、教育性、文学性等不同作用的档案文化产品提供支持。如此，产品受众群体更广泛，可促进海洋档案文化产品更好地发挥传播海洋历史、宣传海洋文化、增强海洋意识等功能。

（四）资源管理层对产品开发和传播服务的影响

在海洋档案文化产品开发体系框架中，资源管理层与产品开发层的关系最密切，对产品开发层直接发挥作用，一方面资源支撑产品的开发，决定产品开发的形式和内容；另一方面受益于产品开发，产品开发需求牵引下的资源补充收集及资源管理和应用技术改进，能有效地促进海洋社会记忆不断丰满和完整，服务社会的能力不断提高。

资源管理层对传播服务无直接影响，但受益于传播服务层。传播服务层在媒体或现场获得的有关资源状况和需求信息，可成为资源管理层后续工作的方向。

二、产品开发层的作用

产品是指被人们使用和消费，并能满足人们某种需求的任何东西，包括有形的物品和无形的服务、组织、观念或它们的组合。产品开发是企业改进或创新产品以满足市场需求的过程。它涉及运用新原理、新技术对产品进行改革和创新，旨在创造具有新特征或用途的产品，以满足社会和市场的新的需求。方立霏定义了档案文化产业，并提出开发档案文化产品，推动档案文化产业发展的策略。[①]王运彬等从档案文化产业理念引入对档案文化产品价值、开发模式的研究。[②]

（一）产品开发是海洋档案利用深层次和多形式表现

在《档案工作基本术语》中，传统的档案利用活动有阅读、复制、摘录、出具证明、展览和编纂等形式，其中编纂是按照一定的题目、体例和方法编辑档案文献的活动，如大事记、组织沿革、基础数字汇集、专题概要等。海洋档案文化产品开发体系将档案利用直接落脚"产品"，提出产品开发层理念，阐释了通过对资源的提取、整合以及采用各类技术方法，以有形的"物品"形式提供无形的服务，满足服务对象需求的理念。海洋档案文化产品开发是传统意义上的档案编研范围上的扩大。二者的不同点，具体阐释如下。

从概念上看，海洋档案文化产品开发的重点是对档案内容进行深度挖掘，形成具有特定功能或使用价值的产品，而档案编研则是围绕一定主题，将具有研究价值和实用价值的档案信息进行集中、研究、编辑、加工，使之成为更适合用户利用的形式，二者在深度上有不同。

从形式上看，海洋档案文化产品开发形成的产品范围更广、类型更

---

①方立霏.档案文化产业建设构想[J].档案学通讯，2003，（5）：4-7.
②王运彬，王小云.档案文化产品的市场价值、开发模式与未来展望[J].档案学通讯，2018，（6）：98-102.

多，而档案编研则主要以资料集合、汇编、专著等文本形式居多。

从方法上看，海洋档案文化产品开发需要综合运用各类现代信息技术，如音像处理、数据分析、可视化等，而档案编研主要依靠档案工作人员的专业知识和编辑研究经验，使用的是较为传统的方法和技术。

从受众上看，海洋档案文化产品开发面向更广泛的用户群体，公众性更强，而档案编研形成的成品更多的是面向研究人员、学者、决策人员等。

（二）产品开发层是海洋档案文化产品开发体系的核心

本书研究的海洋档案文化产品是指通过提取和转化海洋专业档案中的历史文化信息，将一份或多份档案、档案加工品、档案信息通过一定艺术手段，按照某一主题组织在新的物质载体上，形成受众认可且愿意接受和获取的信息集合体，它是新时代文化建设环境下的档案编研产品，是海洋文化建设中特有的传播载体。对比传统档案编研产品，海洋档案文化产品更注重馆藏专业档案资源与艺术的融合，注重产品创新思维、设计及服务方式。

海洋档案文化产品开发是档案机构扩展自身公共服务职能、参与海洋文化建设的重要内容。而在体系结构中，产品开发层则是支持整体目标达成的关键所在，是产品最终生产的"工厂"，可以再细化为一个个针对不同专题、不同类型海洋档案文化产品的生产"车间"。

（三）产品开发层对资源管理和传播服务的影响

在产品体系框架结构中，产品开发工作与其他工作紧密相连，互相制约，互相牵引。

档案资源对产品开发是起决定作用的。"巧媳妇难为无米之炊"，产品设计灵感和思路首先来自对档案资源的理解，丰富的产品表现形式和展示效果也是对档案资源的集成和再现，这是档案服务海洋文化建设的核心要点。同时产品开发过程中，因档案资源的不足而产生的补充收集工作，促进了档案资源建设，可以进一步提高产品开发的效益。

传播服务是产品开发成果的最终呈现，是产品价值体现的窗口，产品的内容和表现形式决定着传播服务的渠道、手段和方法。同时新形势、新时代环境下社会对文化产品传播形式的需求，进一步推动了新型产品的设计和开发，为产品开发提供创新思维和思路。

三、传播服务层的作用

"传播"一词的基本含义指传送与散布，这个定位比较宽泛，可以指信息传播，也可以指疾病传播等。从信息的角度，传播是指两个相互独立的系统间，利用一定的媒介和途径所进行的、有目的的信息传递活动。不同领域的学者从各自专业角度对传播进行定义。美国社会学家、社会互动理论的创始人库利于1909年在《社会组织》一书中定义传播为人与人之间的关系赖以成立和发展的机制，将传播看作人与人关系得以成立和发展的基础；美国学者、符号学创始人皮尔士于1911在《思想的法则》一书中提出，传播即观念或意义（精神内容）的传递过程，他更强调符号作为精神内容的载体在传播中所起的特殊作用；美国传播学科的创始人和集大成者施拉姆认为传播是信息的共享，即通过传播共同享有一则信息、一种思想或态度，目的在于建立彼此之间认知的共同性；传播学家阿耶尔指出传播在广义上指的是信息的传递，它不仅包括接触新闻，而且包括表达感情、期待、命令、愿望或其他任何什么；中国的新闻传播学理论学者郭庆光在《传播学教程》中定义传播是社会信息的传递或社会信息系统的运行。

（一）传播服务在海洋档案文化产品开发体系中的理解

习近平总书记指出："高度重视传播手段建设和创新，提高新闻舆论传播力、引导力、影响力、公信力"。海洋档案文化产品开发体系中的"传播"指将包含丰富思想和内容的信息通过各种媒介传递给他人，传播服务在"传播"理论基础上强调"服务"，即更关注于产品所满足和达到传播对象的需求和要求。

档案是一种独特的文化资源，在延续文化基因、传承文化精神等领域发挥着重要作用。挪威档案学家列维·米克伦曾说过："档案是反映人类文化和文明的基础，没有档案的世界，是一个没有文化的世界。"档案文化传播是以文化为核心的信息交流和共享活动，对实现档案价值、促进档案资源全民共享与文化传承有非常重要的作用，有助于档案工作真正服务于社会。①传播服务的核心价值在于架起最终用户（社会公众）与整个海洋档案文化产品体系之间的桥梁，满足产品对外输出和用户反馈收集的需要。

（二）传播服务层是海洋档案文化产品开发体系的出口端

传播服务层既是体现海洋档案文化产品价值的关键，也是海洋档案文化产品开发体系框架的出口端。传播服务将海洋档案文化产品高质高效地提供给社会公众，使得整体文化产品体系与社会系统产生双向循环，使得海洋档案文化产品不仅是一定范围内为内部专业人员服务的资料，更拥有了服务公众的社会价值和商品属性。传播信息是服务层的最基本的职能，也是其在体系中的立足之本，其目标是把海洋档案文化产品传播好、解读好，充分满足公众的档案文化需求。具体可以细化为三个方面：一是通过各类传播途径在更大范围内、在更广人群中形成传播效应；二是分享产品中的档案价值，把海洋档案文化产品中的档案内容、档案元素、档案符号等传递出去；三是共享档案文化价值，让受众在接受产品传播的过程中，充分体会到其中蕴含的文化元素、情感共识等。

（三）传播服务层对产品开发和资源管理的影响

传播服务不仅实现了产品开发的目标，也为产品开发提供了方向。传统媒体时代，档案文化产品开发更多反映的是档案工作人员意愿，获取受众需求的方式单一，时间上较为滞后。数字传播技术的不断完善，为媒介之间的交互提供了技术保障，也使传播者和受众的距离前所未有的接近，既提高了用户获取档案文化产品的便利性，增强了受众与档案

---

① 刘亚慧．"信息茧房"效应下档案文化传播策略及途径分析[J]．兰台内外，2024，（1）：82-84.

信息资源的黏度，受众也可以进行意见反馈，从而使得传播工作得以改进。[①]通过传播服务层，海洋档案文化产品实现和受众的近距离接触，通过阅读量、点赞量统计和评论可以收集用户认可度、满意度等反馈信息，及时分析总结，优化调整传播策略、渠道选择和内容形式。更进一步，可基于用户反馈的综合分析适时调整产品开发主题、内容、表现形式等，是保障海洋档案文化产品体系自我完善的必要环节。尤其是伴随着网络传播环境的加速变革，新媒体使得传播形式碎片化、草根化，受众从单纯的信息接收者转变为信息的传播者和二次加工者。公众追求更加富有内涵、形式多元、富有趣味性的文化产品，也更注重个性化设置及参与性、交互性体验。因此就要求在海洋档案文化产品开发过程中，及时吸纳社会各方建议，从单向发声转变为双向互动，根据用户的知识偏好，增加海洋档案文化传播的渠道和表现形式，达到"共赢"的效果。

传播服务层为海洋档案文化资源提供了更加丰富的收集渠道。通过传播服务层与产品受众之间建立良好的传受关系，吸引更多的社会公众关注海洋档案、参与海洋档案管理和产品开发工作。亲历者提供线索或参与开发的海洋档案文化产品，往往会为产品增添更加丰富的细节和生动的故事，既丰富了馆藏资源，提高了海洋档案文化产品开发质量，也增强了亲历者的成就感和自豪感。

四、支撑保障层的作用

各项工作的顺利开展均离不开行之有效的保障措施，支撑保障的主要目的在于提高相关工作的效率和质量，涉及管理、技术、风险应对和人财物有关的具体保障等，在海洋档案文化产品开发体系中，支撑保障是不可或缺的一部分。

（一）支撑保障在海洋档案文化产品开发体系中的理解

从档案领域看，《中华人民共和国档案法》《中华人民共和国档案法

[①]杨靖，赵梦蝶."全媒体"视域下档案信息传播存在问题及优化策略研究[J].山西档案，2023，（1）：119-125.

实施条例》《"十四五"全国档案事业发展规划》等都从不同层面提出加强档案事业发展的保障措施，涉及法律法规、规章制度、技术标准、人才队伍、经费保障、技术应用等各个层面。海洋档案文化产品开发体系的支撑保障层，其作用核心在于通过各类顶层设计、各种制度保证和运行条件保障等，建立起从各个层面保障海洋档案文化产品开发体系高效运转的环境，支撑保障层是体系框架最为基础的一环，促使其他分层的工作更加有序、规范。如果支撑保障缺失，则会造成体系运转不畅、产品开发不顺、成果质量不高等问题。

（二）支撑保障层对产品开发体系其他部分的影响

支撑保障层是海洋档案文化产品开发体系框架的顶层设计和重要保障，按照系统原则统筹体系框架内其他层面的建设和运转。支撑保障工作一方面助力体系内其他部分规范高质量运行；另一方面在其他部分运行需求牵引下，提高自身运行的效率和效果。支撑保障层与其他三个部分之间存在互相制约和互相促进的关系。

支撑保障层与资源管理层关系紧密，为海洋档案文化产品开发体系的可持续运行和产品开发提供源源不断的资源，离不开管理上的支撑和保障。政策供给是资源管理的抓手，标准规范是促进资源管理高效健康的手段，经费支持和人员等保障是资源管理工作正常开展的基础。因此支撑保障层必须为资源管理层解决三个方面的问题：一是制定相关制度和规范的制定要求，明确档案资源建设的主要方向；二是从管理和技术角度形成有关档案资源管理的标准规范要求；三是为资源管理提供具体工作的运行保障。

支撑保障是产品开发能够高质量完成的根基，支撑保障层通过各项保障措施的落实支持产品开发层的运转。一是通过规划、方案、计划等的制定，明确海洋档案文化产品开发的主要任务和分阶段计划，确保产品开发有的放矢；二是为产品开发层匹配相应的人力资源、技术支持、经费保障和各类设施设备等，满足产品开发的工作需求，同时根据产品开发实践中的反馈，不断优化保障能力；三是为产品开发提供规范的工作程序和要求，提高产品开发的质量和效率，确保产品开发的有效性。

支撑保障层对于传播服务层的影响，除了与体系内其他层类似的保障支撑外，还涉及与对外宣传有关意识形态、安全保密方面的制度要求。支撑保障层提供符合政策法规要求、满足宣传和对外传播实际的管理细则，可保证海洋档案文化产品在安全可控环境下的高质量传播。

第四节　产品开发体系框架各部分内容

一、资源管理层的内容

资源管理层可视为海洋档案文化产品体系的"后厨"，是用来创作海洋档案文化产品的"食材"中心。资源管理层应采用有效的管理措施和技术手段解决海洋档案文化产品开发的"食材"问题。

（一）资源主要构成

资源管理层的资源包括三个方面：一是海洋档案文化产品开发主体已有的档案资源，这些档案资源按照一定的规则和分类进行管理，随着各项工作的持续发展，这些资源的类型不断扩充，体量也不断增加；二是缺失的资源，需要按照海洋档案文化产品主题需求，进行针对性的档案资料补充收集；三是"初加工"资源，将补充收集的档案资源结合现有档案资源进行提取和整合，形成反映海洋档案文化产品主题内容的专题信息，供海洋档案文化产品开发使用。

（二）资源管理技术

资源管理层涉及的主要技术手段包括两个层面：一是以信息化方式进行基础资源数据化管理，包括利用图像技术和识别技术开展传统档案扫描、数字转录、文字识别工作，利用数据库技术建立档案资源的目录数据库、全文数据库、多媒体数据库、元数据库等；二是基于人工和计算机结合开展的档案资源数据整合，包括信息分类、提炼、存储、数据集等方面的技术，档案资源深度分析方面的档案数据清洗、多源档案数据融合、特征提取、文本挖掘、线索构建、知识图谱等技术。

（三）资源管理构成

海洋档案资源能够反映档案形成机构的历史沿革，反映国家海洋重大项目的实施过程，蕴含了丰富的文化属性。但这些资源并非在初始状态就可以满足产品开发的需要，必须按照产品开发的要求，经过必要的梳理、补充、提取和整合等环节后，才能被应用。

1.资源梳理

现有馆藏资源梳理的目的是在不改变既有管理规则、不影响常规管理模式的基础上，采用各种技术手段，针对海洋档案文化产品开发需求，形成满足定制化的快速服务的能力。主要包括三个方面：一是信息分级，按照档案记载内容的重要程度划分为不同等级，等级的设定要兼顾有效级差和适度原则；二是分类标引，针对海洋档案文化产品对资源需求的特性，标引档案资源与产品关联性的强弱关系；三是形成专题目录，针对产品对特定主题、特定时期档案资源的需求，按照主题、关键词、时间范围等梳理形成对应的资源信息集合。上述工作应分轻重缓急分批开展，要注重传统纸质档案之外其他类型档案资源的梳理，如音视频档案可逐渐细化到时间片段、具体场景、关键帧的层级，电子档案应利用文本数据挖掘、数据可视化、知识图谱等信息化技术加强其快速服务产品开发需要的能力。

2.补充收集

海洋档案文化产品开发资源来源于档案但又不囿于已有的档案资源。其他任何与海洋相关的，无论是非现存的档案，还是史料、文物、古籍、实物、音频、视频，都应属于资源管理层补充收集的范畴。从收集内容来看，凡能够反映中国海洋状况和海洋工作状况的信息及载体，均可作为收集对象，尤其是新中国成立以前反映我国海洋和海洋工作状况的资料，这些珍贵史料是新中国海洋事业发展和我国海洋状况的重要佐证。

从记录载体来看，除常规纸质文件、照片、录音录像等外，各种模型、标本、样品和纪念类实物都是重点收集对象。从表现形式来看，如手稿、书信、日记等非官方形成的文件材料也是产品开发所需的优质素材。

与海洋有关的档案资料，有的存放在国家、沿海省区市属地和涉海专业档案馆，也有保存在国家、地方、高校等的图书馆、文化馆、美术馆和博物馆的，以及收藏在海洋文化社会团体、研究机构和民间爱好者手中。应完善针对此类资源的收集机制，以满足海洋档案文化产品开发对更大范围资源的需求。有效收集是准确获取海洋档案资源的基本原则，随着社会各机构的信息逐步开放、资源不断共享，收集的方式呈多样化，海洋档案资源可以通过购买、接受捐赠、口述、仿真、交换等途径获取。

购买是档案资源收集的一种直接且有效的方式，路径更广泛，相对便捷，出版社、书店、拍卖机构、个人等是档案资源购买的主要途径。接受捐赠是档案资源补充收集最值得推广的方式之一，许多个人或机构出于对历史文化的热爱和传承的责任感，愿意将自己收藏的档案资源无偿捐赠给档案保管机构，捐赠的档案资料往往具有较高的历史价值、学术价值和文化价值。口述历史采集是通过传统文字笔录及录音、录像等方式，记录历史事件当事人或目击者的回忆，由此形成的口述历史资料经过价值鉴定后可作为口述档案，补充现存档案资源未记录的历史事件或事件中的某些环节，也可补充现存档案资源记录历史事件的背景和细节等。口述档案以其生动性和直接性等特点，能更深入地将海洋历史和海洋文化向后人传递。

在档案资源补充收集过程中，持有者若不愿意出售或捐赠档案资料，可以获取其复制件或数字化文件，特别稀有且珍贵的，可采用现代技术手段进行高度仿真获取。共享交换也是补充档案资源的一个有效途径，即与拥有相关资源的档案机构或类似机构进行互换，实现资源共享和互利共赢。交换途径可以通过协商、合作或参与会议、学术交流等方式实现。

3.提取整合

海洋档案文化产品体系框架下的资源提取，是指将分散在各全宗、各类别档案实体中的异构档案资源，按照产品开发主题的要求和需要，进行档案实体提取或档案实体内信息提取的过程。海洋档案资源按照机构全宗、专项全宗、人物全宗和资料、实物等分类管理，档案实体分库房、分区域存放。但海洋档案文化产品开发所需资源是按照某一主题或专题约定的规则构成，与海洋档案管理的构成规则不同。这就要求将特定的档案资源集中起来，按照海洋档案文化产品的主题进行必要的重新组织，以支撑产品开发需要。在现有档案全部实现数字化的情况下，绝大部分情况下提取、重组的均是电子形式的内容。

档案资源整合是将补充收集的档案资源与现有资源对应的分类、形态，按照资源在海洋档案文化产品中的功能、逻辑结构及价值作用进行优化融合和类聚，重新组合为一个新的有机整体，以符合海洋档案文化产品开发的设计思路、呈现形式、服务对象等不同需求。

二、产品开发层的内容

（一）产品开发主题

海洋档案文化产品开发的主题覆盖范围广、跨越时间长，新中国海洋事业的发展既是一部从无到有的奋斗史，也是一部学者和专家引领的科技发展史，更是一代代海洋工作者战天斗地的拼搏史。海洋档案文化产品开发旨在打通中国海洋社会记忆展现的渠道。因此，产品开发主题首先要建立在中国海洋工作，尤其是新中国海洋工作的发展脉络上，然后根据脉络来寻求需要表现的内容。

从历史分期来看，中国的海洋工作大致可分为古代（1840年之前）、近代（1840年至1949年）和现代（1949年之后）。而现代海洋工作即新中国海洋事业发展，又按照1949年中华人民共和国成立、1978年中国共产党第十一届中央委员会第三次全体会议召开、2012年中国共产党第十八次全国代表大会召开三个节点再次划分为：第一阶段（1949年至1977年）为新中国海洋事业起步和扎根时期；第二阶段（1978年至2012年）为新中国依海开放、海洋事业全面兴起时期；第三阶段（2013年之后）

为中国特色社会主义新时代，是陆海统筹，加快海洋强国建设时期。中国的海洋工作在不同时期都有不同的特色和发展重点，产品开发主题应与相应时期的特征保持相对一致。如古代中国海洋的主题可选择海洋贸易、海洋文化、海上游历等方向的内容。又如中国海洋事业全面兴起的时期，重点主题十分鲜明，好比海洋综合管理、南北极科学考察、大洋科学考察、参与全球海洋治理等方面。再如中国特色社会主义新时代，有推进陆海统筹、实施海洋保护和生态文明建设、建设海洋强国等重点的主题。

海洋档案文化产品与中国海洋事业发展阶段紧密对应，产品开发主题还应考虑其具体表现内容，大致可以从成就、成果、事件、人物、机构、领域等方面考虑。其中成就成果类主题多是表现某一个领域或某一个区域的发展情况和取得的成就，如新中国成立70周年、改革开放40年等国家层面上的综合性成就，海洋经济、海洋科技、海洋保护、海洋国际事务、极地科考和大洋勘探等领域性成就等。事件类主题则是表现历史上一件或多件相关事件的发生的过程和影响，如中国第一次海洋综合调查、南沙科学考察、《中国海洋事业白皮书》发布等。人物类主题内容反映的是具有影响力或有突出贡献的一个人或一个群体在中国海洋工作中的特殊表现，如历史人物、历年评选的十大海洋人物、海洋领域两院院士、先进和优秀海洋工作者等。机构类主题内容则是反映某一个机构在历史长河中的变迁和发展等。领域类主题内容则是反映某一个海洋领域的变迁和发展等，如海洋信息管理、海洋调查设备研制、海洋学科研究等。

（二）产品表现形式

近年来，我国各级各类档案馆向社会推出了内容丰富、种类多样的档案文化产品。随着时代的发展，各种档案文化产品层出不穷，尤其是信息技术的快速发展和人们对文化生活和精神生活需求的增长，档案文化产品日新月异。海洋档案文化产品的表现形式只有顺应时代潮流，适应社会发展，满足社会需求，才能实现其开发和服务的价值。一般来说，档案文化产品有图书、图集等文字类、图像类出版物，这是最传统、最基础和最普遍的档案文化产品，也有集图、文、声、像等形式为一体的综合性产品，还有珍贵档案复制品和利用档案元素开发的艺术品、工艺品、日用品等创意类产品。

随着现代化信息处理技术与传播手段的多样化发展，档案的利用方式也由单一馆内阅览逐步扩展到专业网站、娱乐应用、社交媒体中的在线阅读，因此基于新兴的利用方式，档案文化内容开发更加倾向于系统化、专业化和实用化。海洋档案文化产品的设计和开发，也要打破固有的思维模式和方法，坚持传统编研产品和新时代复合型产品的双管齐下，这些尝试使尘封的档案激活，展现在公众眼前的档案更为鲜活，在一定程度上有效提升了档案服务的实力。海洋档案文化产品表现形式取决于受众的需求、展示的目的、传播渠道和服务平台等。如果档案机构自主开发档案文化产品，主题档案资源本身的特质在一定程度上会影响到产品的表现形式。随着媒体创作和信息传播技术的发展，借助社会力量开发档案文化产品也成为共识，档案的表面特质不再是产品表现形式的主要制约因素。反而档案天生具有的视觉特质和故事特质成为新时代环境下将其转化为文化产品的最大优势。

1.展览类产品

以传统的纸质、照片、实物等实体静态陈列来突显档案的主要内容和历史价值，是传统实践中应用较为普遍的产品方式。从展示档案呈现方式来看，有图片展、实物展或混合展示。从展览周期来看，有临时展览和长期展览。从展览承载空间的稳定性来看，有可移动展览、固定展览和网络展览。现场展览（线下展览）通过电子转化，也可转化为网络展览（线上展览）。海洋档案展览类产品，既可以特定时期为表现范围，也可聚焦于某一群体或某一事件的展开。在受众群体上，可根据主题，确立为面向特定群体的内部展览，或者面向公众的开放式展览。海洋档案展览应注重从参观者角度，优化策展思路，特别要借鉴海洋类博物馆、科技馆类似的展陈方式，在体现海洋档案元素的同时，从内容和技术方面贴近当今公众的个性化和多元化需求，做到有的放矢。

2.影视类产品

影视类产品是指利用现代信息技术将音像档案及从其他介质档案及其信息转化的声音、影像符号，通过一定脉络和艺术加工集成的，借由媒体介质播放的产品。某个主题下的档案音视频产品可以是一个或多个系列产品，根据主题内容和影像剪辑组织的方式，影视类产品表现为专题片、纪录片、音频等。其中档案专题片产品是对社会生活的某一领域或某一方面，给予集中的、深入的报道，内容较为专一，形式多样，一般应用在成果成就展示类产品中。档案纪录片为历史背景纪录片，指再现历史事件的纪录片，其核心价值为真实。这类纪录片应再现真实的历史，表现的人物和事件须准确反映历史的本来面目，不能背离历史的真相，尽量运用历史影片数据、历史照片、档案、资料或美术作品进行拍摄。档案通过纪录片的形式再现历史，让公众看到档案不是蒙上厚厚灰尘的纸张，而是对历史及关键细节的直接记录与凭证。

影视类产品极大拓展了海洋档案可视化呈现方式，更适合通过网络、电视、手机等方式广泛传播，也适应在不同尺寸屏幕下的播放，方便在各视频类社交媒体上的扩散。同时影视类产品也非常适合呈现海洋档案中珍贵的历史影像画面，是还原历史的重要手段。与此同时，海洋档案影视类产品的开发也要注重专业性的不断提升，一方面要加强现有产品策划、制作的专业水平；另一方面要借鉴、联合专业影视机构，共同提升海洋档案影视类产品的水准。

3.出版类产品

出版类产品为传统的档案编研产品，按照一定的题目、体例和方法把档案编辑成图书或图册。根据对档案及其信息的编辑程度，形成不同深度的档案产品，如史书类、志书类、大事记、选编、汇编和图册。其中围绕某个主题，将档案图片聚集成册的汇编类档案产品较为常见，如文件汇（选）编、主题照片档案专辑、科学家手稿专辑等。

图书图册类产品开发应重点考虑三个方面，一是系列性，要围绕确定的海洋事件、海洋人物、海洋历史等主题，分期分批推出。二是准确性，不同于已泛化为"快餐式阅读"视频、短文等形式，图书图册类产品是"白纸黑字"的展现，这就要求内容要经得起推敲。三是安全性，随着国家层面对于意识形态、保密、信息安全等领域加大管理力度，任何一份档案或其内容的展现都要慎之又慎，尤其海洋档案中与国家利益、海洋权益等有关的内容不在少数，该类产品开发过程中要有严格的底线意识。

4.文稿类产品

每份档案都和特定的历史事件、历史人物相联系，档案既可以成为故事的辅助元素，更可以成为故事的主角，利用档案撰写故事类文章是档案文化产品开发工作常见的表现形式。根据创作角度和文章体例，产品形式有报道类、故事类、评论类、随感类等，常见的有根据照片撰写照片背后的故事，根据一份档案文件挖掘其背后的故事等，根据个人经历撰写的回忆文章，根据口述历史将内容整编成稿等。相对出版类产品，海洋档案的文稿类产品要充分体现"小而精"的特点，内容体量要相对精简，对应主体的档案或事件要聚焦，但在内容构成上又要能传递清晰完整的海洋档案价值和其背后蕴藏的历史信息和人文情怀。

5.文创类产品

档案文创产品是指将档案中的历史文化信息提取、转化并升华为档案文化元素，通过一定的物质载体表现的精神消费类档案文化产品。[①]为便于分类，此处所讲的文创类产品，是指将典型海洋档案历史和文化元素展现在各类具有实体特征的物体上的产品。结合、参考其他档案馆的做法，海洋档案文创类产品的形式主要包括：以笔袋、便签等为主的文具类，以摆件、插画等为主的装饰类，以文化衫、帽子等为主的服饰类，以纪念章、明信片等为主的纪念品类等。应注意的是，海洋档案文创类产品，一要有鲜明的"海洋"和"档案"特色元素，避免泛化成普通物品；二是要有较强的设计艺术性，将海洋档案文化元素与承载的物品从美学视角巧妙融合在一起；三是要有一定的娱乐属性，让用户通过产品放松心情，获得较高的体验感。

---

① 国家档案局.第十四届国际档案大会文集[C].北京：中国档案出版社，2002.

6.游戏类产品

档案借助游戏开发将拥有更具特色的资源体系、产生更具优势的档案文化产品、形成更具活力的价值输出生态。[①]海洋档案中海洋权益维护、海洋资源保护等内容非常适合以游戏的形式传递给社会公众。具体实践中可从两个方面入手，一是以简单在线拼图、"找不同"等方式开发的蕴含海洋档案图形元素的在线小游戏，或是档案编研信息的游戏化呈现；二是具有情节安排、场景构建、科普知识三步走要素的体验类游戏。海洋档案游戏类产品在开发中，要高度重视意识形态方面的审查，避免出现"低级红"的问题。

（三）产品开发构成

海洋档案文化产品开发层依据工作流程设计组成内容，主要包括需求分析、产品设计和产品开发三个部分，旨在将档案资源转化为具有文化价值和市场吸引力的产品。

1.需求分析

需求分析的核心内容主要表现在三个方面。一是明确海洋档案文化产品开发的目标和目的，如成果总结、历史回顾、知识普及、文化传承等；二是确定产品的受众群体，如海洋管理者、海洋一线工作者、社会公众、学生等；三是进行市场调研，掌握相关领域是否已有类似产品，以及产品类型、特点和受众反馈情况。

2.产品设计

通过研究确定拟开发海洋档案文化产品的形式，如展览、视频、文集等。对产品形式进行创意策划，明确外观、内容和功能等。注重整体风格和调性的把握，以符合目标受众的审美和文化需求，例如通过色彩、符号等使设计与海洋、历史等主题相匹配。还需对产品开发进行必要的技术评估，如技术可行性、可借鉴的创意手段等，强化与具体开发人员的提前沟通交流，明确后续流程和效果要求。

---

①周林兴，张笑玮.档案游戏化开发：价值呈现、维度把握与路径探析[J].北京档案，2022，（4）：10-13.

3.产品实现

根据产品的复杂程度，在必要情况下编写海洋档案文化产品设计文案或详细方案，用于后续技术实现中遵照。海洋档案文化产品的制作或技术实现，要注重内容的准确性和可读性，符合相关法律法规和道德规范的要求。产品制作开发过程中严格质量要求，确保满足前期设计的有效实现。开发完成的海洋档案文化产品，参照信息发布、质量管理等方面的要求和规定，进行多个轮次的审核，加强对相关时间、事件、人物等关键表述或类似信息与档案资料的比对、核实，直至审核完毕后提交传播服务层。

三、传播服务层的内容

（一）传播服务思路

伴随信息传播格局的变革，受众对高质量信息产品的需求快速增加。据中国互联网络信息中心（CNNIC）于2023年发表的第52次《中国互联网络发展状况统计报告》显示，截至2023年6月，我国网民规模达10.79亿人，手机网民规模达10.76亿人，网民使用手机上网的比例达99.8%。以微信、微博、QQ为代表的即时通信用户规模达10.47亿人，占网民整体的97.1%，继续保持互联网应用渗透率第一。与此同时，媒体融合成为全媒体信息时代要求。所谓"全媒体"，就是综合运用文字、图像、声音、光线等各种表现形式，来全方位、立体化地展示传播内容，同时通过文字、声像、网络、通信等多种传播手段进行传输的一种新型传播形态。

媒介是传播的基础，也是传播行为得以实现的手段，是连接传受双方的中介物。媒介的分类方式有很多种，比如按照出现的先后可分为符号媒介、语言媒介、文字媒介、印刷媒介、电子和网络媒介等。按照传播对象可分为个人传播媒介和大众传播媒介。按照所作用于人的感官不同，可分为听觉媒介、视觉媒介和复合媒介等。

海洋档案文化产品体系中传播服务层，既有通常意义上信息传播途径共有的特点，也有自身基于海洋档案的特色和网络时代的特征。因此传播层在设计中，要融入专业传播的思路，充分结合当前主要的传播手段，更加注重新媒体平台的建设，起到"传得出去、散得开来"的效果。同时，海洋档案文化产品的传播，既有面向所有人群不分差别的"广而告之"，也有针对特定群体的"定制服务"，两种传播思路的融合与海洋档案文化产品体系的总目标是一致的，既满足整体人民形成"新中国海洋社会记忆"的需要，又适应网络时代受众差异化需求。因此，在传播服务层中对传播方式、传播手段等的选择，要兼顾"大众传播"和"分众传播"两方面。

（二）传播服务途径

1.现场传播

现场传播主要是指受众直接触摸和感知档案文化产品中档案及信息的过程，或者产品开发主体与受众就产品进行面对面交流的过程。展览是现场传播主要的产品形式。2006—2020年，我国综合性档案馆每年办展数量均超过2500个，在响应社会需求和讲述中国故事方面效果显著。[①]展览现场传播成效受到传播者（讲解人员）、布展效果和接收者（参观者），以及外部环境等因素相互作用的影响，这与传播学对大众传播效果进行分析的思路是一致的。通过对参观者社会需求和心理需求进行分析，针对其参观目标和心理预期，及时调整布展策略和讲解方式，可以促进展览类档案文化产品更加有效地传播。现场传播还适用于非特定的产品传播环境下的传播，如各种类型的社会活动、业务交流、学术研讨等，产品开发主体可以将产品融入现场，通过推介、播放等，让现场观众体验海洋档案文化产品，达到传播服务的效果。

2.电视传播

电视在诞生的一百年里，深刻地改变了人类的生活习惯和信息传播方式，其覆盖面之广、用户忠诚度之高，一度令其他媒介难以比拟。电视传媒曾经是受众获取信息的主要渠道之一，它以声画结合的方式生动

---

①冯惠玲，周文泓.百年档案正青春——为党管档，为国守史，为民记忆的伟大历程[J].档案学通讯，2021，（6）：4-12.

直观地实现着信息的传递活动，然而，在网络传播时代背景下，网络媒体正在快速地发展壮大，与此同时，电视传播面临逐渐萎缩的趋势。

正如杰克·富勒所说："新媒介通常并不会消灭旧媒介，他们只是将旧媒介推到它们具有相对优势的领域。"之所以将电视传播列为传播服务层的一部分，正是基于对电视传播优势的认识：第一，电视传播的官方性质是其核心竞争力。在我国，电视台是党和政府的喉舌，代表官方声音，这与海洋档案文化产品体系构建集体记忆的方向非常吻合，也适配档案文化产品自身真实性、凭证性的特质。第二，电视生产或传播信息的品质更高。尽管传播速度不及互联网，但电视拥有不可动摇的权威性，高水准生产和严格把关制度保证了其内容的质量。权威性的缺失是新媒体短期内无法改变的事实。[①]第三，电视传播有较强的仪式化特点。例如"春晚"，有些时候观看行为比观看内容更重要，电视稳定、规律性地播出适合培养观众的收视习惯，制造对同类事件的仪式感。

因此，海洋档案文化产品应将电视这一媒介作为平台之一，参考中国中央电视台《国家记忆》《见证》和北京卫视《档案》等节目，通过电视，满足观众对新中国海洋历史记载的需求。

3.互联网媒体传播

互联网媒体是当今社会人们接触最多、获取信息最为便捷的渠道之一，也是海洋档案文化产品重要的传播途径。

伴随着我国档案信息化建设工程的启动和各级各类档案馆网站的建立，许多档案部门充分利用网络信息传递便捷的特点，将自己的档案文化产品通过各种形式在门户网站上进行呈现。Web3.0时代，视频类自媒体加速发展，而4G技术的普及促进了档案元素与H5技术、交互图文、Flash动画的结合。随着5G时代的来临，更"宽阔"的网络为档案的呈现方式提供了更多可能。微信、微博、客户端、短视频平台以其用户广泛、社交互动性强、多元信息传播等众多特点，为展示海洋档案文化产品的传播提供了重要平台。

---

①付晓光，刘也毓.媒体融合中电视的比较优势研究[J].电视研究，2016，(6)：14-16.

作为自媒体服务平台，微信公众号自2012年面世以来就以用户体量大、操作简单便捷、宣传成本低、功能丰富、宣传形式多样、用户黏性强等优势，成为各级各类档案馆进行档案宣传、信息发布、档案查询、档案馆公众形象塑造的一个重要窗口，利用微信公众号提供档案服务也契合了国家档案事业顶层设计的要求。①据统计，当前在册的档案微信公众号活跃账户近500个，从国家档案局到各地各级档案部门、高校、企业和相关公司均开设账户，在持续创新优化的运营中，实现内容质量、阅读量、影响力大幅提升。②各类的档案机构微信公众号，也在不断彰显以用户为中心的公共服务理念，赋予档案信息用户更多的主体化色彩。目前微服务已成为综合档案馆信息服务的重要补充形式。③微信已成为人们生活、工作、交流的主要平台，公众号订阅和微信朋友圈分享的功能，也促使档案微信公众号所发布的信息、提供的服务能够非常迅速被传播和扩散。

网络技术的不断发展使得海洋档案文化产品的传播有了更多可能。例如借助多种新型数字技术、媒介形式实现信息全媒体多维语境联动，多种形态智能化、立体化呈现档案信息资源，构建出一种全新的传播、沟通渠道，让用户沉浸在历史人物、事件之中，对历史有了更深入的了解，为用户打造出一个交互、沉浸的传播环境，带给用户全息多维的感官体验④，新的网络传播方式必然会层出不穷。

在传播服务层中，将互联网传播按照媒体形态，划分为网站、客户端（APP）、自媒体账号等类型，各自根据自有特点并结合海洋档案文化产品传播需要，承担传播职责。

---

①宋怡佳.综合性档案馆微信公众号建设案例研究——以上海市档案馆微信公众号"档案春秋"为例[J].档案天地，2023，（12）：34-39.

②冯惠玲，周文泓.百年档案正青春——为党管档，为国守史，为民记忆的伟大历程[J].档案学通讯，2021，（6）：4-12.

③张庆莉，苑义，赵天歌.论我国档案用户的信息行为转变及启示——以档案信息微传播为例[J].北京档案，2023，（8）：17-21.

④杨靖，赵梦蝶."全媒体"视域下档案信息传播存在问题及优化策略研究[J].山西档案，2023，（1）：119-125.

4.纸质媒体传播

纸质媒体传播是指通过传统纸质媒体，如报纸、期刊、书籍等，以全文刊载、内容摘要、章节节选等方式，传播各类海洋档案文化产品。纸质媒体虽然影响力较以前有所弱化，但其保存长久、适合传统阅读习惯、内容可留存等优点依然存在，是海洋档案文化产品传播的一个可选渠道。

档案文化产品中包含经过加工形成的书籍、期刊等纸质媒体，它们出现在大众面前，为人们所利用。在数字化媒体时代，纸质媒介仍然占据着信息传播市场的重要地位。我国档案部门通过纸质媒体开展传播由来已久，如由北京市西城区档案馆主办的期刊《西城追忆》，自2001年创刊以来，以讲述西城故事、留存西城记忆、弘扬档案文化为目的，受到了社会的广泛关注，笔友群在不断壮大，读者粉丝也越来越多。

此外，作为信息传播媒介，报纸具有重要的宣传价值，尤其是以传播地方文化、优秀民俗为主业的文化副刊，在收集档案、解读档案、宣传档案文化、增强公众档案意识方面的作用更是不可小视。传统的报纸副刊是表现、继承、积累、创新、传播文化的载体，借助档案中历史文化的记录来反映地域文化特色及新时期社会文化发展，是因为档案是历史的原始记录，具有一定的凭证作用，比其他文献记载具有更高的可信度。[①]与海洋工作和档案工作相关的如《中国自然资源报》《中国档案报》等，均辟有与海洋历史、海洋人物、档案编研等有关的专栏，也很契合文稿类档案文化产品的传播。

（三）传播服务策略

1.加强受众的交互黏性

媒介生态是由人、媒介与社会环境之间的相互关系构成的有机整体。数字媒介的发展延伸了媒介生态的社交属性，便利了人与人、人与媒介之间的交互。

---

①张瑾.新媒体时代下报纸副刊对档案文化的传播——以《彭城晚报》地方文化副刊为例[J].中国档案，2016，（9）：62-63.

　　根据受众使用媒介能力和习惯的差异，海洋档案文化产品传播要结合年龄、学历和职业等要素，有针对性地开展传播活动，加强受众的交互黏性。一是围绕社会热点和受众关心的话题，发布档案信息或提供相关服务，营造受众喜爱的媒介氛围，深化与受众之间的情感交流。二是重视档案受众反馈，提高档案受众数字化传播交互的积极性。通过调查问卷和大数据分析技术等方式，及时获取并处理档案受众的反馈信息，实现档案机构与受众、档案受众与内容的互动。可采取适当的激励措施，提高参与交互的积极性，丰富受众情感体验。[①]三是强化海洋档案文化产品传播的精准程度，提升用户满意度和忠诚度。引入分众化传播策略，吸引受众注意，增加产品的文化内涵和思想深度，引起受众的共鸣。

　　2.增强产品传播时效性

　　档案部门需要朝着档案信息即时服务的方向努力。新媒体的数字化、可视化、个性化、即时性、互动性等特点，有助于更快更好地与用户交流、为用户服务。实现需要传播的事件与受众之间"零距离"是媒介的中介价值。海洋档案文化产品要不断增强产品传播时效性，首先，建立现代化的用户智能信息分析能力，不但要依据用户提出的个性化信息需求提供服务，还能根据用户的访问次数、访问时间、查阅主题等方面的数据智能分析用户的信息需求。其次，常态化研判分析社会的热点问题，发现社会热点与海洋档案、海洋历史、海洋文化等内容的关联点，提前准备好用户可能需要的档案材料，提前谋划和开展符合时效传播的海洋档案文化产品开发。

　　3."全媒体"思路推动产品传播

　　2019年，习近平总书记在主持中共中央政治局第十二次集体学习时，站在时代和科技前沿，立足媒体发展大势，提出了"四全媒体"概念，即全程媒体、全息媒体、全员媒体和全效媒体，这是分别从时空、形态、主体、效能四个维度为媒体融合提供了崭新的发展思路。新时代，海洋档案文化产品传播也需要主动靠拢"四全媒体"理念，加强海洋档案文

---

　　①张东华，韩婧如，钟小昆.媒介生态视域下档案数字化传播的价值、挑战与策略[J].档案学研究，2023，(6)：136-142.

化产品传播技术、传播手段、传播观念的完善和优化，加强与各级媒体的联动，加大传播方式的创新，促进海洋档案文化产品传播效能在范围、深度、影响力等多个维度的提高。此外，要重视新一代数字技术的应用，探索 AR、VR、人工智能及数字动画等与产品传播的结合，促进海洋档案文化产品与沉浸式虚拟场景相融合，产品与游戏零距离融合等，形成多元叙事、场景复现、情感共鸣的传播效果。

四、支撑保障层的内容

（一）贯彻宏观策略

海洋档案文化产品开发是档案工作和海洋工作中的一部分，是在国家各项宏观管理框架下的领域实现，要充分体现对于国家文化强国、海洋强国等战略的遵循。基于围绕中心、服务大局的理念，海洋档案文化产品开发要落实国家法律法规、方针政策、战略规划，应按照国家层面和行业领域层面研究制定细化相关内容，保证产品开发始终具有正确的方向性。这有利于提升档案产品开发效能，确保海洋档案文化资源的完整性和安全性，有助于优化海洋档案文化资源的覆盖面、内容、形式和结构，提高海洋档案文化产品的开放度和共享程度。同时，海洋档案文化产品的开发必须依法治档，统筹规划，建立完善开发体系和运行机制，开拓创新，如此，才能更好地服务文化强国、海洋强国、科技强国建设。

（二）夯实顶层设计

海洋档案文化产品开发是一项长期的系统性、多维度的工作，资源管理、传播服务必须与其协同发展，夯实顶层设计是海洋档案文化产品开发体系运行可持续的重要保障条件。

首先，建立制度保障，完善各部分运行机制，如档案资源征集和接收制度、档案资源提供利用和开放制度、档案文化产品发布审核制度、海洋档案文化产品开发体系内部工作流通相关制度等。其中档案资源收集制度是档案文化产品开发的基础制度，是产品开发利用的起点；利用制度促进档案资料利用工作有序开展，使档案资料的利用有章可循；整理保管制度规范各门类档案的整理，提高档案质量，消除和降低各种因素对档案保管的不利影响，延长档案寿命；鉴定开放制度为档案文化产品开发带来生机，使承载着档案资料的文化产品向社会公众公布公开时有据可依；安全保密制度的建立为档案本体及其蕴含的信息提供了安全保障，档案的安全保密是档案文化产品开发工作的底线。

其次，明确档案部门在海洋档案文化产品开发中的主体地位，建立全面、科学且有前瞻性的海洋档案文化产品开发规划。要设计海洋档案文化产品开发整套行动方案或规划，对海洋档案文化产品开发整体性、长期性和基本性的问题进行思考，提出有目的、有步骤地开发海洋档案文化产品的战略性方案，形成融合多要素、多视角的海洋档案文化产品开发愿景，统一引导海洋档案文化产品开发指导思想，明确具体任务和保障举措，保障产品开发体系构建及其各部分工作井然有序。海洋档案文化产品开发规划应契合海洋文化事业发展的需要和开发工作实际。一是要有目的性与主动性，围绕国家档案事业和海洋事业发展，将海洋档案文化产品开发的主导方向确定为服务国家档案事业发展大局，服务海洋领域主体工作大局。二是要有总体性和层次性，海洋档案文化产品开发的发展战略以海洋社会记忆留存与传承为目标，具有全局指导性，应对海洋档案文化产品开发利用工作的发展产生推动作用。三是要有未来性和阶段性，海洋档案文化产品的开发，需要在对海洋档案文化产品开发工作过去和现在状况调查研究的基础上，对未来发展战略作出准确预判。

（三）明确运行规则

海洋档案文化产品的开发综合多个层面的内容，从支撑保障角度看，体系总体和其他层有关部分的运行，都必须有健全的规则作为指导和约束条款。这些规则以标准、规范或程序等形式存在，通过宏观规定的细化、其他领域的借鉴、运行过程的总结等方式形成。在系统化的规则保障下，产品开发的全过程才能有章可循，产品开发和传播的计划落实和质量保证才有实现的可能。

运行规则的应用是实现海洋档案文化资源协同开发目标的关键，也是保障海洋档案文化产品开发有效的路径。根据海洋档案文化产品开发利用的现实需要，运行规则主要包括：档案资源收集、整理、保管和提供利用程序，纸质档案数字化与数据化标准和规范，海洋档案文化产品开发跨界合作程序和方法，海洋档案文化资源挖掘程序和方法，各种类型产品开发程序和方法，海洋档案文化产品传播服务程序和方法等。

（四）保证环境条件

海洋档案文化产品开发体系运行除了政策法规宏观指导、制度规范强制约束和计划方案方向把控等支持外，还离不开其他一系列常规的软硬件环境保障，提供可靠的物质基础、人力资源和技术支持等环境条件，这些都是海洋档案文化产品开发体系运转的基本保障。人员、经费和技术设施在档案文化产品开发中各自扮演着重要角色，它们相互关联、相互作用，共同影响着档案文化产品的质量、价值体现和最终效果。必要、稳定的人财物投入是解决产品开发后顾之忧的有效手段，但如海洋档案一样，这也是大部分档案工作备受困扰的地方。因而，必须拓展思路，寻求多渠道发力的解决方式，形成海洋档案文化产品体系运行的高质量环境保证。

海洋档案文化产品开发人员要具有档案和海洋等相关专业的知识背景，要有一定的政治敏锐性，熟悉海洋事业发展历史，具备档案管理的基本理论和方法，同时要具有较强的保密和隐私保护意识，要坚持把握档案事业的发展趋势和坚持档案工作党性原则。经费投入是海洋档案文化产品体系运行的关键环节，主要用于档案文化产品有关研发、资料收集和购买、产品制作、宣传推广等方面。合理的经费投入是档案文化产品开发成功的重要保障。日常运行经费主要来源于政府部门拨款的档案馆，还可积极争取经费来源，推动与电视台等相关部门合作开发，吸引社会力量参与，同时引入市场机制，增加经费来源渠道。技术设施是海洋档案文化产品开发体系运行必要的支持和保障，档案文化产品开发所需技术主要包括数字化技术、存储技术、创意设计技术和多媒体传播技术等及相关的设施设备。数字化技术用于处理档案的文字、图像、视频等信息，存储技术用于确保数字化档案信息安全、高效地存储，创意设计技术用于深入挖掘档案资源中的创意元素，结合现代审美进行艺术加工，打造独具特色的产品。

第四章

海洋档案文化产品开发支撑保障实践

支撑保障是海洋档案文化产品开发体系建设和运行的必要条件，是各部分协同发展的基本要求。支撑保障要素众多，涉及国家方针政策、法律法规、顶层设计、制度标准和人财物等方方面面。本章结合具体实践，重点介绍海洋档案文化产品开发体系建设实践中编制方案计划、标准规范、建立跨界专业团队等支撑保障工作的要求、程序和方法，以及在实践中形成的相关成果。

第一节　运行方案计划

产品开发体系运行方案计划是支撑持续有效开展海洋档案文化产品开发的重要条件之一。编制产品开发体系运行方案计划，旨在明确一段时间内或特定的海洋档案文化产品开发工作的指导思想、工作目标、主要任务、技术指标和保障措施等。根据开发周期和产品覆盖范围，产品开发体系运行方案计划在完成周期上有3—5年计划和年度业务化运行计划，在内容上有综合性产品开发方案和专题类产品开发方案。

一、编制总体要求

（一）社会需求的一致性

海洋档案文化产品开发体系运行方案计划编制应紧密结合社会发展和时代需求，始终保持与社会发展的一致性。方案计划编制应坚持党管档案的政治原则，坚持"为党管档、为国守史、为民服务"的档案工作初心，以及服务党和国家工作大局、服务人民群众的政治导向。方案计划的内容设计应借鉴成功经验、立足当前，以服务文化强国建设为总体目标，推动海洋文化建设和海洋强国建设。

（二）实施落实的可行性

方案计划的可行性是其能否落地的首要条件。方案计划编制要符合海洋档案文化产品开发体系运行的基本要求，充分考虑影响体系运行的多方面因素，包括组织实施的执行度、档案资源的满足度、人力资源的匹配度、技术经费的支持度和相关业务的融合度等。编制时要充分分析这些可能影响方案计划落实的因素，对现有存在的或实施过程中可能存在的问题提出必要的解决方案，确保在既定时间内完成相关任务，实现预期目标。

（三）产品形式的多样性

方案计划中设计的海洋档案文化产品力求种类丰富、形式多样，应根据不同年龄和层次人群的需求进行多样化开发。从内容来看，既要有展现海洋档案的文化内涵、延伸其文化价值和体现档案馆教育价值的产品，也可围绕馆内特色档案、镇馆之宝等进行产品系列化的开发，强化档案馆的品牌形象建设；从表现形式来看，既要有传统经典的展览展示、汇编等档案原味产品，也要有研究类产品、创意性作品，可以结合实际形势，联合新闻媒体等社会力量，提高艺术创作深度，开发大型纪录片等。

（四）多重元素的融合性

方案计划编制时应重视"档案"与"海洋"、"科技"与"人文"、"教育"与"传承"、"历史"与"现代"等海洋档案特征、内容和形式上的多重元素融合。应注重海洋档案的文化要素凝练，包括与流行元素的紧密结合、与多种产品形态的有机结合，以及与历史、精神、技术等文化内核的深度结合等。应充分挖掘海洋档案中科学和人文知识及其间的相互关联，突出产品中海的"颜色"和"味道"。

（五）现代科技的适用性

海洋档案文化产品开发体系运行应顺应时势潮流，紧随科技发展，充分利用科技手段，将海洋档案文化产品融入社会公众的日常工作、学习和生活中，实现海洋档案文化价值的提升。因此，方案计划编制要充分考虑现代科技在海洋档案文化产品开发体系运行中的适用性，引入先进的产品开发资源整合技术，打造与时代相适应且能满足实际需求的现代化产品及其传播服务平台。

二、编制程序和方法

（一）需求调研分析

档案文化建设和海洋文化建设都是我国文化强国建设的重要力量。海洋档案文化产品体系运行方案计划编制的需求调研分析体现在三个方面：一是紧密围绕文化强国建设总体需求，详细分析相应时期国家档案主管部门和海洋主管部门相关的规划、计划和方案，综合国家和海洋历史上的重要节点事件，形成海洋档案文化产品开发主题列表。二是积极开展海洋档案文化产品传播服务的评价和未来需求调研，调研对象应覆盖管理人员、科研人员、学生等不同群体，调研可以用问卷调研和面对面实地调研等方式。通过对各种途径获取的用户数据进行分析，包括日常观展留言和"海洋档案"微信公众号的后台留言等，形成用户喜好的、评价高的、期盼的海洋档案文化产品主题类型和表现形式。三是研究现在和未来一段时间文化产品的表现形式、开发技术、传播技术等，提出对海洋档案文化产品开发体系运行的适用性。

（二）档案资源梳理

在调研分析的基础上，以需求为导向，对现有海洋档案资源进行系统梳理，挖掘有特色、有价值、可开发的文化元素，如有特色价值、美学价值、凭证价值、研究价值的海洋档案等，更重要的是提出现有海洋档案资源与海洋档案文化产品需求之间的匹配度和差距，形成提供研究讨论的主要任务、预期成果、拟解决问题列表。对不能满足产品开发需求的档案资源，应进一步分析产品开发资源整合的可行性，包括潜在的新增资源、通过一定技术加工处理后的资源及通过不同途径和方法可以收集的资源等。档案资源梳理应做到涉及面广、内容细且程度深，并在工作中保持积累，只有这样才能快速准确地为方案编制提供相关信息支持。

（三）确定实施周期

海洋档案文化产品体系运行方案计划的实施周期应按照实际需求来确定。从方案计划实施的政策性角度来看，3—5年综合性发展计划或行动计划可以更好地保障和促进海洋档案文化产品体系的正常运行，但相对的编制难度也比较大。一般情况下，编制是以国家、档案、海洋等相关工作总体规划为指导，以年度为周期的综合性方案计划，如开发"短频快"产品和专题类的系列产品。有一定规模和开发难度的海洋档案文化产品，如展厅建设、系列纪录片拍摄、文化类书籍编撰等，应独立编制方案计划，实施周期按照工作量和具体投入来设计，一般周期在1—2年比较合适。

（四）明确编写内容

结合前期需求分析和海洋档案资源梳理，按照拟定实施周期，提出方案计划切实可行的目标、任务、成果和指标，以及必要的保障措施和可能存在的不利因素。方案计划无论执行周期长短、开发产品多样或单一，其内容都应该齐全完备，应包括编制目的、主要任务、重点难点、预期成果、考核指标、进度安排、主要参加人员和分工、保障措施等，实施周期较长的方案计划还需提出指导思想、总体目标、编制原则、阶段性计划和成果。编写内容应经过反复讨论，最终形成编制框架和编写要求。

（五）草案编制讨论

方案计划的起草应密切结合前期需求分析和档案资源梳理的成果，围绕拟定产品开发任务，重点明确以下内容：一是开发需要的档案资源、资源整合方法和资源扩展渠道；二是确定产品服务人群，以及对相关产品开发所需资源及产品所含信息的敏感程度提出限制；三是确定拟开发产品的类型和表现形式，确定产品开发形式，是自主开发、合作开发还是借助社会力量开发等；四是拟定产品传播渠道，提出相应的宣传策略等。在此基础上，围绕主要任务设置、起草相关内容。在方案计划编制的过程中，应开展经常性的讨论和商议，达成统一认识，非本单位内部运行的方案计划，还应在适用范围内征求意见并妥善处理。

（六）报批审核实施

方案计划应在报管理部门审核批准后再行实施，以确保其执行的有效性。上报方案计划应同时上报其编制说明，且正式上报前应与相关部门充分沟通，形成共识，达成基本一致的意见，之前应征求管理部门的意见并合理采纳。方案计划的编制说明要充分表达编制的背景、目的和意义，反映编制的主要过程和解决的关键问题等，对方案计划实施的预期目标和效果进行初步展望，以提高方案计划实施价值，确保方案计划能够获批。

（七）总结评估调整

定期总结评估方案计划执行情况，掌握其实施进展，提出存在的问题和解决办法，清除后续工作中的障碍，确因客观原因不能如期开展的工作应及时调整，维护方案计划执行的严肃性和权威性。一般年度方案计划按照季度进行阶段性总结，2—5年方案计划至少安排一次中期评估。方案计划执行周期结束后，应进行全面的总结和分析，必要时请有关专家进行评估和评价，为后续方案计划编制和实施提供借鉴。

三、编制注意事项

（一）协调相关业务

海洋档案文化产品开发体系运行涉及海洋档案管理和服务多个业务领域，重点表现在档案资源建设和档案信息化建设两个方面，其中档案资源建设中涉及档案接收进馆、珍贵史料征集和口述历史采集等，档案信息化建设中涉及海洋档案数字化、海洋档案管理系统建设和运行、网站和微信公众号的运维等。方案计划要深度融合这些业务工作，编制时需要与这些相关业务的负责人员进行充分沟通和协调，解决多个业务运行之间可能存在的问题，如工作流程和方法的不一致性、内容重复设计或缺失等。

（二）突出重点难点

海洋档案文化产品开发体系运行方案计划编制时应充分评估并提出执行周期内的重点任务和可能遇到的难点问题，避免在执行过程中"眉毛胡子一把抓"，做到集中力量、攻克难关，抓住重点、有的放矢。针对周期长、综合类方案计划中明确的重点任务，在执行落实过程中，可以按独立的任务进行推进，拟定与此相适应的下一级方案计划，以提高其执行效率和成功率。针对规模大、难度大的专题类产品开发，方案计划编制时应提出其难点工作，利用组织力量提前研究解决难点，确实解决不了时也可以及时调整方案计划相关内容，保证实现预期目标。方案计划编制需要突出的重点难点不局限于产品和技术本身，相关政策、机制、制度和条件也都是应该考虑的内容。

（三）强化保障措施

保障措施是否具体，会影响其可操作性，也直接影响方案计划能否执行到位。执行周期长、范围广的方案计划，要提出整体的、具有方向性的措施，以组织保障为例，不仅需要类似"加强组织保障"的原则性表述，更需要具体的保障措施，如组织实施部门、任务落实和实施督促检查要求等，再以经费保障方面为例，除提出类似"匹配必要的工作经费"要求外，还应提出经费来源或解决途径等，若能确定经费额度或相关工作经费的比例则是最好的。执行周期短、任务非常明确的方案计划，其保障措施编制时应直接落实到具体要求，包括政策、经费、人员、设备等。

（四）明确职责分工

海洋档案文化产品开发涉及的业务和工作程序较多，在编制方案计划时，尤其是执行周期短的计划，应该明确主要参加人员的职责和分工，做到所有环节都有责任人，参加人员都有明确的工作内容和要求。其中行政负责人应承担内部沟通、上下协调等管理工作，尤其要做好产品开发、资源整合、传播服务等工作环节之间的统筹工作，及时解决实施过程遇到的因沟通不畅而影响进度的问题。技术负责人应承担起产品开发的总体策划和技术、质量等方面的引领和把关工作，及时解决执行过程中遇到的技术问题。主要参加人员应具有相应领域的知识和工作经验及技术水平等，既能各司其职，又能互相配合，共同推进完成预定工作任务。

四、已实施方案计划

（一）海洋档案文化产品开发工作方案（2018—2020年）

该方案是根据《国家海洋信息中心业务发展有关规划》中"规划开展海洋重大事件等专题档案综合加工，深度开发馆藏档案信息产品"和《国家海洋局档案工作发展三年行动计划（2018—2020年）》中"研究开发档案信息产品，盘活馆（室）藏档案资源，有针对性地设置专题进行档案开发"的要求制定的。方案明确了2018—2020年，海洋档案文化产品在内的档案信息产品开发总体思路，包括指导思想、基本原则和总体目标，提出了相应时期的工作内容和方法，确定建设国家海洋局史陈列馆、编纂国家海洋局志、研制热点事件和人物专题产品、开发"短频快"蓝色印记产品、馆藏档案海洋数据分布信息提取等主要任务及其进度安排，同时提出了多个保障措施，如，实施任务管理，强化监督协调，加强人员培养，借以外力补充，开展开发研究，推进规范建设等。

（二）中国海洋档案馆口述历史采集计划（2022—2025年）

该计划通过分析海洋口述历史采集的现状和形势，提出了2022—2025年间海洋口述历史采集的工作目标，明确了海洋口述历史采集的基本原则，包括：①史观导向，提高站位；②实事求是，去伪存真；③权威专业，全面客观；④把握重点，注重细节等内容。该计划确定了相应时期海洋口述历史采集的主要任务、主题和方向，包括"中美热带西太平洋与大气相互作用研究合作""中日黑潮合作调查研究""海洋信息管理和服务""全国海岸带和海涂资源综合调查""全国海岛资源综合调查""向阳红"系列海洋调查船等主题。同时该计划也规范了海洋口述历史采集工作程序，提出了相应的保障措施。

（三）海洋档案文化产品开发体系运行年度业务化计划

中国海洋档案馆长期设立"海洋档案管理支撑""海洋珍贵史料收集和产品开发""'海洋档案'公众号和'海洋档案信息网'建设和运行"等业务化专题任务，保障海洋档案文化产品开发体系常态化运行。其中"海洋档案管理支撑"专题任务，以6月8日"世界海洋日暨全国海洋宣传日"和6月9日"国际档案日"为契机，每年设计海洋档案文化产品开发服务内容。"海洋珍贵史料收集和产品开发"专题任务则有序地围绕年度产品开发目标设计珍贵史料收集、产品内容和表现形式等。"'海洋档案'公众号和'海洋档案信息网'建设和运行"专题任务是实施海洋档案文化产品传播服务的载体，同时也是系列史料专题文章编撰任务的来源。在这些常态化的、业务化的年度计划支持下，海洋档案文化产品开发体系建设愈加完善，逐渐形成了多个专题类系列海洋档案文化产品开发传播模式。

（四）专题类海洋档案文化产品开发计划

该类计划是在整体工作规划和计划基础上，结合实际工作尤其是开展重大活动的需要，设计的专题类海洋档案文化产品开发计划。如，2017年为配合中国海洋档案馆揭牌10周年庆祝活动，设计了"中国海洋档案馆馆藏档案图片展"及多部短视频创作计划，2018—2019年设计了"中国海洋档案馆展厅建设"计划，2020年设计了"纪念我国首次洲际导弹飞行试验成功40周年系列产品开发"年度计划等。这些计划明确了年度工作目标、主要任务、考核指标、进度安排和人员安排，经过审核同意后以年度任务的形式落实到执行部门和相关人员，并获得经费保障，这是一种很好的海洋档案文化产品开发服务"短频快"方式，实施效率高，任务明确，执行力强。

第二节 运行程序规范

海洋档案文化产品开发是技术性和业务性都很强的重复性行为，应加以规范管理，而其体系更是一个复杂的系统，涉及要素多，加强开发程序规范要素的健全与协同，有助于海洋档案文化产品开发体系运行的可持续健康发展。海洋档案文化产品开发程序规范覆盖产品从形成到传播的全过程，贯穿海洋档案文化产品开发周期内资源汇集、设计创作、审核发布等各个环节。其编制工作应坚持依法治档、效益优先、技术融合和安全保障等基本导向，实现协同高效、融合共生。

一、编制总体要求

（一）依法合规，协调统一

海洋档案文化产品开发程序规范应正确体现国家政策、法律法规和相关制度的要求。应符合《中华人民共和国档案法》《中华人民共和国保守国家秘密法》《中华人民共和国预算法实施条例》《机关档案工作条例》《科学技术档案工作条例》，以及档案和海洋档案相关管理制度，符合现行国家和行业相关标准规范，在内容上不能与上述规范性文件存在矛盾或冲突。

作为海洋档案文化产品开发体系运行的技术文件，所有程序规范之间存在着密切的内在联系，编制时应注重程序规范之间的相互协调、相辅相成、普遍认可和共同使用，所以应统一程序规范的编写表达方式、内容要素、结构层次等最基本要素，保障相邻工作环节在程序规范上的无缝衔接和一致性，从而达到所有程序规范的整体协调。

（二）全面具体，便于操作

海洋档案文化产品开发程序规范应涵盖其体系内资源整合、产品开发、产品传播等方方面面，所涉及的工作环节都应逐一阐明，内容尽量详尽、细化，有明确的、具体的适用范围、工作流程、操作方法和注意事项，充分体现闭环管理的思维，实现海洋档案文化产品从档案出（提取档案信息）到档案结（成果归档）的工作流程。

同时，程序规范的本质是一种管理控制的手段，其出发点是促进海洋档案文化产品开发工作高效、高质量运行，因此程序规范在确保全面覆盖内容和工作环节的同时，更要可操作、便掌握，其内容要与实际情况保持一致，应让工作人员看得明白、做得上手，在具体操作流程设计上以落地为主，切勿过于追求理想化的不契合实际的目标。

（三）严谨规范，循序渐进

程序规范在编制之初，作为内部执行的技术文件，一方面应该严谨规范，编写结构应参考一般标准编制体例要求；另一方面也要考虑循序渐进，首先以流程和方法为重点，提出满足实际工作需求的框架模板，然后在实际使用过程中，根据适用范围的拓展，逐步向国家和行业标准编制要求靠拢。

各程序规范在按照统一框架模板编制过程中，应严格依照规范模板进行撰写，行文用语应尽量准确，不使用弹性语言和模糊性描述。所有程序规范涉及的名词术语在表达上应做到完全统一，坚持同一个概念使用同一个术语这一原则，要维护其唯一性，避免使用同义词，避免因理解上的歧义而对工作造成不良影响。档案术语应使用《档案工作基本术语》（DA/T 1-2000）等行业标准用语，涉及海洋和文化产品开发的其他用语也应尽量与相关领域的专业术语保持一致。

（四）保持先进，推广应用

程序规范既是管理手段，也是技术手段，要发挥其技术手段的作用，必须实现与技术的融合。一方面，海洋档案文化产品开发体系运行应吸纳行业内已有的先进技术和经验，融合相关领域先进的理念和技术，并应用到相应的程序规范中，切实为海洋档案文化产品体系运行提供与时俱进的管理手段。另一方面，程序规范涉及的技术要素也要具有先进性，保证其内容的科学适用，与国家和行业相关标准接轨。如果采用过时的技术术语或技术手段，就会直接导致程序规范的过时和无法适用，不仅失去了推广应用的价值，而且会影响到海洋档案文化产品开发的有效性和先进性。

因此，程序规范编制时应当以前瞻的眼光，采用先进适用的技术，注意所采用技术的通用性和先进性。程序规范一旦内部运行相对成熟后，申请国家档案或海洋等行业标准，实施推广应用。

二、编制程序和方法

（一）确定编制目标

充分了解和掌握海洋档案文化产品开发体系运行各个环节对程序规范编制的需求，选择有实践基础、需求明确、现有程序相对稳定的业务环节为目标，提出程序规范编制计划，提出编制过程中需要解决的问题和解决办法。程序规范编制目标不宜太大、太广，编制工作拟有序开展，做到有计划、有落实、有成果、有应用。

（二）组建编制小组

程序规范编制小组以承担海洋档案文化产品开发相关业务或相近业务的工作人员为主要参加人员，由思路比较清晰、语言文字表达能力比较强的人员担任编写小组组长，并担任主笔起草人，明确相关业务行政管理负责人，及时解决编写过程中有关人员、时间投入问题。每个程序规范的编制小组成员不宜过多，具体编制人员在3—5人。

（三）资料收集分析

广泛收集与相关业务程序规范有关的文献资料，重点收集国家法律法规和已经发布实施的地方、行业相关业务制度标准，以及反映相关业务实践和研究成果的文献资料。开展现有内部相关业务流程分析和外部有关单位相关业务调研。汇总全部资料中关于相关业务的工作程序、方法、经验和存在问题，并进行分析凝练。

（四）拟定编写框架

在调研及需求分析的基础上，结合现有工作实际，确定相关业务的主要程序和要求，形成编写框架。程序规范的编写框架不宜太粗，能细则细，最好能够落实到每个具体的操作步骤，以及该步骤与前后节点之间的关系，尤其是要提出操作过程中因出现多种可能造成操作不唯一的环节。编制框架应经过反复讨论，达成共识，后续编写过程中不宜有颠覆性的调整，以保障编制工作按计划实施。

（五）草案编写讨论

按照拟定的编写框架，规范各程序节点的操作内容和要求。草案编写应用规范性的语言，表达清晰、通俗易懂。在编写过程中遇到的问题，应及时组织讨论并达成统一意见，对现阶段无法解决的问题且不影响现有相应业务正常运行的，必要时可以简化，不作规范性要求。相关业务程序规范草案提出后，要征求其他相近业务工作人员的意见，集思广益，修改不当之处，弥补疏漏，调整与其他制度和程序规范之间的矛盾、重复的内容，确保程序规范间的一致性和协调统一性。

（六）内部运行完善

程序规范编制形成后，应直接应用于相关业务工作中。相关业务严格按照程序规范涉及的流程开展工作，按照要求填写设计的全部工作记录。程序规范在运行过程中，其内容和有关记录表格会出现与实际不相适应或不匹配的情况，有的是因为编制过程中考虑不够周全，有的是因为随着社会发展，海洋档案文化产品开发的理念、技术、方法和条件等发生了变化，应定期进行修改完善，保证其长期运行的可行性。

（七）适时推广应用

内部运行程序规范相对完善成熟之后，可以对比国家和行业相关标准制（修）订情况，适时将其进行成果转化，在一定范围内进行推广应用，同时也可以进一步促进海洋档案文化产品体系运行的规范性和先进性。程序规范的推广应用可以分为一般技术文件、团体标准、行业标准等，不同层级的实施难度不同。一般技术文件可以上报自然资源部档案主管部门审核批准，在自然资源部系统内应用；团体标准则可以按照地方海洋有关学会、协会及其分支机构的要求发布推广应用，行业推广应用渠道有海洋行业标准、自然资源行业标准和国家档案行业标准等。

三、拟解决主要问题

（一）流程细节问题

程序规范作为技术性文件，首要解决的就是相应业务工作中的流程和细节问题。因此作为操作工具，程序规范不能忽略产品开发过程中应有的每一个环节，尤其是在相应业务工作中会遇到的不确定性因素，应尽量全面地列出，并提出可以解决的办法。

（二）资源使用问题

海洋档案文化产品开发的核心问题就是资源问题，在确定业务工作程序和流程的过程中，凡涉及档案资源使用时，应该明确使用哪些资源，这些资源在哪里，如果现有资源不满足需求时，应采用解决的方法和措施，在解决过程中又可能会遇到哪些问题、如何处理等。

（三）技术方法问题

现代社会快速发展，信息技术日新月异。先进的、现代的、时尚的理念、技术和方法是否可以为当下海洋档案文化产品开发体系运行所用，是程序规范编制时要解决的关键问题。在相关业务程序规范中采用的技术和方法应与实际情况相适应，适中、适宜才是可行的、可选的。

（四）实践应用问题

实践应用是检验程序规范可行性和准确性的唯一途径。编制程序规范一定要避免实践与应用"两张皮"的现象，一方面程序规范来源于实践，另一方面它也应用于实践。在实践过程中，程序控制要求可能会给具体工作人员带来畏难情绪，必要时应采取一定的管理手段进行干预。

四、已编制程序规范

（一）海洋档案文化产品开发原则和基本流程

海洋档案文化产品开发需遵循政治性原则、尊重历史原则、需求导向原则、社会效益原则、多元化原则、安全性原则。产品开发的基本流程包括主题内容策划、确定产品表现形式、产品资源信息提取、产品脚本和方案设计、产品制作实施、产品发布和运行维护、产品成果归档等。具体内容见本书第六章。

（二）海洋档案文化产品开发程序和方法

不同类型海洋档案文化产品在开发总体要求之下，都需建设满足产品开发需求的工作程序和方法，现行产品开发程序和方法有《海洋档案展览展示程序和方法》《海洋档案短视频创作程序和方法》《海洋档案史料文章编撰程序和方法》《海洋档案整编类文化产品开发程序和方法》《海洋档案文化产品归档管理要求》等，这些产品开发程序和方法的详细内容见本书第六章。

随着社会发展和产品开发的深入，尤其是产品类型增加、产品表现形式和技术迭代发展，海洋档案文化产品开发程序和方法也需要不断补充、更新和完善。尤其是要进一步研究制定包括创意类档案产品、大型影视类档案产品、整编研究类档案产品等的程序和方法。

（三）海洋档案文化产品开发资源整合程序和方法

依据《中国海洋档案馆馆藏档案资料利用规定》（海信办〔2020〕54号）、《中国海洋档案馆海洋档案历史资料征集办法》（海信业〔2020〕69号）、《口述史料采集与管理规范》（DA/T 59-2017）、《档案仿真复制工作规范》（DA/T 90-2022）和《档案征集工作规范》（DA/T 96-2023）等，编制满足海洋档案文化产品开发资源整合需求的内部工作程序和方法，为产品开发所需档案信息资源奠定了基础。

现行产品开发资源整合程序和方法主要有《海洋档案文化产品开发资源整合总体要求》《中国海洋档案馆馆藏档案资料利用办理实施细则》《中国海洋档案馆涉海历史档案资料征集工作细则》。在此基础上，进一步细化工作程序、要求和方法，形成《海洋口述历史采集工作程序》《海洋口述史料整理与归档管理规范》《海洋档案资料网络搜集途径和方法》《海洋档案资料接受捐赠程序和要求》《海洋珍贵史料高度仿真工作程序》等。这些技术性文件为规范产品开发资源的整合工作提供了详细的可操作的依据，各程序详细内容见本书第五章。

（四）海洋档案文化产品传播服务程序

海洋档案文化产品传播服务应严格遵守《中华人民共和国保守国家秘密法》和各级信息传播安全要求，履行网络发布审批程序，根据不同平台需求制定符合实际的、可操作的传播服务程序，明确每个流程的工作内容、方法和要求。现行海洋档案文化产品传播服务程序主要有《海洋档案文化产品传播服务总体要求》《海洋档案文化产品微信公众号发布流程和方法》《海洋档案文化产品网站发布流程和方法》《展厅展览接待讲解程序、方法和要求》等，各程序详细内容见本书第七章。

第三节　跨界专业团队

海洋档案文化产品开发体系运行是多专业、多领域跨界合作完成的过程，不仅需要现代信息技术的融入和支持，还需要必要的基础设施和设备，更需要一支具备专业素养、文化素养、经营管理和创意研发能力的高素质的专业团队。海洋档案文化产品开发体系在建设实践中，逐步形成了包括自主培养、临时聘用和引进社会力量三个方面的跨界专业团队。

一、复合专业人才

海洋档案文化产品开发体系运行需要的跨界专业团队应掌握海洋学、档案学、情报学、历史学、新闻传播学、数字媒体技术和计算机技术等多学科知识。从专职档案工作来看，无论是编制限制还是投入有限，任何一个档案机构都不可能用一人一学科的方式构建学科知识全覆盖的团队，唯有通过培养和锻炼，形成身兼多学科知识和素养的复合型人才队伍，着重培养档案工作者对历史的认知和文学修养及文化素养，提高文案、脚本的自主创作能力，实现小产品自主、大产品主导的创作目标。

近年来，海洋档案文化产品开发体系在团队建设方面，有意识地扩大专业领域招聘范围，有针对性地补充非档案学和海洋学方面的专业人员。同时面对瞬息万变的文化发展潮流，通过参加培训交流和丰富实践经历等途径不断补充和完善老员工的知识结构，基本形成了一支能够自主开发的工作团队。

二、临时聘用人员

临时聘用人员是解决特定产品开发过程中有关技术或知识结构不足的一种办法，也是弥补自主创作团队中在跨界技术能力方面不能满足产品开发需求的手段。近年来，海洋档案文化产品开发体系实践工作的临时聘用方向主要有三个：一是利用劳务外协方式聘用了专业的平面设计和视频剪辑人员，完成日常海洋档案文化产品开发工作中的技术处理；二是志书编撰和历史类展厅建设，聘用阅历丰富对海洋工作了解比较深入的老领导、专家协助对重大历史事件和发展脉络梳理；三是在文学素养和艺术表现方面，临时聘请海洋文化学者提供策划方案和文案编制指导，聘请相关领域，如导演等专业技术人员提供艺术上的指导等。

三、社会力量支持

《中华人民共和国档案法》第一章第七条规定："国家鼓励社会力量参与和支持档案事业的发展。"社会力量是新时代档案工作中不可或缺的力量，海洋档案文化产品开发体系建设尤其如此。海洋档案文化产品开发的跨界专业团队无论是自主能力还是设备实施，都不能完全满足大规模、高质量产品的全流程开发需要，如展览展示产品的美工设计、喷绘作业和工程建设，视频产品的外景拍摄、情景再现等，还有珍贵档案资料展示产品的高级仿真、沙盘模型的制作等，这些只有通过外协合作的方式，吸收社会力量共同完成。海洋档案文化产品开发的社会力量应满足国家保密和档案管理相关要求，借助社会力量开发海洋档案文化产品应执行有关规范。

第五章 海洋档案文化产品开发资源管理实践

海洋档案文化产品开发是发现海洋档案文化属性并加以利用的过程，丰富的海洋档案资源是海洋档案文化产品开发的基础，海洋档案资源的合理配置也是影响海洋档案文化产品开发的关键。本章详述在实践中形成的海洋档案文化产品开发资源建设的途径、方法和成果，包括开发资源管理总体策略、现有海洋档案资料挖掘、海洋事实数据整合、档案资料网络搜集和接受捐赠、海洋口述历史采集、珍贵史料高度仿真等。

第一节　海洋档案文化产品开发资源管理策略

基于海洋档案与生俱来的文化属性，海洋档案文化产品开发资源（本章简称海洋档案文化资源）来源于全部海洋档案和资料的集合。海洋档案文化资源管理应遵循我国档案工作运行体系，采用现代化资源管理手段，实施主题产品资源整合，在最大范围内为海洋档案文化产品开发体系运行提供资源保障。

一、遵循我国档案工作运行体系

我国的档案事业经过几十年的建设，形成了较为规范的档案资源形成、积累、整理、保存和移交工作体系，这使得档案资源建设活动处于整体受控的状态之下。这既是我国档案事业建设的一个成果，也是我国档案工作的一个特点。①海洋档案文化资源管理首先要在遵循现有档案工作运行体系的基础上，做好规范形成管理、加强收集管理和实施档案移交管理三个方面的工作。

（一）规范形成管理

在习近平总书记关于档案工作"四个好""两个服务"的重要论述中，"把新时代党领导人民推进实现中华民族伟大复兴的奋斗历史记录好、留存好"就是对档案形成管理的最高指示和精准诠释。源头管理是规范档案形成的重要手段，其方法就是要通过制定档案管理规范和相关制度，强化检查、督促和指导，发挥档案形成管理前置作用。档案形成管理的规范化要适应时代发展需要，创新业务标准和工作流程。

海洋档案文化资源形成执行规范主要有《海洋管理机关档案业务规范》《海洋调查观测监测档案业务规范》《海洋科学技术研究档案业务规

---

①宫晓东.基于业务标准与流程创新视角的档案资源整合思路[J].档案学研究，2017，（3）：65-70.

范》《海洋行政执法档案业务规范》等，这些规范在实施过程中与时俱进，其中前三部已经过多次修订，确保其符合新形势下海洋工作的要求。同时，针对国家海洋主管部门牵头实施的国家海洋重大项目跨部门、跨系统、跨学科等特点，量身定制了符合项目要求的相关规范，如《"我国近海海洋综合调查与评价"专项归档文件材料整理细则》《"第一次全国海洋经济调查"档案管理技术规范》等，这些档案规范与项目业务规范的同步建设，实现了档案与业务的同步管理。

按照国家和海洋档案工作要求，海洋档案文化资源在形成时就进行了规范化管理，尤其是属于国家层面上的海洋档案文化资源，为后续海洋档案文化产品开发提供了信息保障和支撑。

（二）加强收集管理

我国是海洋大国，拥有丰富的蕴含中华民族优秀海洋文化的历史记录，但这些记录有明显的分散管理现象。一是新中国成立以前，我国尚无专门的海洋管理机构，海洋档案的形成和管理处于无序、无组织状态，有的被列强掠夺，大量反映我国海洋历史状况和海洋工作的档案资料散存、散失在境内外组织或个人手里。二是我国海洋工作具有涉海单位多且所属系统分散的特点，国家海洋主管部门统一管理下的海洋档案尚不能覆盖海洋事业发展的全貌，加之各系统档案管理水平也不平衡，导致档案保存在个人手里的现象依旧存在。三是国家对社会团体、民间组织和个人从事海洋工作形成的档案资料，在法律上鼓励向国家移交，但尚未形成明确的流向。因此，要获得更加丰富和完整的海洋档案文化资源，必须加强海洋档案资料的收集工作。

但是海洋档案资料收集工作也要遵循现有档案工作体系，尤其是要尊重档案资料形成或形成者的从属关系，确保海洋档案资料收集工作有序，避免因收集工作重叠产生新的资源分散现象。在海洋档案文化资源管理实践中，从档案资料形成单位到档案馆均开展了有效的海洋档案资料收集工作，如，自然资源部第一海洋研究所开展了曾在其单位工作的我国理论物理学家束星北先生的档案资料收集工作，自然资源部东海局对其管辖的厦门海洋站开展了历史资料收集，把我国海洋观测有记录实体的最早时间提前到1907年。海洋档案资料收集是海洋档案文化资源管理实践的重点任务之一，主要有网络搜集、接收捐赠、口述历史采集、高度仿真复制等方法。2020年发布的《中国海洋档案馆海洋档案历史资料征集办法》（海信业〔2020〕69号），在制度层面上提出了海洋档案历史资料的征集范围和内容，征集方式及征集档案历史资料的接收、保管和利用要求等。这提高了海洋档案历史资料征集工作的知晓度和公众对海洋档案历史资料征集工作的认可度。

（三）实施档案移交

档案移交既是现有档案工作体系中的重要环节，也是实现海洋档案文化资源开发利用最大化的重要手段之一。《中华人民共和国档案法》《中华人民共和国档案法实施条例》《各级各类档案馆收集档案范围的规定》等国家法律法规和部门规章都明确了档案移交的要求。如"各级综合档案馆依法接收本级组织机构的档案"，"各级部门档案馆，收集本部门及其直属单位形成的档案，但其中履行行政管理职能的档案，要按有关规定定期向综合档案馆移交"，"国有企业、事业单位设立的档案馆，收集本单位及其所属机构形成的档案"等。

国家海洋主管部门依据相关规定，分别在2004—2006年、2012—2016年，实施了两次大规模的档案进馆工作，完成了原国家海洋局所属13家单位将2000年以前形成的永久保存的档案移交中国海洋档案馆工程，为海洋档案文化资源奠定了很好的开发利用环境。首次档案进馆工作中，制定下发了《国家海洋局接收海洋档案进馆暂行办法》，依据海洋档案的相关业务规范，为档案移交提供了制度和质量上的保障。第二次进馆工作中，又修订下发了《国家海洋局接收海洋档案进馆办法》，进一步明确了接收进馆范围包括机关档案、科技档案、珍贵史料等，同时编制印发了《国家海洋局历史档案进馆工作指南》，明确了进馆工作程序和进馆档案鉴定要求、整理要求、目录数据著录要求及档案移交进馆要求等，极大地提高了进馆海洋档案文化资源的质量。

国家海洋主管部门牵头的海洋重大项目档案也按照相关档案工作规范和要求，依据《国家海洋局接收海洋档案进馆办法》，项目结束之后由项目任务承担单位将资料、档案全部移交中国海洋档案馆。

二、强化海洋档案文化资源管理

海洋档案文化资源管理在遵循我国档案工作运行体系的基础上，应开拓创新，强化海洋档案文化资源管理手段，不断采取适应时代需求的策略和方法，从完善信息技术支撑、拓展资源建设渠道和推动资源共建共享等途径，实现海洋档案文化资源利用最大化，推动海洋档案文化产品开发体系的不断完善和发展。

（一）加强信息技术支撑

信息技术发展引起了海洋档案文化资源内容和形态的快速变革，海洋档案文化产品表现形式和开发手段也随之发生改变。海洋档案文化资源管理要顺应时代发展，一是要实现海洋档案文化资源数字化和数据化。数字化不仅是实施原始档案资源保护、提高档案资源利用效率、推进资源整合的必要手段，而且纸质档案、胶片档案、模拟磁带、实物等传统形式的档案，只有通过数字化和数据化，才能融入信息时代的大数据平台，其文化元素和价值才能更好地被发现、被挖掘。二是海洋档案文化资源管理要实现现代化。应用现代化技术是对过去、现在和未来全部海洋档案文化资源实现优化管理的手段，新型资源的形成必然要建立在新的技术平台上，海洋档案文化资源管理需要不断完善信息技术支撑，建设现代化的综合管理系统、网络服务平台、海洋数字档案馆，并集成现代数据分析和挖掘等技术手段，为海洋档案文化产品开发提供功能完善的资源管理平台。

（二）拓宽资源建设渠道

我国海洋档案文化资源覆盖范围广、形成时间久远，自有文字起就有了海洋文化的记录。但从古至今尤其是古代和近代，大量的海洋文化资源是以文献形式保存并流传，如《禹贡》《盐铁论》《论衡·书虚》等古籍中都有先人认识海洋的记录，而《山海经》《海潮赋》《筹海图编》等是经典海洋古籍，这些文献资源作为"依附性转移"档案资源，具有原件稀有、内容隐蔽、母体分散、记录零星等特点①，海洋档案文化产品开发主体应主动与国内外图书馆、博物馆、史料研究机构等联系，将这些"依附性转移"档案资源纳入海洋档案文化资源管理范畴。同时，结合近代和现代海洋档案形成特点，进一步拓宽资源建设渠道，与国家和地方综合档案馆联系，收集包括"依附性转移"档案资源类型在内的海洋档案文化资源，联络的重点单位包括中国第一历史档案馆和中国第二历史档案馆、沿海省区市各级综合档案馆等，而涉海高等院校和企事业单位也是海洋档案文化资源建设渠道之一。

（三）推动资源共建共享

通过数字化备份、建立联合目录数据库和共同开发海洋档案文化产品等手段，建立相关机制和制度，开展海洋档案文化资源共建共享。其中数字化备份是有效促进资源共享的手段之一，海洋档案文化产品开发主体对收集的档案资料进行规范化整理和数字化处理，并将档案资料原件和数字化成果一并返回，不仅反哺了所有者，也为所有者尤其是立档单位的档案资料管理提供了支撑。而互联网、物联网、云技术等为海洋档案文化资源共享困难这一痛点问题提供了技术手段，法律法规要求范围之外的海洋档案文化资源无须强求集中统一保管，海洋档案文化资源所有者也不用担心失去主动权，各方以协商为基础，在海洋档案文化产品开发过程中互通有无，共享档案资料目录或数字化、数据化的档案资料。同时，采用共同开发海洋档案文化产品的方式，可以促进越来越多的海洋档案文化资源"变藏为用"。如在海洋档案展览展示中，可以利用原件借展或高度仿真等手段实现资源共享，也可联合多方资源共同举办海洋档案展览；在视频类产品创作中可以采用联合出品方式或致谢形式，

---

①方泉，薛惠芬.古代海洋档案管窥[J].海洋信息，2013，（3）：24-30.

整合多方资源，实现海洋档案文化产品质量最大化。

三、实施主题产品档案资源整合

强化海洋档案文化资源管理，实现资源利用程度最大化，是解决海洋档案文化资源需求的重要手段。但在特定主题条件下的海洋档案文化产品开发，其资源需求也是有条件的，如何能够最大程度、最高效率地获取符合产品开发要求的资源，是海洋档案文化资源管理中需要解决的问题，其主要策略就是实施海洋档案文化资源整合，即利用一定的方法、技术使之形成一个结构有序、配置合理、资源集中、能够满足特定主题产品开发需求的有机整体。

（一）主题产品资源整合必要性

海洋档案文化产品开发实际上是对档案资源深度分析研究和利用的过程，因此，掌握主题档案资源的广度和深度是产品开发的硬核。如同海洋是流动的、互联互通的整体一样，海洋档案文化资源中的事物也是相互关联、不可分割的，有时间的延续，也有地域的互通。从海洋档案文化产品开发主体内部来看，反映主题信息的资源会分散在多个案卷、多个全宗里，也有可能散落在一些不起眼的资料里；从主题产品开发的广度和深度来看，其档案大概率会分散在多个档案保管机构。开展主题产品资源整合既是海洋档案的形成特点决定的，也是海洋档案文化产品开发的需要。

如倡议成立国家海洋局的29名专家档案，除了中国海洋档案馆征集进馆的档案之外，他们生前工作的单位是其档案的保管机构，而工作单位的变化进一步扩大了档案的分散性，同样，馆藏全宗档案中也有部分专家的工作印记。因此要深入开发29名专家档案主题产品，必须开展档案资源整合工作。

对特定的海洋事件尤其是重大事件来说，多部门、多单位参与的特点，导致形成的档案会分散在不同的全宗里甚至多个档案保管机构，如"718工程"，就馆藏层面，在国家海洋局机关、国家海洋信息中心、国家海洋局南海分局等全宗里均有相关档案和资料。

（二）主题产品资源整合

资源整合有实体整合、关系整合和内容整合等方法。

一般情况下，实体整合是外部资源对海洋档案文化产品开发主体馆室藏资源的补充。但从产品开发主体视角来看，其所有的海洋档案文化资源在实体上都有各自存储体系，不可能也没有必要将满足主题产品开发需求的档案实体聚集为一个物理整体，因此，在特定主题条件下的海洋档案文化资源整合更多的是采用关系整合或内容整合。

关系整合是海洋档案文化产品开发主体内部对其资源进行虚拟空间上的逻辑整合。在保持现有资源原始形态不变、物理位置不变、管理状态不变的情况下，按照主题产品要求确定关系的构成规则，借助海洋档案综合管理系统等档案资源管理平台，提取满足主题产品需求的海洋档案文化资源关键信息，如检索唯一性标识、主要内容描述等，构建主题产品资源信息数据库，为主题产品开发提供便捷、快速地分析挖掘平台。通过关系整合形成的主题产品资源信息数据库，较容易更新和维护，但需要其海洋档案文化资源管理达到一定的信息化程度，否则相关工作无法开展。

内容整合是海洋档案文化产品开发主体内部资源信息的物理整合，即借助数字化技术和信息提取技术，将满足主题产品开发需求的档案资源数字化文件或其核心内容整合形成新的信息载体，如专题海洋档案文化资源汇编和海洋档案文化资源数据库等。内容整合在一定程度上会带来资源存储的冗余，但在档案信息化程度和技术能力还不能满足关系整合要求时，内容整合是一个便于资源共享和主题产品开发利用的途径。

（三）实施主题产品资源反哺

资源整合是每一个海洋档案文化产品开发的必备环节，同样每一个产品都会在资源整合过程中形成一个新的"资源体"，这个"资源体"无论是关系整合形成的资源信息数据库，还是内容整合形成的资源数据库，都是经过产品策划、研究分析和挖掘形成的新的资源宝库。尤其是在展览类和视频类产品开发中，通常会选用档案进行展示，其间会形成档案原件的复制件或者高度仿真件。鉴于这些资源的价值已经在产品中得以体现和见证，在产品开发任务完成后可以用来反哺海洋档案文化资源管理和后续产品开发工作，应避免采用"销毁"等处理方式，以减少主题相近产品开发资源整合的工作量，同时为海洋档案文化资源利用评估提供一个综合评价的基础信息。反哺方式一般与其整合方式保持一致，关系整合形成的"资源体"，可以将采用和利用效果评估形式纳入资源管理范畴，并及时记录和更新。内容整合形成的"资源体"，则将其以资料形态进行保管和提供利用。

　　海洋档案文化资源整合是档案管理和服务的创新，需要在工作中不断改进完善，实现海洋档案文化资源由低层次向高层次、单一化向多元化的整合方式转变，从而形成完整、开放、紧密的海洋档案文化资源管理模式。

第二节　馆藏海洋档案文化资源挖掘

　　馆藏档案资料既是海洋档案文化产品开发的第一手资源，也是最核心的资源。在海洋档案文化产品开发资源管理实践中，持续开展档案资料数字化，建设全文档案数据库和档案综合管理系统，可快速提升馆藏档案资料应用于海洋档案文化产品开发的效能。

一、馆藏资源概况[①]

（一）数量及结构

截至2023年，中国海洋档案馆馆藏档案9万卷，包括单位全宗16个、

---

①中国海洋档案馆.中国海洋档案馆指南[M]. 北京：海洋出版社，2023.

专项全宗10个、人物全宗17个、非全宗形式排列档案9个，馆藏资料8万余件（册），声像档案约28TB，纸质照片4万余张，大幅图件1.5万余幅，形成的海洋档案数字资源达286TB，海洋专业数据超1PB。

馆藏海洋档案文化资源主要源于六个部分。

1.原国家海洋局所属单位档案

新中国成立后设立的海洋专业行政管理部门及其派出机构和直属单位形成的档案，包括国家海洋局所属13家单位在2000年以前形成的永久保管的档案、撤销单位中国海监总队的全部档案及委托保管的国家海洋局机关、中国大洋矿产资源研究开发协会办公室和国家海洋局极地考察办公室的全部档案。

2.国家海洋重大项目档案

国家部委涉海业务单位、地方海洋管理部门及其业务单位、军队、企业、社会团体等在参加国家海洋主管部门牵头的海洋重大项目任务管理和实施过程中形成的档案。主要项目有全国海岸带和海涂资源综合调查、全国海岛资源综合调查与开发试验、我国省际间海域行政区域界线勘定、西北太平洋海洋环境调查、我国近海海洋综合调查与评价、海洋公益性行业科研项目、全国海域海岛地名普查、第一次全国海洋经济调查、全球变化和海气相互作用等。

3.海洋人物档案

在海洋档案文化产品体系运行中征集和采集的海洋人物的档案资料。重点是1963年提出《关于加强海洋工作的几点建议》的29名专家的档案资料，现存人物档案全宗有刘好治、李法西、严恺、么枕生、郑重等。

4.海洋珍贵史料

新中国成立以前，尤其是明清和民国时期形成的各类海洋舆图、海图及海洋古籍；反映新中国海洋重大活动的，未能在中国海洋档案馆层面上得以保管的档案资料；海洋档案文化产品开发实践中补充收集的各种形式和主题的档案资料等，重点是海洋口述历史资料。

5.馆藏一般资料

自然资源部和原国家海洋局各业务司局移交的资料，国家海洋局大事记和重要工作活动相册，以及在我国近海海洋综合调查与评价、第一次全国海洋经济调查等国家重大项目档案和有关机关档案整理过程中剔除的重复文件和不归档文件等。

6.国家海洋专业数据

国内业务化海洋观测和监测、海洋调查、国际交换与合作、大洋科考和极地考察、涉海企业观测和国家部委之间交换共享获得的海洋科学数据，以及海洋经济、海域使用和管理、海岛管理、海洋环境保护和生态修复、海洋政策研究、海洋权益维护、海洋预报减灾和海洋环境保障等工作中形成的各类数据。

（二）馆藏海洋档案文化资源主要内容

1.海洋调查观测监测档案

海洋调查观测监测是以了解海洋环境时空要素的发展变化、掌握海洋活动趋势、发展海洋经济、预测海洋灾害为目标而进行的重要活动。海洋调查观测监测档案是一代又一代海洋工作者常年在沿海和岛礁几百个站点上对我国海洋状况的真实记录，测量维度多，海域覆盖面广，南至祖国南沙；时间跨度大，远至19世纪末；连续性强，记录频率高。档案内容包括各海洋监测站形成的气象、水文、水质等观测和分析数据，以及我国近海海域业务化断面调查形成的水文、气象、化学等的要素原始观测记录和分析记录、各要素断面图和垂直平面分布图等。

2.海洋科学技术研究项目档案

海洋科学技术研究项目档案记载了我国海洋各个领域科学研究的历史和成果，是海洋科研工作者留下的奋斗足迹和智慧结晶。海洋科学技术研究项目档案内容及成分丰富，涉及海洋科学技术研究项目从立项、实施、验收、成果鉴定和应用等全过程形成的文件材料，有组织管理文件材料，有包括调查和分析数据、成果图集图件、调查和研究报告类在内的各种类型的技术成果文件材料。海洋科研项目档案覆盖海洋全学科领域，有海洋物理、水文、气象、化学、生物、地质、地球物理等自然科学，有海洋仪器、装备、船舶、卫星等工程技术，也有海洋政策研究、海洋经济管理、海洋行政执法、海洋权益维护、海洋环境保护、海洋国际事务等社会科学。

3.海洋综合管理档案

海洋综合管理档案是各级海洋管理机关在履行其法定职能职责过程中形成的各种形式的信息记录，反映了立档单位在综合行政管理、党务工作、人事管理、财务管理、业务管理及日常运行和保障等工作的足迹，如立档单位机构职能及其演变、干部任免、岗位晋级、考核嘉奖、总结计划规划等。海洋综合管理档案也是立档单位精神文明建设和文化建设成果的重要载体。

4.海洋特殊载体档案

海洋特殊载体档案是相对传统纸质档案之外的，其他不同存储载体的档案，是以胶片、录像带、光盘、硬盘等多种载体形式存放的，反映新中国海洋事业发展和成就的重要档案载体，主要有音像档案、实物档案、数字档案等。档案内容和组成同样涉及海洋管理、海洋调查观测监测、海洋科学研究和技术开发、海洋工程建设、大洋调查和极地科考等。

二、海洋档案文化资源挖掘平台

建立海洋档案文化资源挖掘平台是资源管理服务产品开发的重要手段。其首要条件是海洋档案文化资源实现数字化转移和数据化管理，然后形成可以直接查询、检索的全文数据库及其管理服务系统。

（一）馆藏纸质档案数字化

《纸质档案数字化规范》中定义纸质档案数字化是采用扫描仪等设备对纸质档案进行数字化加工，使其转化为存储在磁带、磁盘、光盘等载体上的数字图像，并按照纸质档案的内在联系，建立起目录数据与数字图像关联关系的处理过程。开展馆藏纸质档案数字化是海洋档案文化资源挖掘的前提，是海洋档案文化产品开发的基础，也是开展海洋档案文化产品主题资源整合和建设海洋档案文化资源挖掘平台的必要手段。档案的数字化成果会直接影响馆藏海洋档案文化资源的高质量形成、积累、管理与开发利用。

中国海洋档案馆馆藏纸质档案数字化工作起步于2004年。数字化初期，采取了完全自主的模式，专门搭建了由计算机、扫描仪、打印机、服务器等组合而成的数字化加工局域网环境，同时配备了数字化加工流程管理软件、档案管理软件和档案利用系统，实现了从纸质档案到数字化档案的转换。其间数字化工作流程设计灵活，制定了档案拆分、扫描、修图、质检、还原、录入、文件上传等基础流程，建立了满足海洋专业档案数字化要求的技术标准。随着馆藏档案资源的快速增长，自主的档案数字化模式无法满足"存量数字化"的要求，于是，采取了自主和委托第三方同步开展的模式，档案数字化实现了完全的制度化和规范化。至2014年，档案数字化已经成为常态化的业务运行模式，流程更加规范，操作更加专业，从档案的提卷、交接，到档案预处理、著录、扫描、图像处理、质检、著录内容与实体核校，再到档案归库、成品数据存储、OCR软件、数据加载挂接、脱机检索系统制作等，实现馆藏档案从数字化到数字化产品提供利用的无死角的全程管理。①

（二）馆藏档案全文数据库

档案数字化实现了不同来源、不同系统、不同格式和结构的档案实体到统一标准图像格式的转化。但图像化的档案文件只有转化为能够被计算机识别的全文数据，并集成于统一的全文数据库平台，实现档案数字化管理向数据化管理的转移，才能提供海洋档案文化产品开发信息挖掘。

具体方法是使用高精度OCR（Optical Character Recognition，光学字符识别）软件对原始档案数字化文件进行全文识别，其原理是将含有文字的图像按字切割成可独立识别的单元，然后运用各种算法分析每个图像单元中文字的形态特征，通过比对标准特征库中的数据，判断出该文字在计算机中的标准编码，并按通用格式输出，最后保存在文本文件中。OCR软件包括图像导入、图像预处理、比对识别、修改校正、成果整理

①徐文斌，等.海洋档案数字资源体系建设实践研究[J].海洋信息，2020，35（3）：53-57.

输出五个工作流程。基于深度学习的档案OCR软件对馆藏资源中存在的印刷体、手写体、混合体、表格等多种形式材料能够进行有效识别，同时对文字不清晰、盖章等干扰因素自动规避，可在档案质量不佳的情况下保证识别的准确率。馆藏档案数字化产品质量高、精度高，经OCR软件转换后中文、数字、英文印刷体的准确率在95%以上，对常用签名识别准确率达到90%以上，对手写体识别的准确率也达到80%以上。

将OCR软件与检索技术相结合，通过对全文数据库文本字符进行分析和比对，利用关键字索引技术和文本精细化处理技术，实现全文检索。基于OCR软件的全文检索包括输入、分析、比对和输出四个流程。根据海洋档案文化产品开发需求，通过输入相应关键字或关键词就能对档案文本文件自动建立索引，根据所设定的检索规则提取相关信息并确定其比较重要的特征，进行比对分析，将符合要求的文本信息结果反馈输出。

（三）海洋档案综合管理系统

档案资源的系统化整合将不同来源和不同系统的档案数据集中至统一的系统中，搭建实现产品开发需求和档案资源的有效对接平台，使档案资源利用效率提升。基于独立专网建设的海洋档案综合管理系统，涵盖了从数字资源采集、整理、共享和利用服务等功能，从而形成了海洋档案数字资源整合利用数据库。馆藏全部的档案数字资源按照全宗汇集在该系统中，满足资源管理和利用，并定期进行数据加载、台账更新、数据维护、资源统计等，实现目录数据与档案数字资源一一对应的集成管理。

三、海洋档案文化资源挖掘形式

立足馆藏资源是海洋档案文化资源管理的基础，也是海洋档案文化产品发挥主体属性的基本要求。应用馆藏档案资料挖掘海洋档案文化资源，要以深耕档案内容和文化元素为目的，通过海洋档案文化资源挖掘平台，对其进行发现、梳理、归类、总结，并给予系统性的存储和关联分析，向纵深方向挖掘历史和现实的内在联系，寻找历史文化发展的内在规律和脉络，从而使海洋档案文化资源发挥使用价值和参考价值。[①]海洋档案文化资源挖掘有需求型挖掘和发现型挖掘两种形式。

（一）需求型挖掘

需求型馆藏资源挖掘是指在确定海洋档案文化产品开发主题、产品类型和表现形式的基础上，提供一对一的服务，为产品开发提供相关素材的查询和利用，需求型馆藏资源挖掘是海洋档案文化资源需求的主体。首先是根据产品开发主题，通过馆藏全文数据资源检索系统，进行主题分析和需求分析，确定线索，进行特征提取，然后对其进行追踪，以关键词检索、全文检索、复合检索等多种方式按照构成规则导出关联目录数据，并对每条信息进行影响性、重要性、关联性标注。必要时还要借助各类检索工具对信息加以考证和补充，从而构建满足海洋档案文化产品开发需求的数据集。

（二）发现型挖掘

发现型馆藏资源挖掘是指为海洋档案文化产品开发主体发现主题、策划产品类型和表现形式等产品开发工作提供信息挖掘支持，即围绕海洋热点问题和海洋工作需要，精选海洋档案文化产品开发主题，针对馆藏资源挖掘平台中现有的、已存在的数据进行分析处理，总结出同一类主题的共同属性，并发现在未来一段时间内相关主题的发展规律，从而为海洋档案文化产品开发提供新的思路。发现型挖掘是发挥馆藏档案优势进行海洋档案文化产品开发的重要手段。

馆藏资源具有来源广泛、专业性强、全宗内容丰富等特点，发现型挖掘首先应了解和掌握馆藏资源情况，尤其是全宗构成、档案数量、内容成分等第一手信息，充分利用档案目录数据库、数字化文件、大事记等查找线索，总结凝练，了解馆藏特色档案的主要类型、潜在价值及反映的重大事件。然后围绕社会热点和焦点，找准产品开发选题方向，对馆藏资源进

---

①李艳霞.基于数字人文的档案文化资源赋能研究[J].档案管理，2022，（6）：63-66.

行归纳提炼后，形成相关主题归类，追寻历史足迹及契合时事政治及社会热点的事件，强化内容研究，确保相关主题产品能体现深层次海洋档案资源开发利用的需求和现实需要。基于馆藏资源挖掘平台，通过关键词对目录数据和全文进行检索，使得有效信息要素间形成关联，对主题档案进行发现型挖掘，形成统一主题的索引，为进一步的海洋档案文化产品开发提供线索和参考，实现馆藏信息的主动推送和多元化档案知识服务。

第三节　海洋事实数据资源整合管理

海洋事实数据既是海洋档案文化资源的组成部分，也是资源管理和产品开发的重要线索，其核心是海洋主管部门及其所属单位、涉海高校、涉海企业、涉海科研院所等关于机构沿革、学科及行业发展的大事记，包括事件发生的时间、地点、人物、简要描述等信息要素。海洋事实数据反映我国海洋工作在不同时期、不同领域、不同区域内发生事件的真实情况。

一、海洋事实数据整合需求

海洋事实数据具有结构稳定、语言精练、尊重事实等特点，是新中国海洋事业发展的重要见证，具有重要的史料价值，也是海洋档案文化资源的重要补充。海洋事实数据因其具有准确性和连续性两个特点，能为海洋档案文化产品开发提供可靠的信息来源和依据，为现实决策提供重要支撑。而海洋事实数据整合，就是将从多渠道收集的海洋大事记按照统一的逻辑结构、数据内容和特征，经过系列的流程化处理，组合形成一个新的有机整体，建成海洋事实数据库，从而为海洋档案文化产品开发提供一个资源补充平台的过程。

海洋事实数据实现关联融合，有利于事实数据间相互考证、相互补充，实现同类信息关联，更好地发挥了大事记的查阅功能和宣传功能，有利于轻松了解某一类型、某一阶段、某一主体的大事记内容，满足不同用户个性化分析与展示的需求[①]；有利于深层次的挖掘海洋事实数据价值，根据海洋档案文化产品的不同开发设计思路和服务需求，提供及时准确的线索；有利于丰富馆藏资源结构，为充分利用海洋事实数据开展海洋档案文化产品开发奠定资源基础。

二、海洋事实数据收集

海洋类大事记是海洋事实数据的载体，多渠道开展海洋事实数据收集是进行数据整合，形成丰富海洋事实数据库的前提，是多维度、多层次为海洋档案文化产品开发提供利用的基础。

海洋类大事记来源主要包括五个方面：一是单位档案移交进馆时随同进馆的材料；二是通过图书馆馆藏资料查找借阅的公开出版物；三是从书店直接购买的公开出版物；四是与涉海单位联系，直接收集的相关资料；五是通过网络搜索引擎、涉海单位官网、业务合作资源等途径获取线索后，进行收集的相关资料。

目前，中国海洋档案馆已收集隶属自然资源部、原国家海洋局、农业农村部、涉海高校、涉海企业、中国科学院、地方政府、中国科协等8个系统的28家单位机构编写的31个系列、45本大事记或相关史志资料。收集的内容主要包括两大方面，一是记载涉海单位在一定时间内全面反映其行政管理、内设机构管理、组织人事管理、业务管理等方面有影响力的事件，如国家海洋局大事记、中国海洋石油总公司大事记、中国海洋大学大事记等；二是反映中国海洋工作或某个海洋学科和领域建设与发展的重要历程和活动，如中国百年大事记（1900—2000）、中国极地考察事业大事记（1964—1999）、中国海洋经济史大事记——现代篇（1949—2009）、历年中国海洋年鉴和中国海洋统计年鉴、中国自然资源年鉴等。

[①] 周则旭，韩红旗，张均胜，等.基于通用信息抽取模型的年鉴大事记知识图谱构建研究——以林业大事记知识图谱为例[J].档案学研究，2023，（5）：140-148.

三、海洋事实数据处理

海洋事实数据处理是进行数据整合、形成海洋事实数据库的核心，将收集的海洋类大事记原始载体及从年鉴、史书、志书中提取的大事记，根据海洋档案文化产品开发业务需求构思，按照海洋事实数据处理流程，以最大程度利用事实数据为目的，整合分析形成海洋事实数据资源库，以满足海洋档案文化产品开发利用的需求。

（一）原格式转换

原格式转换是将收集的海洋类大事记及有关志书、史书等海洋事实类纸质文本或未实现高精度识别的电子文本，进行数字化扫描和OCR转换工具的高精度识别，形成包含识别文本的可编辑的PDF数字化文件，供下一步加工和处理。目前，已完成高精度识别的海洋事实类数字化文件近万页。

（二）数据预处理

数据预处理是对经过原格式转换后的海洋事实数据进行去重、转换等操作，使其符合整合和分析的要求。[①]首先将经过高精度识别的PDF格式文本转换为TXT格式，然后转换成DOC格式。即使是高精度的OCR软件也难以保证100%的准确率，格式转换过程中会出现错字、漏字、乱码等现象，因此要开展对数据识别文字的重复性、错误性规律判别和修正，页眉及乱码剔除、篇章段落恢复等工作。同时，根据海洋事实数据具有文本结构、数据非结构化等特点和数据预处理经验，总结编制出《海洋事实数据标准符号和易错字符》技术文件，内容包括标准符号、易错字符、易错词组、易错连接符等，共4类97项数据预处理规范，辅以开展数据预处理相关工作，提高数据预处理的准确性和效率。

[①]韩瑞雪.大事记知识图谱构建与应用研究——以《中国航空工业大事记》为例[D].郑州：郑州航空工业管理学院，2023.

（三）数据再校对

数据再校对是在预处理基础上，对海洋事实数据再进行多轮人工核查和校对，其目的有：一是将预处理后的文字与经 OCR 软件转换后的 PDF 文本进行比对，核实是否存在格式转换错误；二是对原始海洋事实数据的考证，通过数据整合，总结出各单位大事记编制规律，对大事记本身内容的正确性进行相互补充和多方求证；三是开展多轮数据再校对，达到相互审校的目的，进一步提高数据的准确率和原始文本的一致性。在此阶段，根据格式转化后常见的易错项和海洋事实数据体例结构，编制形成《海洋事实数据修改格式规范》，辅以三次人工校对。该技术文件规定了每轮校对过程中格式转换造成的错误标识标准和原始数据内容信息错误标识标准。

（四）结构化处理

结构化处理是根据数据库字段属性特征，从经过预处理和校对后的文本中，获取建立海洋事实数据库所需的结构化数据的过程，其目的是将传统的大事记等事实记录文本转化为结构化的数据库形式，更高效便捷地为海洋档案文化产品开发提供海洋事实数据线索。结构化处理的核心是对海洋事实数据的年份、时间、事件等构成要素进行分析，根据构成要素的规律，借助利用 Word 通配符等智能工具，对各种格式编写的日期信息进行标准化处理，使用通配符功能进行批量的查找和替换，在文本中添加包含数据库字段属性的制表符。

（五）完善数据库

经过结构化处理，初步形成了海洋事实数据库。为了规范种类繁多、不断增长的海洋事实数据管理需要，实现快速、准确地从海洋事实数据库中关联提取产品开发需求的数据，需对数据库进行实时更新完善和分类标识。

一是随着海洋事实数据建设和利用工作的开展，在某个数据记录中发现的比较典型的识别或原文错误，应在整个数据库中进行排查。有些错误是在其他大事记或记录中发现，由此也应对数据库、校对文本进行修改完善，同时更新修改记录与《标准符号和易错字符》技术文件。二是完善数据库字段，包括去除文本标题和年份标题，进一步标准化日期信息，提取年份字段信息，添加来源字段信息，修改和补充简略或省略的日期信息。

每条海洋事实数据不仅记录了该事件的发生过程，还能在一定程度上体现出该事件的敏感程度、影响力度、记录主题等要素。为此，编制《海洋事实数据分类方法》，应从使用范围、事件影响程度、记事题材类别和质量情况四个方面对每条海洋事实数据进行分类和标识，这在一定程度上可体现出海洋事业发展的态势及规律，能及时、准确、有效地满足海洋文化产品开发利用需求。目前已完成海洋事实数据库中的近3万条事实数据（共计5万条）的分类标识工作。

四、海洋事实数据应用方式

开展海洋事实数据收集、整合、处理，形成海洋事实数据库和资源库，为海洋档案文化产品开发提供了应用平台，为海洋事实数据的深入利用提供了便利的条件。海洋事实数据库自建成以来，已为视频制作、展板制作、指南编制、史料编研等多类型海洋档案文化产品开发提供了百余次利用服务，主要有以下三种应用方式。

（一）关键词快速检索

海洋事实数据整合是根据海洋档案文化产品开发的需要，将收集的各类海洋事实数据进行优化类聚，形成一系列事件或发展变化的简要记录。而关键词快速检索功能符合海洋档案文化产品开发对信息的快速浏览和检索查询的要求。对具体单一事件的利用服务，应通过分析利用需求中包含的时间、人物、事件等关键词进行查询检索，对查询结果进行分析判断和筛选，提炼出符合要求的利用结果，此种应用方式即时、快捷、方便。如在产品开发过程中对某场景的人物、时间、事件、地点存疑，可随时在海洋事实数据库中进行核实考证。

（二）分类标识筛选

在数据库分类标识阶段已通过对逐条数据分类标注，将海洋事实数据转换为资源库，便于高效便捷地检索海洋事实数据的事件信息，为挖掘海洋事实数据价值奠定了基础。[①]分类标识筛选常用于专题推送服务，例如"海洋档案"微信公众号设置了"那年今日"专栏，通过定期在海洋事实数据库中以年份、月份为基准，以五年为期提取重要历史事件，再根据使用范围、事件影响程度、记事题材类别等标识筛选出代表性的、具有纪念意义的重大事件并进行推送。还有"海洋人物"专栏，以人物生平中的重要纪念日为基准，在海洋事实数据库中提取人物经历和重大参与事件形成专题数据产品，为海洋档案文化产品制作提供参考。

（三）数据分析与关联

数据分析与关联在关键词快速检索的基础上，弥补了其存在的需求信息难以找到、同类信息难以关联、各类信息无法全面展示等问题，能根据数据间的关联更好地获取相关事件全面的信息。[②]数据分析与关联常用于主题整编服务，根据所需的人物经历、海洋调查等主题通过关键词初选出事实数据，对选出的数据分析判断、核实考证，找出关联更紧密的关键词、时间范围，再重新对数据库挖掘分析，对同类结果数据整合分析，完成数据梳理整编，实现更复杂的应用。

---

①韩瑞雪.大事记知识图谱构建与应用研究——以《中国航空工业大事记》为例[D].郑州：郑州航空工业管理学院，2023.
②周则旭，韩红旗，张均胜，等.基于通用信息抽取模型的年鉴大事记知识图谱构建研究——以林业大事记知识图谱为例[J].档案学研究，2023，（5）：140-148.

第四节　档案资料网络搜集

随着信息技术的发展，网络成为人们重要的信息来源，网络信息也成为重要的资源形式，包括文本、图像、音频、视频、数据库等多种表现形式，内容涉及经济、政治、文化、社会各个方面。网络资源内涵丰富，外延广阔，数量大，增长迅速。通过网络搜集信息，操作简单、方便、高效。随着网络媒体应用社会化、公众化的深入及各种社交媒体的应用传播，蕴含海洋历史和海洋文化的档案资料数量正在逐步增长。

一、网络资源搜集的目的

在海洋档案文化产品开发过程中，开展网络资源搜集，其目的主要是补充馆藏档案资料、完善馆藏档案信息和提供海洋档案研究参考。

（一）补充馆藏档案资料

搜集与档案内容互为补充的历史资料。有些非常珍贵的历史资料并没有作为档案进行统一保管，而是散存在亲历者或者收藏爱好者手里，或者由非国家机构性质的社会组织保管。尤其是亲历者在特定事件中形成、收集的与工作环境有关的日记、照片、留言本、手抄本等，可以通过网络渠道获取这些有价值的历史资料的线索，并根据产品开发需求进行购买或复制。

（二）完善馆藏档案信息

搜集有关海洋事件、海洋人物、海洋仪器设备等的描述或补充信息。有时档案资料中记载的信息并不详尽，或者还不能满足产品开发需求，可以通过网络渠道对相关事件、人物和设备仪器等信息进行查考和补充收集，但这部分信息形态多样、遍布在不同的网络平台上，其内容的真伪及准确性需要进一步考证后使用。

（三）提供海洋档案研究参考

搜集与海洋工作或特定产品主题相关的文稿，尤其是亲历者撰写的回忆文稿和研究人员编撰的有关特定事件事物的综述文章。这些资料内容丰富且真实性强，研究价值和引用价值较高，是海洋档案研究工作中重要的参考资料。

二、网络资源搜集途径和方法

应采取多种形式主动开展与海洋档案文化产品开发相关的网络资源收集工作，收集时应注重网络资源的广泛性、特殊性、多载体性特点，以及与现有档案资料的互补性，重点要注意第一手资料的真实性和有效性，避免重复收集或者收集到虚假资料。海洋档案网络资源搜集途径主要有搜索引擎、新闻数字媒体、文献数据库和社交媒体等。

（一）搜索引擎

搜索引擎是收集网络信息资源最常用、最便捷的工具。通过搜索引擎可以搜索到大量的海洋档案文化资源，包括网页、图片、视频、文档等。搜索引擎按其工作方式主要可分为三种，分别是全文搜索引擎、目录索引类搜索引擎和元搜索引擎。

全文搜索引擎国内较为常用的有百度、搜狗等。它们都是通过在互联网上提取的各个网站的信息（以网页文字为主）而建立的数据库中，检索与用户查询条件匹配的相关记录，然后按一定的排列顺序将结果返回给用户。目录索引虽然有搜索功能，但严格意义上算不上是搜索引擎，仅仅是按目录分类的网站链接列表而已。国内目录索引中具有代表性的有搜狐、新浪、网易搜索。元搜索引擎在接受用户查询请求时，同时在其他多个引擎上进行搜索，并将结果返回给用户。国内具有代表性的有360搜索、搜星搜索引擎等。在搜索结果排列方面，有的直接按来源引擎排列搜索结果，有的则按自定的规则将结果重新排列组合。

海洋档案文化产品开发实践中常用的搜索引擎见表5-1。

表5-1　常用的国内搜索引擎

序号	名称	简介
1	百度	使用人数最多，搜索结果最多的中文搜索引擎网站。拥有全球海量的中文网页库，收录中文网页超过千亿个。作为全球领先的中文搜索引擎，是网民获取中文信息的最主要入口之一 https://www.baidu.com/
2	搜狗	全球第三代互动式搜索引擎，用户可直接通过网页搜索而非新闻搜索，获得最新新闻资讯 https://www.sogou.com/
3	360搜索	360综合搜索属于元搜索引擎，是通过一个统一的用户界面帮助用户在多个搜索引擎中选择和利用合适的（甚至是同时利用若干个）搜索引擎来实现检索操作 https://quark.sm.cn/
4	夸克	夸克是"阿里"旗下的智能搜索App，搭载极速AI引擎。近几年夸克App活跃用户量和搜索量成倍增长 https://quark.sm.cn/
5	头条搜索	头条搜索是"字节跳动"推出的网页版搜索，只有简单的搜索页面。2023年"头条搜索"App升级并改名为"有柿"App https://www.toutiao.com/
6	中国搜索	中国搜索是《人民日报》、新华社、中央电视台等新推出的产品。搜索结果基本是来自各大官方权威新闻站点，比较适合用来搜索新闻资讯类内容 https://www.chinaso.com/
7	无追	无追是一款专注于保护用户隐私的新一代搜索引擎，确保用户的隐私安全 https://www.wuzhuiso.com/
8	搜狐	搜狐分类搜索是我国知名的网上信息集散地，具有中文分词、模糊检索、"自学习"、拟人思维联想等功能 https://www.sohu.com/
9	新浪	在新浪主页面上，选用的主题词，大都是各学科惯用的名词术语，而且直接用自然语言来表达，不受学科体系的限制，直接按主题词的字顺排。在不确定题名、责任者、分类的情况下，查找主题目录很方便 https://www.sina.com.cn/

搜索引擎使用的关键点有：一是要对搜索关键词进行提炼，选择与所需信息相关的关键词，尽量使用具体、明确的词汇，避免使用过于宽泛或模糊的词汇，给出的搜索条件越具体，搜索引擎返回的结果越精确，比如想查询档案文化产品方面的信息，"档案文化产品"就是比"档案"更精准的关键词；二是去掉关键词中的疑问词、连词、感叹词、助词、语气词等无意义的虚词，有助于提高检索质量，比如"如何进行档案文化产品开发"的检索质量就不如"档案文化产品开发"；三是根据搜索结果对相关度、来源、时间等进行筛选，以获取最有价值的信息。

（二）新闻数字媒体

权威新闻媒体是社会公众获取真实、准确和可信信息的重要渠道，它们在传播新闻和舆论引导方面具有重要的影响力。海洋档案文化产品开发实践中经常需要利用历史新闻影像、纪录片、专题片素材及新闻信息来呈现主题事件，这些视频画面、文字素材最权威的来源途径便是官方新闻媒体平台，这些媒体具有较高的公信力和影响力。海洋档案文化产品开发实践中经常用到的官方数字媒体平台是央视网。央视网有很多与海洋工作相关的新闻视频、纪录片，如关于海洋工作会议、海洋重大事件和重要活动的新闻报道，以及《走向海洋》《绝密航程》《秘寻洲际导弹靶场选址》等纪录片，这些经典权威的资料，不仅是海洋档案文化产品开发的良好素材，而且有助于启发策划开发更加优质的产品。海洋档案文化产品开发实践中常用的国家级权威媒体见表5-2。

表5-2　常用的国家级权威媒体

序号	名称	简介
1	人民网	人民网是世界十大报纸之一《人民日报》建设的，以新闻为主的大型网上信息发布平台，也是互联网上最大的中文和多语种新闻网站之一 http://www.people.com.cn/

续表

序号	名称	简介
2	新华网	中国主要重点新闻网站，依托新华社遍布全球的采编网络，记者遍布世界100多个国家和地区，地方频道分布全国31个省、自治区、直辖市，每天24小时同时使用6种语言滚动发稿，权威、准确、及时播发国内外重要新闻和重大突发事件，受众覆盖200多个国家和地区 http://www.news.cn/
3	央视网	央视网由中央广播电视总台主办，是以视频为特色的中央重点新闻网站，是央视的融合传播平台，是拥有全牌照业务资质的大型互联网文化企业 https://www.cctv.com/
4	中国网	国家重点新闻网站，拥有十个语种独立新闻采编、报道和发布权；国情信息库服务全球读者了解中国；国务院新闻办公室发布会独家网络直播发布网站；拥有国内外顶级学者专家资源，独家编发各种相关政策解读 http://www.china.com.cn/
5	国际在线	国际在线是由中央广播电视总台主办的中央重点新闻网站，通过44种语言对全球进行传播，是中国使用语种最多、传播地域最广、影响人群最大的多应用、多终端网站集群 https://www.cri.cn/
6	中国青年网	共青团中央主办的中央重点新闻网站，是国内最大的青年主流网站。拥有400余个子网站，2000多个栏目，每天向全球网民发布丰富多彩的信息，内容包括政治、经济、社会、文化、娱乐、时尚、教育、心理等各个领域 https://www.youth.cn/?sdsdds
7	央广网	央广网由中央广播电视总台主办，是中央重点新闻网站，以独家、快速原创报道闻名，以音频收听为特色 https://www.cnr.cn/

新闻数字媒体平台是获取海洋档案文化资源的重要途径。要注重平时积累，定期跟踪官方媒体平台发布的与海洋工作相关的新闻报道、专题片等，按照主题内容做好分类与保管。以收集"央视网"视频素材为例：一是可以通过"栏目"收集与档案和海洋工作相关的节目，如"国

宝档案"等，可以下载整个系列留存或整个栏目持续跟踪下载，这样能够保持素材的系统性和持续性；二是可以通过"片库"下设的"纪录片"和"特别节目"分类搜集与档案和海洋工作相关的视频，如"走进中央档案馆 红色档案"特别节目、《地理中国》世界海洋日特别节目系列、《走向海洋》纪录片、《穿越海上丝绸之路》纪录片等；三是可以通过关键词搜索获取所需素材，如"冰上丝绸之路""海洋灾害预警预报"等关键词，再通过相关度、发布时间、视频时长、视频来源等进一步筛选搜索结果。

（三）文献数据库

海洋档案文化产品开发实践经常利用的文献数据库包括学术类数据库和报纸类图文数据库，这两种数据库是获取特定领域权威信息的重要途径。通过学术数据库可以获取到学术论文、研究报告等高质量的信息资源，常见的学术数据库有中国知网、万方数据库、国家哲学社会科学学术期刊数据库、超星期刊、龙源期刊阅览室、中文社会科学引文索引、中国科学引文索引、中文学术集刊网、中国集刊网、谷歌学术、百度学术等。报纸类图文数据库主要有《人民日报》图文数据库、历年《光明日报》数据库、新华文摘数据库、全国报刊索引数据库、字林洋行中英文报纸全文数据库、大成老旧期刊全文数据库、大公报（1902—1949）数据库、中国近代报刊数据库、人大复印报刊资料全文数据库等，各类文献数据库的基本情况见表5-3。

表5-3　常用的文献数据库资源

序号	类型	名称	简介
1	学术数据库	国家哲学社会科学学术期刊数据库	简称"国家期刊库（NSSD）"，国家级、开放型、公益性哲学社会科学信息平台。收录精品学术期刊2000多种，论文超过1000万篇，包含超过101万位学者、2.1万家研究机构相关信息 http://www.nssd.org/

续表

序号	类型	名称	简介
2	学术数据库	中国知网	面向海内外读者提供中国学术文献、外文文献、学位论文、报纸、会议、年鉴、工具书等各类资源统一检索、统一导航、在线阅读和下载服务 https://www.cnki.net/
3	学术数据库	万方数据知识服务平台	以自然科学为主的大型科技、商务信息平台，内容涉及自然科学和社会科学各个专业领域。包括学术期刊、学位论文、会议论文、外文文献、专利、标准、科技成果、政策法规、机构、科技专家等子库 http://g.wanfangdata.com.cn/index.html
4	报纸类图文数据库	新华文摘数据库	大型理论性、综合性、资料性文摘类权威期刊，为广大读者提供了大量哲学社会科学新观点、新资料、新方法和文艺佳作 http://www.xinhuawz.com/
5	报纸类图文数据库	《人民日报》图文数据库	中国最大的党政、时政类信息数据库。涵盖了自1946年至今的内容。该数据库可提供组合检索和全文检索，且提供"原版样式"。 http://data.people.com.cn/rmrb/
6	报纸类图文数据库	历年《光明日报》数据库	提供《光明日报》自创刊年至今历史数据。可全文检索，提供原版PDF和文本版两种格式。可通过正文、作者、标题、栏目、版名、来源等检索 http://epaper.gmw.cn/gmrbdb/
7	报纸类图文数据库	字林洋行中英文报纸全文数据库	字林洋行是19世纪英商在上海创办的最主要的新闻出版机构，具体详尽地记载了近代中国百年的社会场景。该数据库收录《北华捷报》《字林西报》《字林西报行名录》《上海新报》《沪报》《消闲报》《汉报》共约55万版 http://www.cnbksy.cn/product/productDescription?id=20&disproduct=false
8	报纸类图文数据库	大成老旧期刊全文数据库	收录了清末自有期刊以来到1949年以前，中国出版的6000余种期刊，共12万余期，130余万篇文章 http:/114.212.7.199：8080/search/toRealIndex.action;jsessionid=7738A9D047537DBF14AEF0BE46C8C3AE

续表

序号	类型	名称	简介
9	报纸类图文数据库	大公报（1902—1949）数据库	迄今中国发行时间最长的中文报纸。完整收录1902—1949年，天津、上海、重庆、汉口、桂林、香港《大公报》及《大公晚报》等全文资料，由中国国家图书馆提供原始图档 http://tk.cepiec.com.cn/tknewsc/tknewskm?@@0.6651428352121647
10	报纸类图文数据库	中国近代报刊数据库	收录了《申报》《中央日报》《台湾民报》《台湾时报》《台湾日日新报》，囊括海峡两岸同期近代报纸史料 http://tk.cepiec.com.cn/SP/

使用学术数据库应了解数据库的覆盖范围、收录的文献类型和质量，遵守版权和知识产权法律法规，尊重原作者的权益。报纸类图文数据库是开发海洋档案文化产品最经常用到的图文资源，以使用"《人民日报》图文数据库"为例：其网页提供了"日期""标题""正文""标题+正文"等多种检索方式，如在其检索框中输入"南极条约"这一关键词，与此相关的新闻标题共26条，网页提供每个条目的报纸发行日期、版次、简单摘要、文章关键词等信息，点击"浏览本版"便可查询到此条新闻信息所在的版面缩略图，在缩略图界面点击新闻信息所在位置，可以获取该条新闻的具体图文信息，可打印、可下载，如需获取该份报纸的纸质版，可根据发行版次信息，前往当地图书馆查找，也可通过旧书网等网络途径购买。

（四）社交媒体

社交媒体是人们分享意见、见解、经验和观点的工具和平台，现阶段主要包括社交网站、微博、微信、博客、论坛、播客等。社交媒体传播的信息已成为人们浏览互联网的重要内容。社交媒体平台上汇聚了大量的用户生成内容，是获取实时信息、了解公众舆论的重要渠道。通过跟踪社交媒体平台上的讨论和分享，可以收集到相关主题的信息资源。

　　社交媒体平台主要包括社交类平台和综合资讯类平台。目前较为流行的发布海洋信息的社交类平台主要包括新浪微博和微信公众号，它们也是发布信息数量较多、影响力较大的两个平台，如"自然资源部""观沧海""海洋档案"微信公众号，"南海预报中心""国家海洋预报台"微博。除了微博和微信公众号外，综合资讯类平台也是发布海洋信息的重要窗口，最受欢迎的资讯类客户端有今日头条、腾讯新闻、网易新闻等，如"主流媒体看海洋"网易号、"中国海洋大学"澎湃问政号、"海洋百事"头条号等。此外还有"i自然全媒体""资源中国"快手号等也发布大量海洋信息。海洋档案文化产品开发实践中经常访问的与海洋相关的社交账号基本信息见表5-4。

表5-4　常发布海洋信息的社交账号

序号	平台类型	平台	账号
1	社交类平台	新浪微博	中国海洋维权、南海预报中心、天津海洋、中国海洋大学、中国海洋报、国家海洋预报台等
2	社交类平台	微信公众号	浙江海洋与渔业、中国网海洋频道、智汇海洋、上海海洋大学、浙江海洋大学、中国海洋大学、观沧海、自然资源部、海洋中国、资源中国等
3	综合资讯类平台	腾讯企鹅号	海洋百事、国家海洋预报台、海洋国家实验室、海洋网、福建海洋云等
4	综合资讯类平台	网易号	国家海洋预报台、平安之海、主流媒体看海洋、海洋知圈、浙江海洋与渔业等
5	综合资讯类平台	澎湃问政号	上海海洋大学、海南南海热带海洋研究所、中国海洋大学、中国海洋学会等
6	综合资讯类平台	今日头条号	国家海洋预报台、中国海洋大学、海洋百事、浙江大学海洋学院等

　　社交媒体平台充斥着大量的信息，有官方账号发布的，有个人账号发布的，如想要从海量的信息中筛选出有价值、有代表性、权威性的内

容，要进行深入的筛选、分析和研究。同时，在收集和使用社交媒体信息时，也应遵守相关法律法规，尊重用户的知识产权隐私和个人信息保护。

（五）旧书网上交易平台

旧书网上交易平台是指集二手书交易、旧书回收、买书卖书等服务于一体的在线平台。在这些平台上，用户可以通过搜索和筛选，找到需要的二手书籍、报刊、照片、艺术品、文创产品等。旧书网上有非常多散落在民间的宝贵资源，如：有以1980年我国向太平洋成功发射运载火箭为背景创作的故事片电影《飞向太平洋》的光盘、脚本、海报、连环画；有为了纪念《南极条约》生效30周年邮电部发行的《南极条约生效三十周年》纪念邮票；有与南海岛礁建设相关的旧报纸、老照片等。这些资源在海洋档案文化产品开发中发挥重要的作用。在海洋档案文化产品开发过程中利用率较高的旧书网上交易平台，主要有孔夫子旧书网和7788收藏网。孔夫子旧书网是国内专业的古旧书交易平台，汇集全国各地13000余家网上书店，50000余家书摊，展示多达9000万种书籍；大量极具收藏价值的古旧珍本（明清和民国古籍善本，珍品期刊，名人墨迹，民国珍本，绝版书等）。7788收藏网是专业的收藏品、艺术品线上拍卖交易平台，商品种数高达9000万种，开创有交流会、鉴定、古玩城、展示馆等特色板块。商品分类中邮票、连环画、书籍、徽章等都是海洋档案文化产品开发可以利用的资源。

使用旧书网搜集线索和资源需要注意两个问题。一是要关注旧书、旧照片的品相，应与商家充分沟通书品的具体情况，包括内页内容是否完整、是否有过多使用痕迹，这些都会直接影响到产品开发质量。二是要扩大搜索关键词范围，商家在标注商品信息时经常会出现不准确、模糊的情况，所以在搜索时输入的关键词与使用搜索引擎时的方法正好相反，具体、明确的搜索词汇未必能将所需要的内容全部展示出来，需要扩大关键词的范围，例如想要搜索永暑礁建站相关的报纸、照片，那么关键词可以输入"永暑礁"，在搜索结果中逐个筛选有用信息。

三、海洋档案资料网络搜集实践基本情况

海洋档案文化产品开发实践中，通过各大电视台、广播电台和报纸的数媒网站，国家和地方图书馆、档案馆、博物馆等文化机构的网站和微信公众号，以及美篇、微信、微博、旧书网等网络途径，获得丰富的主题档案资料线索，采用采购、下载、复制等方式，收获很多文件、图集、照片、音视频、文稿和实物等多类型档案资料，积淀了较好的网络资源搜集实践经验，为多个主题产品的开发提供了优质资源，也极大地丰富了馆藏档案资源，实现了较好的海洋档案文化产品开发效果。有关海洋档案文化产品开发主题开展的资料网络搜集途径、获取的网络资源和资料应用情况见表5-5。

表5-5　海洋档案资料网络资源搜集实践基本情况

序号	产品主题	途径	获取的网络资源	用途
1	纪念我国首次洲际导弹发射试验成功40周年系列产品开发	《人民日报》图文数据库；孔夫子旧书网	《解放日报》《人民日报》《北京日报》《文汇报》等纸质报纸15份；油印小报1份；调查老照片12张；电影海报画报2幅；书籍4本；主题电影光盘1张	主题展览；视频；主题汇编；微信推文等。
		央视网	中国中央电视台《国家记忆》栏目《秘寻洲际导弹靶场》系列纪录片影像片段、解说词等	视频；微信推文。
2	永暑礁海洋站建站系列产品开发	《人民日报》图文数据库；孔夫子旧书网	《人民日报》《光明日报》《解放日报》《文汇报》《参考消息》《法治日报》关于永暑礁建站纸质报纸35份；民国行政区域图1幅	视频；主题汇编。
3	我国极地事业系列产品开发	《人民日报》图文数据库；孔夫子旧书网	《人民日报》《光明日报》《文汇报》关于极地考察工作纸质报纸14份	视频

续表

序号	产品主题	途径	获取的网络资源	用途
4	"蓝色印记"档案展厅建设	《人民日报》图文数据库；孔夫子旧书网	《人民日报》《新华社》《解放军报》《光明日报》《中国青年报》关于我国海洋工作的纸质报纸112份；海洋相关的法律、管理条例11本；钓鱼岛白皮书等书籍等6本；国际海洋年等杂志2本	主题展览图片素材
		中国知网等数据库	《中国98国际海洋年活动大事记》《国际海洋年的由来》等文章	主题展览脚本素材
		百度搜索、搜狗搜索等	海城地震、渤海大冰封、钓鱼岛巡航、北部湾划界协定线及共同渔区示意图、"海达案"庭审现场、国际海底多金属硫化物矿区勘探合同签署仪式等照片	主题展览照片素材

第五节　接受档案资料捐赠

档案资料捐赠是自然人、法人或其他组织将档案资料的所有权自愿无偿地向档案部门移交的行为。接受捐赠是档案部门最为重要的档案资料征集途径之一。通过接受捐赠，档案部门可以收集到珍贵的、有价值的档案资料，以此调整馆藏资源结构，丰富馆藏资源，促进馆藏资源更全面体现地区特色、领域特色及国家社会发展的历史真实面貌。

一、接受捐赠的依据和原则

（一）接受捐赠依据

接受档案资料捐赠的依据来源于国家法律法规和相关政策规定。《中华人民共和国档案法》第十七条规定："档案馆除按照国家有关规定接收移交的档案外，还可以通过接受捐献、购买、代存等方式收集档案。"同时，根据《中华人民共和国公益事业捐赠法》《中华人民共和国慈善法》，捐赠应当是自愿和无偿的，捐赠应该是出于捐赠者自愿的行为，没有任何形式的强迫或压力，捐赠者有权决定是否捐赠，捐赠者不应期望或要求任何形式的回报或利益。

因此，捐赠方和受赠方都应遵守相关法律法规，确保捐赠行为的合法性、透明性和有效性。捐赠人对捐赠的档案资料拥有所有权或有明确的支配权，即他们可以自由决定这些档案资料的去向，包括捐赠给档案馆、慈善机构、博物馆、图书馆或其他公共或私人机构；捐赠的档案资料不应存在任何法律争议，例如所有权争议、版权问题或其他可能影响捐赠合法性的问题。捐赠档案资料的使用应当尊重捐赠人的意愿，符合公益目的，不得将捐赠档案资料用于捐赠者指定的目的范围之外。捐赠人可以与档案馆就捐赠档案资料的种类、数量和用途等内容订立捐赠协议。

（二）接受捐赠原则

1.依法依规

档案资料接受捐赠工作应严格遵从《中华人民共和国民法典》《中华人民共和国档案法》《中华人民共和国档案法实施条例》《中华人民共和国著作权法》《中华人民共和国公益事业捐赠法》等国家有关法律法规，并落实在档案资料接受捐赠的全过程，包括征集、接收、整理、保管和利用等，维护档案资料涉及的各方合法权益。

2.价值为上

接受捐赠的海洋档案资料至少具有凭证价值、参考价值、研究价值、收藏价值、文化传承价值中的一种价值。捐赠的档案资料如果具备上述价值之一或多个，通常会被视为对文化、研究或教育具有重要意义的资源。捐赠海洋档案资料的价值由专家确定，无价值的海洋档案资料一律不予接受。

3.原件优先

优先征集海洋档案资料原件，对不具备征集原件条件的，可征集海洋档案资料的复制件。对于特别珍贵的海洋档案资料孤本，应采用多种方式动员所有者捐赠原件，若仍无法征集到原件的，可采取对原件进行高度仿真复制的方式进行征集。

4.补缺完善

接受档案资料捐赠要充分考虑捐赠海洋档案资料的稀缺性、代表性，以及与馆藏档案的相关性。捐赠的海洋档案资料是否是稀有的或独一无二的，这也决定了它们的凭证价值、研究价值和收藏价值。代表性强的档案资料有助于构建对特定历史时期的全面理解，相关性强的档案可以丰富和完善现有的收藏，提供更全面的视角。

二、接受捐赠主要程序和方法

按照《档案征集工作规范》（DA/T 96-2023），结合海洋档案文化产品开发实践实际情况，接受档案资料捐赠一般包括获取捐赠线索、对拟捐赠档案资料进行价值和完整性鉴定评估、接收登记、商定权限协议、整理入库、颁发捐赠证书、延续跟踪等环节。

（一）捐赠线索

接受档案资料捐赠首先要了解掌握档案资料所有者及其拥有的档案资料情况，然后进行沟通和交流，了解所有者的捐赠意向，即所有者是否愿意捐赠、以什么样的方式捐赠及捐赠条件等。捐赠一般通过发布通知公告、档案资料查找、网络信息搜集、业务工作往来等途径开展。

1.发布征集公告

海洋档案文化产品开发主体可以根据征集主题，借助媒体、网络和其他方式发布通知公告，详细说明接受捐赠的具体要求、期望的档案类型、捐赠的流程和条件等，公示接受捐赠工作事宜及接收方地址、电话和电子邮件等。

2017年10月，"海洋档案"微信公众号开通之际，发布了《【征集启事】众里寻你！期待与你一起认识并追溯他不平凡的人生》，征集1963年联名提出《关于加强海洋工作的几点建议》并倡议成立国家海洋局的29

名专家之一的丘捷先生的档案资料，征集公告发布以后引起了很大反响，也获得了很多线索，为进一步收集丘捷先生档案资料奠定了基础。

2020年3月和11月，"海洋档案"微信公众号先后用不同的形式刊登《征集，我们愿与您共同守护一份or珍藏｜倾听海的声音》《海洋档案历史资料征集期待您的参与》两种完全不同风格的征集启事，向社会公众发布了包括《中国海洋档案馆海洋档案历史资料征集办法》在内的征集公告，将接受档案资料捐赠工作列为中国海洋档案馆业务运行的常态化工作之一。

2.网络获取线索

通过网络信息搜集渠道获取捐赠线索，主动与对方洽谈是获取档案资料的重要方式之一。为有效地利用网络资源来发现档案资料的捐赠线索，许多档案馆会利用搜索引擎关键词搜索、社交媒体监测、在线论坛参与讨论、新闻媒体报道跟踪等方式，获取意向档案资料的详细背景信息、来源和潜在捐赠者的收藏信息等。

在2020年纪念我国首次洲际导弹发射试验成功40周年系列产品开发实践中，通过网络搜索，在"美篇"上发现了一篇署名为高进的文章，通过文章内容发现，他是"580"任务的亲历者，文稿中的图文来自他的一本日记，内容新颖独特。工作人员通过后台留言方式，与高进先生取得了联系。经沟通协商，高进先生将这本珍藏了40年的《出海记事》捐赠给了中国海洋档案馆。在随后的主题产品开发中，对《出海记事》全部内容进行整理和编辑，按照"580"任务实施过程，从"翻阅时光"角度，形成了"集结篇""备航篇""演练篇""航渡篇""功成篇""荣归篇"等6个文稿类海洋档案文化产品，生动形象且趣味性地展现了一个普通的海军战士在执行国家重大任务中的所见所闻。《一颗螺丝钉 一本流水账——中国海洋档案馆喜获珍贵史料〈出海记事〉》一文详细地介绍该日记接受捐赠的过程，具体内容见"海洋档案"微信公众号，该文于2020年5月27日发布。

3.工作往来线索

基于专业和信任关系，通过业务工作往来获取海洋档案资料捐赠线索是一种非常有效的途径。在本系统相关业务工作、行业会议、研讨交流活动、与其他单位合作等过程中，可以获得海洋档案资料所有者及其是否有捐赠意愿等相关信息。

因工作关系的来访者中一些海洋重大事件的亲历者在参观海洋档案展览时，经常会出现"我还有……"的反应，现场工作人员及时抓住机会，保持与来访者的联系，推动相关档案资料的收集工作。

近年来开展的海洋口述历史采集工作成为接受捐赠海洋档案资料的主要途径。海洋口述历史采集的受访者是海洋工作和海洋重要历史事件的亲历者，其拥有反映相关海洋工作和海洋历史事件档案资料的可能性最大，在实践中也证明了这一点，基本上没有出现"空手而归"的情况。为了更好地接受采访，亲历者一般都会精心准备，"翻箱倒柜"地寻找当年的工作记录和相关凭证类资料，唤起回忆。在接受采访过程中，亲历者也经常展示其珍藏的资料和物件，如老照片、工作文件、笔记、日记、著作等。同时本着对档案工作的信任，受访者一般都非常愿意将这些珍藏的档案资料捐赠给档案馆，大量珍贵的档案资料都是通过这种方式获取的。

在接受捐赠海洋档案资料的工作中，也会获取潜在的新的捐赠线索。捐赠者在和工作人员交流的过程中，更加了解了档案馆对档案资料捐赠的需求及其工作的重要性，有的主动帮助查找和挖掘相关线索，动员知情人或所有者捐赠出他们珍藏的资料和物件。

（二）鉴定评估

确认档案资料所有者有捐赠意愿后，应尽快对拟捐赠的档案资料进行鉴定和评估，按照既定的接收原则、接收范围、收藏标准等来判定档案的价值、数量和内容，鉴定和评估档案是否可以接收进馆。

1.评估标准

鉴定评估拟捐赠的档案资料是否可以接收进馆并给予长久保存，要从以下四个方面来考虑。

第一，确保捐赠者拥有档案资料的所有权或支配权，确保拟捐赠档案资料内容的真实可靠，没有伪造或篡改，确保拟捐赠档案资料具有稀缺性，即不易从其他来源获得，有时拟捐赠档案资料与现有馆藏重复，或者捐赠物为公开出版物等容易从市场或相关机构获得的资料，可考虑不予接收。

第二，考虑拟捐赠的档案资料是否属于本档案馆的接收范围，捐赠者经常会收藏一些不属于海洋领域或海洋档案文化产品开发主题范畴的书刊、画报、物件等，虽然年代久远或也具有一定的价值，但如果不属于海洋档案文化资源的范畴，也不予接收。还有与工作无关的生活类照片，可挑选一些有代表性的接收。

第三，综合考虑拟捐赠档案资料的物理状况和内容完整性。物理状况主要是指本体材料是否处于良好的保存状态，如已遭严重损坏并影响到档案资料的价值，可考虑不予接收。磁介质载体的档案资料应在相关设备上可以读取。内容完整性是指档案资料是否包含了所有必要的部分，如正文、附件等，如果不能独立表达档案内容，存在缺损，可考虑不予接收。

第四，还要充分考虑拟捐赠档案资料是否记录了重要的历史事件、人物，或者能否为学术研究提供参考依据。

2.组织实施

拟捐赠档案资料鉴定评估工作一般由档案工作人员负责，必要时邀请海洋相关领域和档案领域的专家共同鉴定。鉴定评估之前，档案工作人员应与所有者充分沟通，了解其拟捐赠档案资料的基本情况，也可以通过传递档案资料照片，讨论形成初步意向。所有者拟捐赠档案资料数量较少时，可以在接收现场和所有者共同开展鉴定评估工作，鉴定评估工作应逐份逐件，并同步采集拟捐赠档案资料形成背景、来源等相关信息，尤其是照片类、实物类档案资料。档案资料数量比较大且是无序状态时，可以和所有者协商，将全部档案资料移到空间比较大的地方或直接运到档案馆，边整理、边鉴定。

3.结果处理

在价值为上、原件优先和补缺完善等接受捐赠档案资料的原则指导下，档案馆对所有者意向捐赠的档案资料并不是如数接收，而是结合馆藏有选择的补给。无论是现场鉴定还是非现场鉴定，对于不符合接收标准的拟捐赠档案资料应予以委婉拒绝，返回给所有者，以保证馆藏档案结构合理和质量要求。

（三）接收登记

为了更好地与所有者协商捐赠档案资料的管理权限，确保已接收档案资料的安全，应在捐赠档案资料抵达档案馆的第一时间内开展捐赠档案资料的接收登记工作。接收登记工作内容包括三个方面。

一是将对准予接收的档案资料作为一个批次，加以清点并登记。以《中国海洋档案馆接受捐赠涉海档案历史资料台账》为例，台账登记信息主要包含年度、编号、来源、接收时间、移交人、接收人、名称/内容、数量（纸质/电子/实物）、总计、存放地点等要素。

二是对准予接收的档案资料进行初步整理，形成档案资料目录清单，以防遗忘、错乱、丢失，便于与所有者协商捐赠协议。初步整理时，应逐份逐件按照要求提取档案资料基本信息，包括档案资料的类别（文件/照片/书籍/实物等）、载体形式（纸质/电子/模型等）、内容、数量、征集时间、提供者等，形成档案资料初步整理信息清单。通过海洋档案综合管理系统，以清单为依据，对拟捐赠档案资料进行查重，如果馆藏已有相关档案资料，基于该档案资料的重要性和价值，则将其作为资料单独保管和管理，如果是馆藏档案资源体系中，尤其是相关全宗档案中非常重要的文件，则应做补充标识处理。

三是在整理接受捐赠过程中产生的资料，例如档案资料形成的背景信息、现场工作照片和录音录像、工作日志等。

（四）权限协商

协商捐赠协议是确保捐赠过程顺利进行、双方权益得到保障的重要法律文件，是在处理文化遗产、历史档案文献等具有重要价值的物品捐赠时的一个重要的环节。对不具有所有权的档案资料捐赠，一般不需要协商相关权限。与捐赠者协商协议，内容除标明捐赠档案资料的名称、数量、年代、捐赠人、捐赠时间基本信息外，重点是明确相关法律关系。

1.限制利用权

《中华人民共和国档案法》第三十一条规定："向档案馆移交、捐赠、寄存档案的单位和个人，可以优先利用该档案，并可以对档案中不宜向社会开放的部分提出限制利用的意见，档案馆应当予以支持，提供便利。"对于部分捐赠者提出的保护个人隐私、限制利用等特殊要求，接收主体有责任按照捐赠者意愿对不适宜开放的档案资料限制对外利用，或经过捐赠者同意后，才能对外公布并提供利用。

2.所有权

应确认捐赠档案资料的完整所有权是否已经具备，是否还涉及其他人的权属诉求。只有征得了所有权各方的同意，捐赠档案资料的所有权才能完整归于档案机构，避免日后可能出现的法律纠纷。

3.著作权

一般情况下，档案资料所有者在捐赠协议中将版权归为自己，除此之外的著作财产权等（除署名权以外的其他权利），在一定条件下可以转让。因此，应明确相关著作权转让与否问题，明确接收主体对捐赠档案资料相关著作权的行使问题。另外还需注意，依据《中华人民共和国著作权法》，著作权（除署名权外，主要指发表权、使用权和获得报酬权）为作者有生之年及死后50年。[1]对此，结合《中华人民共和国档案法实施条例》有关解释，已超过著作权保护期限的捐赠档案，属于档案部门合法拥有，转化为社会档案信息资源，可供社会利用。例如，在接收李法西先生档案资料时，中国海洋档案馆与其亲属签订了《档案捐赠协议》，明确了双方的权利与义务。

（五）入库保管

为保障捐赠档案资料及时应用于海洋档案文化产品开发，自接收之

---

① 许晶晶，王静茹，徐辛酉.档案捐赠工作规范化管理[J].兰台世界，2015，（8）：1+4.

日起，应将其纳入海洋档案文化资源的组成部分，实施集中统一管理。相关实体按照日常档案业务工作程序进行入库保管，包括除尘、消毒、交接、整理、上架和安全保管等工作。

除尘消毒是第一环节也是最重要的环节，捐赠档案资料长期保存在个人手里，由于保管条件的限制，其本体状况一般较差，尤其是尘土非常严重，如2014年接收的郑重先生的档案资料，其形成时间都比较久远，有的可追溯到20世纪30、40年代，虫蛀和霉菌痕迹比较明显。

捐赠档案资料入库时，接收人员与保管人员应办理交接手续，移交全部捐赠的档案资料、初步形成的档案资料信息清单、背景信息资料、工作日志、工作照片等。

接受捐赠的档案资料入库后，应尽早安排统一编号和规范整理。载体形式为实物、纸质的，需在实体上粘贴标签，标明编号，载体形式为电子的，需要将电子文件名字按"档案资料编号+档案资料名称"命名。在规范整理的过程中，进一步补充完善档案资料目录信息，包含序号、编号、类别、载体形式、名称/内容、形成者、来源、形成日期、页数、备注，照片目录还应包括事由、背景、照片人物、拍摄者、拍摄时间、拍摄地点、来源等。

基于捐赠档案资料的特殊性，为方便海洋档案文化产品开发利用，捐赠档案资料一般在档案库房划分存放专区，对存放区域编制区域代码。同时适时开展数字化工作，定期对捐赠档案资料接收、整理、入库和利用情况进行统计分析，为更好地开展接受捐赠档案资料工作，促进海洋档案文化产品开发体系运行提供支撑。

（六）管理服务

为了更好地服务海洋档案文化产品开发，丰富馆藏海洋档案文化资源，捐赠档案资料接收进馆后，在保障其安全并及时服务海洋档案文化产品开发的基础上，应采用颁发捐赠证书、跟踪随访捐赠者、反馈捐赠者档案资料利用情况等方式方法，促进接受档案资料捐赠工作持续健康发展。

颁发捐赠证书不仅是对捐赠者的一种尊重和感激，也是鼓励更多人参与捐赠和支持的一种方式。根据捐赠档案资料的规模和重要性，可视情况举办捐赠仪式，同时积极利用报纸、杂志、电视、电台、网络等传播平台，对捐赠档案资料相关工作进行宣传。捐赠仪式可以是专题活动，也可借助其他档案相关的活动。如"蓝色印记"档案展厅开展时，邀请了多位档案资料捐赠者或亲属参加活动，活动期间举办了捐赠仪式并颁发证书；在"国际档案日"活动期间，通过举办接受捐赠档案资料主题展，邀请到多位捐赠者代表参观展览，并向其颁发捐赠证书。

捐赠档案资料接收进馆后，应保持与捐赠者的联系，通过电话、微信、信件等方式，定期向捐赠者提供其捐赠档案资料的使用、展示、研究成果和保护状况的基本情况，并利用各种契机登门回访捐赠者。通过这些延续跟踪措施，可以更好地维护和深化与捐赠者的关系，这不仅有助于提升档案机构的专业形象，也能够激发更多人参与档案捐赠的积极性。如2019年接收张孝威先生的档案资料时，其女儿提出在老家还存放着张孝威先生大量未整理的工具书、照片、手稿、著作等档案资料，但因照顾母亲无法回老家整理，在以后的五年里，负责该项目的工作人员与其保持了常态化的联系，问候其母亲身体状况等，2024年捐赠者主动联系工作人员，她回老家整理了其父亲张孝威先生留下的档案资料，并全部捐赠。

三、海洋档案资料接受捐赠实践基本情况

在海洋档案文化产品开发实践中，接受海洋档案资料近8000件，有著名海洋人物的简介、手稿、著作、工作照片，有重大海洋事件的管理文件、照片，有海洋文化宣传书籍报刊、歌曲专题片，也有海洋仪器、标本、模型、服装等实物档案，有效地补充了馆藏资源的不足，为多个主题产品的开发提供了可靠的优质的资源，其类别、内容和捐赠方等基本情况见表5-6。具有代表性的实践案例是29名专家档案资料、老旧海洋观测仪器和一些重大事件见证材料。

表5-6　接受捐赠档案资料的基本情况

序号	类别	档案内容	捐赠者
1	1963年提出《关于加强海洋工作的几点建议》的29名专家档案资料	刘好治、李法西、刘光鼎、文圣常等12位专家手稿、著作、工作照片、获奖证书等档案资料	家人和学生及曾经一起工作的同事
2	海洋人物档案资料	周绍棠、王铎、齐勇、沈振东、罗钰如等海洋人物工作照片、回忆录、人物传记等人物资料	家人及曾经一起工作的同事
3	海洋重大事件、重要工作档案	1958年全国海洋综合调查、极地科考、中日黑潮合作调查研究、国际合作、岛礁考察等档案资料	亲历者和相关资料收藏人员
4	海洋管理档案文件	海洋管理工作建议、功能区划报告请示等文件	相关工作亲历者
5	海洋文化宣传档案	海洋邮票、纪录片脚本、纪录片、报刊、书籍、海洋日活动视频等档案资料	相关工作亲历者
6	海洋仪器标本模型服装等实物档案	海洋调查仪器、观监测仪器、雪龙号模型、企鹅标本等实物	有关单位和实物所有人

（一）29名专家档案资料

1963年，国内29名知名气象和海洋专家联名上书党中央和国务院，提出《关于加强海洋工作的几点建议》，直接推动了1964年国家海洋局的成立，开启了新中国海洋科学研究、海洋调查和海洋教育的发展之路，在新中国海洋事业发展历史上留下了浓重的一笔。至2023年，累计收集29名专家档案资料近3400份，均为捐赠档案资料。海洋档案文化产品开发实践中，以接受捐赠的29名专家档案资料为素材，开发了专题展览"铭记·传承·弘扬——29名专家档案信息展"和短视频《寻路漫漫 初心永恒——新中国海洋不能忘记的29名专家》。2019年，在"蓝色印记"档案展厅里，设立了29名专家档案专门展示区域，陈列了29名专家手稿、笔记、使用过的书籍、各类证书等捐赠的档案资料，吸引了观展者的驻足停留。随着档案资料收集工作的深入，综合网络文献资源，29名专家生平和贡献相关信息整编工作逐步深入，相关文稿通过"海洋档案"微信公众号向社会公开发布，于2023年编撰形成《智海灯塔》一书。

（二）老旧海洋观测仪器

为了更好地展示新中国海洋事业发展历程和取得的成就，2019年，在建设"蓝色印记"档案展厅过程中，综合考虑海洋调查观测监测在海洋工作中的重要性和科学意义，拟在展厅展示能反映我国海洋调查历史的仪器设备，但馆藏资源中缺失该类档案实物。通过调研仪器设备厂家和一线海洋观测站，终于在天津海洋环境监测中心站发现了线索，经沟通协商，天津海洋环境监测中心站捐赠全部换代的海洋观测仪器，主要有温度、湿度、气压等自动记录仪，有颠倒采水器、空盒气压表、三杯风速风向仪、海流计，有浮标上的风传感器、船舶测报温湿传感器、实验室盐度计。这些设备与相应展区展示的调查观测监测档案及卫星、大型浮标、漂流浮标等现代观测设备形成了呼应和对比，很好地赋予展厅传播海洋历史和科学知识、宣传新中国海洋发展成就的作用，而使用过这些设备的老一辈海洋工作者，观展时会讲解这些设备的科学知识和他们的海上工作经历，似乎给这些老旧海洋设备赋予了新的生命。

（三）重大事件见证材料

在接受捐赠的档案资料中，不乏非常珍贵的反映我国重要海洋事件的佐证材料，这些档案资料如涓涓溪水汇集到中国海洋档案馆，在海洋档案文化产品中发出了闪亮的星光。如，李鸣峰先生生前捐赠的1958年全国海洋综合调查"五好队员"证书和1983年我国第一次海洋行政巡航执法时执法队员的服饰、海洋监察证及起草的关于海洋管理建议的手稿；谭征先生捐赠的1989年首次横跨南极大陆六个勇士的亲笔签名、我国发行的第一套海洋邮票和明信片及编写的相关文稿；朱章华先生捐赠的在参加我国首次远洋科学调查中形成的工作照片、工作总结、贺信、日记等。

在这些接收捐赠重大事件见证材料的同时，还收获了这些档案资料背后无数生动的鲜为人知的故事。这些捐赠的档案资料及其背后的故事，经精心梳理和挖掘，开发形成了非常好的海洋档案文化产品，有的从一份材料入手编撰文稿类海洋档案文化产品，如科普文章《在纸里游泳的鱼》就是讲述了我国首套海洋邮票中的故事和相关知识，短视频《太平洋上放气球》就是以朱章华先生捐赠的档案资料和口述历史资料为基础，讲述了我国首次远洋科学调查中的点点滴滴。在"蓝色印记"档案展厅有关海洋重大事件展区的展柜里，陈列了不少接受捐赠的档案资料，相关的背后的故事经讲解员讲述之后，使观展者对相关海洋事件有了更深的了解和认识，也感受到了展厅的魅力。

第六节　海洋口述历史采集

海洋口述历史作为海洋档案的一种补充形式，是海洋档案文化产品开发不可或缺的信息资源。采集口述历史是帮助梳理海洋重大历史事件脉络，助力海洋档案文化产品开发的重要途径之一。

一、海洋口述历史采集程序和方法

海洋口述历史采集工作程序主要包括馆藏档案主题分析、了解和掌握亲历者情况、确定和沟通亲历者、拟定采集大纲、准备相关记录材料、采访亲历者实施口述历史采集、口述音频规范化文稿转录及相关信息整理和保管等。

（一）确定采集主题

口述历史采集拟选择海洋工作领域上具有标志性意义或在社会舆论中产生广泛关注度和影响力的事件为主题，以点带面，总揽相应领域工作的发展和成就。总体上以新中国海洋事业发展历程和成就为主线，以海洋综合管理、海洋调查、国际合作等领域中具有代表性的节点事件为重点，采用"抽丝剥茧"的方法，实现主题事件从抽象到具体、从宏观到细节的落地。同时结合口述历史采集实施进展、海洋档案文化产品开发需要及采访对象提供的信息线索，补充或调整采集主题，获取相关事件的口述历史资料及相关资料。

口述历史采集一般情况下是多人次同一个主题，但讲述侧重点或者角度不同。通过多人讲述同一主题，内容上可以起到互相补充和佐证的作用。也可以一人次多个主题，以海洋档案文化产品开发主题为重点，结合口述者的工作经历进行可行的主题延伸。如2022年，"中日黑潮合作调查研究"主题采集工作中，拟定的3位口述者分别为联合国教科文组织政府间海洋学委员会主席、中国首次大洋环球科学考察首席科学家、中国首次南大洋科学考察年龄最小考察队员，因此将采集对象的相关经历作为延伸主题进行了深度采访，不仅提高了口述历史采集的效率，而且丰富了口述历史采集主题，为后续深入相关主题采集工作奠定了基础。

（二）选择口述者

口述者的选择应综合考虑其身体状况及其经历与采集主题的契合度，遵循多角度、多层次、多角色、最大限度地弥补历史记录不足的原则。口述者应是对主题事件最知情的亲历（见闻）者，身体状况较好，记忆清晰，语言流畅，善于表达或者有意愿表达。在工作实践中一般根据采集主题设置或采集工作计划安排进行选择。

1. 综合类

以采访人物个人履历为主线，获取其人物生平、科研成果及工作中亲历的重要事件等信息。主要采集三类人群：一是原国家海洋局历届党组成员、领导班子等决策层人物，了解其从事海洋工作中亲历的重大事件及其背后的故事；二是海洋系统的两院院士，通过了解其科研活动、学术成就等，知晓我国海洋科技发展的重大进程；三是海洋管理、国际合作、权益维护、海洋经济等领域资深专家，通过采访他们了解我国海洋历史上的重要节点和重大事件。

2.事件类

按照拟定的重点采集主题事件，确定采集方向和事件采集对象，其信息来源包括馆藏档案信息梳理、综合采集对象提供和网络信息搜集等。事件采集口述者有三类：一是主题事件的组织者和策划者，二是具体实施的管理者和有关领军人物，三是一线和基层的直接执行者。确定事件采集口述者应充分考虑其覆盖面，避免出现因选择单一而导致口述历史资料冗余或不全面。

3.补充类

就馆藏人物和重大事件的档案资料及已经开展的采集主题事件，根据人物信息采集和事件采集过程中获取的新线索，及时补充采集主题和采集对象，丰富和完善馆藏口述历史资料。

（三）采集准备

采集准备工作是口述历史采集质量的关键，准备工作应从采集者、口述者和采集内容等多个方面入手。

1.了解口述者

通过媒体报道、人物咨询、著述作品等渠道，多角度地了解口述者的家庭环境、社会背景、文化结构、专业所长、性格特点、成长经历等，可以为采集策划、设计和沟通提供相关信息。联系口述者所在单位或部门，介绍口述历史采集工作的目的、意义和进展情况，了解口述者的工作、生活和身体等近况及讲述意愿，获得相关单位对口述历史采集工作的支持和协助。

2.采访预沟通

实施口述历史采集前，应提前与口述者充分沟通。以尊重口述者、提高对彼此的信任感和便于双方做好准备为目的，采用直接或间接沟通的方式，有条件的登门拜访，无条件时通过电话或转达。沟通内容包括：向口述者说明采集目的和意义及口述历史资料保管利用的原则和方法；进一步了解口述者在主题事件中的角色、经历和主要贡献；商议采集的时间、地点、内容等。

3.拟定采访提纲

采访提纲不仅是现场采集的工作依据，而且是口述者提前准备的参考。拟写采访提纲应做到：建立在与口述者前期沟通和了解主题事件的基础上；提纲内容应围绕主题，简明扼要，实事求是；以尊重口述者为先、挖掘事实细节为重，突出口述者的经历及所见所闻；内容兼顾普遍性和专业性，即要有社会公众都能够听明白的故事，也要有反映海洋领域特点的技能，既要有反映人文精神的动人细节，也要有表现攻坚克难的科学作为。即海洋口述历史采集不能回避专业性比较强但又能反映事件性质的内容。初拟提纲后，应征求口述者的意见，不合适的内容要及时修改。

4.提高专业素养

海洋口述历史采集必然会涉及发展历史、专业技术和科学管理等多方面的海洋知识，采集者应具备相应的专业素养，针对采集主题做足功课，要掌握现有的关于主题事件的重要信息及其盲区，掌握主题事件涉及的相关领域基本情况和专业术语、技术语言等，确保在访谈过程中就某些专业问题交流时能够顺畅，促进采集对象更愿意或无意识地提供更多的信息。

（四）现场采集

现场采集是口述历史采集工作的主要环节，拟以视频采集为主，辅以录音、照相、文字记录等多种方式。

1.选择采访地点

中国海洋档案馆设专门口述历史采集工作室，具有良好的隔音设施和灯光效果，凡能来馆的受访者，其采访都应安排在专用工作室内进行。不能来馆的，应与口述者沟通，根据口述者的身体状况和所属单位管理情况，首选办公室、接待室、会议室等工作场所，其次选择口述者家的客厅、书房，或选择酒店等临时租用的场所。尽量选择环境整洁、安静、安全的场所作为采集地点。

2.布置采访环境

采用专业级数码录音录像设备，选择优质、标准的存储介质。调试采集设备处于最佳待机状态，确保采集质量。充分考虑用光要求、机位安排和画面要求。录制过程中控制现场人数，减少杂音影响，口述者应尽量使用无线领夹麦克风，确保录音效果。采集主持人与口述者之间保持一定的距离，选择面对面或稍偏离的方式，摄像机位置要确保口述者在讲述过程中的视线直视镜头。现场如有其他倾听者时，应避免"围观"方式，保持口述者的视线始终在同一个方向。多人同时采集时应设立多个辅助机位、多个无线领夹麦克风。口述者的座椅以舒适为主，确保口述者始终以比较好的精神面貌呈现在镜头之下。

3.控制采访节奏

采集者应控制好访谈节奏，按照采集提纲进行访谈的同时，密切关注口述者的状态。一是要避免口述者疲劳，口述者尤其是亲历者一般年龄偏大，一次的讲述时间最好不超过1个小时，口述者有需求时应立即停止摄录。二是要避免口述者过于激动，讲述有感情且生动是一份优质口述历史资料的表现，但过于兴奋容易引起口述者身体的不适，采集者可以用新的话题让口述者从自己的情绪中走出来。三是要避免讲述内容偏题，采集者要把握讲述节奏，及时引导口述者把讲述话题转移到主题上来。四是采集者应专注倾听，避免与口述者进入频繁的问答交流，如有不明之处，应将问题及时笔录，待口述者讲完后再核实。

4.采集采访信息

现场采集时要同步收集两方面的内容，一是口述者的基本信息，尽可能地记录口述者的主要经历，尤其是在主题事件中的角色，时任职务、单位等。二是在口述者同意情况下，现场收集采集对象提供的照片、手稿、书籍等资料，尤其是口述者撰写的回忆文章，不能提供资料实体的，应通过现场扫描收集并做好记录。

二、口述音视频文稿转录

音视频文稿转录是指将口述的语音内容逐字逐句、原汁原味地转成文字描述，不经过任何修饰处理，不改变口述内容的前后顺序和口述者的用词习惯，达到"闻声如见其人"的效果。

（一）文稿转录目的

音视频文稿转录是保管、利用和开发口述历史资料的重要环节。音视频文件在检索利用方面尚无法如同文本文件那样实现全文检索，一是音视频存储形式为顺序文件，二是口述者口音和一些特定语言环境为检索带来很大困难。通过将音视频文件中的语音转为文本文件，可以解决口述者发音不规范影响正确理解语义的问题，并通过标注文字与语音在时间上的对应关系，为了解口述内容和找到所需音视频提供了快捷的途径。同时，音视频文件中的语音是口述历史资料的主体，将其转为文字，能更好地对口述历史资料进行保存。

（二）文稿转录原则

1.实事求是

文稿转录必须尊重和保留口述者的原意，逐字逐句将语音转为文字，切勿对转录者的话语进行概述或删减。转录中遇不清晰、有歧义的内容，须经过考证和核实，转录者不可进行臆测。

2.去粗取精

与主题无关或偏离主题的内容无须转录，但应在文稿相应位置加以说明，并标注其内容对应的时间点，如此，可为准确使用口述历史资料提供依据。同时，连续的、重复的口头语或词句，可在不改变原意的前提下进行删减，无须重复转录。

3.确保安全

文稿转录过程中应保证口述历史资料信息的安全，如内容涉及国家秘密，应该在相关专用机器上进行。不涉及国家秘密内容的一律按工作文件的管理要求执行。一般情况，不得在外网机器上转录口述历史，不得使用在线语音转换软件，不得传播涉及敏感信息的口述内容。

（三）文稿转录要求

1.单元划分要合理

文稿转录以一人的连续采集内容为一单元，这里所说的连续采集包含了采集过程中因故暂停后继续采集的全部内容，与形成一个还是多个视频文件无关。一人采集形成的多个录音录像文件应合成一个音视频文件，对应转录为一个文本文件，并确保时间上的连续和准确。若采集时间超过一个连续的工作时间，如采集工作需分上午、下午进行，也可以按照连续工作时间形成音视频文件。多个口述者同时采集且能区分为单个人次的，则应以口述者为单位拆分成多个转录单元，形成多个文本文件；无法区分时，则将音视频作为一个转录单元。

2.文稿格式要规范

文稿转录工作拟在 Wps office 和 Microsoft office 等通用软件上录入编辑，采用章、节和自然段落的体例结构。章、节划分要清晰，拟写的题名应能反映章、节的主要内容。每章题名后面应标注文字对应语音的开始时间和结束时间，每节题名后面标注文字对应语音的开始时间。一般情况下，每节文字字数不宜过多，对应有效语音时长不超过10分钟。文稿应规范使用汉字、标点符号和划分自然段落。自然段落要符合口述逻辑，每个自然段落内容不宜过多。采集者与口述者之间的对话形式应保留，在每次对话开始前，用"×××:"形式标注采集者或口述者的姓名，多人同时口述时，均应标识。

3.文字表述要准确

文稿转录中应保证口述历史资料的准确性、客观性和真实性，对不能准确理解或不清晰、有歧义的内容，应与当事人沟通或查找档案文献、咨询知情人，以确保将其转录为口述者想表述的内容，尤其是海洋学科名称、调查仪器设备名称、项目名称等海洋领域专业用语，以及历史事件涉及的相关事件、人物、时间、地点、背景信息等特定用语，转录为文字时，都应与正确词语一致。

　　4.存在问题要处理

　　无法解决的或影响阅读理解的内容，应在文稿对应位置加以注释，注释应置入括号。因听不清楚而无法转成文字的，应在相关位置用"（……）"替代；前文中提到的事件、人物、设备等名称，下文中用指示代词、名称代词或口述者没有明确表达的，应将指代内容填入括号中；三是口述者讲述内容前后矛盾，或经考证与事实不符合的，在保留原文基础上，接续把正确内容用"（应该是：×××）"标注；四是文稿提到的人物、单位、项目等没有使用全名时，应在首次出现的位置，接续将全名用括号标注。

（四）文稿转录方法

　　1.预处理

　　文稿转录前应对采集的音视频文件进行预处理，即删除音视频文件中与采集主题无关的陈述、偏离政治方向的个人评述、涉及他人个人隐私的内容，及出现突发事件且未能及时停止录像的内容，如与采集无关人员介入、口述者离场、聊天等。文稿转录可使用视频文件或音频文件，一般情况为预处理后的压缩文件，以减少存储空间，提高运行效率。

　　2.全文转录

　　全文转录是文稿转录的第一步，只有完成全部语言转成文字后，转录者才能全面掌握口述内容，才能发现有歧义的内容并予以纠正。转录者可以根据个人习惯及对语音识别的接受程度，采用边听边转录或听一段转录一段的方法。转录一段完整的语音，一般都要反复视听，从慢到快、从连字组句到补充完整等。

　　全文转录时应标注文字对应的节点时间，以实际语音结束为主，一般精确到秒，可以标注在段落的开始位置，也可以标注在结束位置。首次节点时间标注应尽量缩短间隔，一般以一个或多个自然段落为节点，若内容特别重要或自然段落过长时，可以在适当位置增加时间节点标注。在全文转录过程中，应对不完整内容进行补充，从而提高上下文的一致性，增强口述内容的逻辑性，纠正不准确、不完整的内容，对那些无法解决或需要考证的内容，采用特别颜色或字体进行标注。

3.划分章节

基于对整个单元全文的理解和掌握，在不改变文稿内容原有秩序的前提下，对单元内全部文字进行章节划分。划分先从"节"开始，每节可以是一个或者多个自然段落，内容较其前后相对独立，主题明显，语音累计时长不超过10分钟。每节应有标题，其题名无须对本节内容面面俱到，反映主要内容即可，尽量使用间接的语言，节题名结束位置接续"（开始时间：××：××：××）"标注。

内容上有较好的秩序、主题比较完整的一个或多个连续的节可以合并为"章"。如果采集内容与采访提纲基本一致，则可以按照预设的采集提纲作为"章"设置的依据。每章标题可以从节标题中提取凝练，标题内容应该便于理解、一目了然，可以是由多个重要关键词组成的完整的词句。章题名结束位置接续对应语音的起止时间，用"（录音时间：××：××：××—××：××：××）"标注，其结束时间应与下一章的开始时间一致。

4.考证注释

口述历史资料中需要考证的情况主要包括：上下文不一致，存在明显错误，语句不完整，语音不清晰，指代不明，语音和文字无法对应，等等。出现这些情况可能是因为：海洋口述历史资料历史感比较强，转录员对口述者熟悉的人物、事件等没有直接的感知，无法准确地对应到相关文字上面；海洋口述历史资料专业性比较强，由于海洋领域知识的局限性，转录员无法将口述者语音中专业词汇、外文词汇或一些缩略词对应相应的文字上；口述者以老一辈海洋工作者为主，一般都有比较重的地方口音，有的年事已高，时有记忆出错、口齿不清或讲述不完整的情况。

考证时可根据考证对象采用不同的方法，一些重要历史事件、专业词汇、著名人物、地名等相对通用的信息，可以通过网络搜索进行考证，如专业机构网站、百度百科、文献数据库等。一般海洋事件及其时间、地点和人物等信息，可以查阅馆藏海洋事实数据库和馆藏档案。有的通过口述文稿的上下文就可以得到相关信息，有的需要咨询相关领域专家和知情人，才能进一步佐证相关信息的准确度。总之，信息考证是"顺藤摸瓜"的过程，须经过多个相关线索查找，才能看到"庐山真面目"。凡经过考证和核查确定的内容，若是补充的，则应在文稿中用括号注释，其余可在相应语音位置直接转录为文字。

5.校对审核

文稿转录是个非常细致且烦琐的工作，需要转录者有较好的耐心和一定主题事件知识、海洋领域的知识。为提高文稿转录的质量，一个整理单元可以安排一人全文转录，一人校对审核，一人通览审核，转录者、校对者和通览者不为同一个人，必要时增加校对次数。校对人员应边听口述音视频文件，边对文稿内容逐字逐句审核，发现问题应及时修改、补充和完善，重点是对不完整内容进行注释，对不准确内容进行考证核实，划分段落、章、节及其节点时间标注是否准确，对文中未精简的重复语句和口头语进行删除。通览审核是文稿转录的最后一个环节，一般情况下无须视听口述音视频文件，直接浏览全文，重点审核内容的准确性、上下文的逻辑关系及一致性、注释内容和标识信息的规范性等，必要时通过视听口述语音或视频文件进行核实。

三、口述历史资料整理保管

口述历史资料作为馆藏档案资源的补充，也是档案馆业务工作的成果，应进行全面收集并规范整理，纳入馆藏档案资料保管。

（一）基本信息收集

1.口述历史采集基本信息

以一次连续采集工作为单位收集，基本信息应包括口述者、主持人、口述时间、口述地点、参加人员、视频总时长、视频录制人员、视频剪辑人员、文稿转录人员、校对人员、通览排版人员、主题内容、分段内容、版权（组织）、利用权、口述语言及说明等，并以制表形式记录。

2.口述者基本信息

以一个口述者为一个单元收集，其基本信息包括口述者类别（亲历者/亲见者/亲闻者)、姓名、曾用名、性别、民族、国籍、籍贯、出生日期、口述时年龄、政治面貌、文化程度、工作单位、现任职业/职务、住址、电话、传真、电子邮箱、口述者与亲历(见闻)者之间的社会关系、个人履历等。重要信息缺失或有歧义时，可以从海洋事实数据库、网络等进行搜集和考证。口述者基本信息以制表形式记录。

3.口述者捐赠资料基本信息

以捐赠者提供资料的"自然件"为单元收集，照片、实物等均按独立的载体为单元，其信息主要包括资料名称、形成日期、责任者、页数、密级，并说明是原件、复印件还是扫描件的状态及与口述者约定的使用限制等。

(二)整理保管内容

口述历史资料整理保管内容涵盖一次口述历史采集工作从前期准备、组织实施、总结整理等过程中形成的全部文件材料。

1.前期准备文件材料

收集整理形成的反映口述者信息的文件材料，编制的采集工作方案、采集参考提纲，与口述者或所在单位之间的沟通记录等。

2.现场收集文件材料

预处理后形成的口述音视频文件，精选的现场工作照片，现场采集基本信息，口述者基本信息，与口述者签订的采集协议书，口述者捐赠资料等。

3.整理总结文件材料

采集实施情况总结，相关工作新闻报道，口述历史音视频文稿，口述者捐赠资料清单、捐赠协议、捐赠证书复印件等。

(三)分类保管方法

口述历史采集形成文件材料应按照音视频文件、捐赠史料及其他文件材料进行分类保管。

1.现场采集音视频文件

纳入馆藏声像档案数据库，并逐步实践媒资系统管理。保管对象是预处理文件，包括主机位、副机位和移动机位形成的全部有效音视频。同时以音视频文稿中的"节"为单位进行提取，并形成音视频查询检索数据，由媒资系统一并管理。

2.口述者捐赠史料

纳入馆藏史料统一保管，按照纸质材料、电子文件和实物等不同载体类型进行规范整理和有效性标识，更新馆藏史料台账。

3.其他文件材料

其他文件材料包括采集基本信息表、口述者基本信息表、口述文稿、录音录像形成的标注、口述者提供资料清单、采集协议书、采集工作方案、采集参考提纲、采集实施情况、新闻稿、采集现场照片等。以上材料一般以汇编形式保管，即按顺序打印一套纸质材料装订成册，并制作封面和目录。原则上，一个整理单元装订一册，并确保纸质材料与电子文件的一致性。

四、海洋口述历史采集基本情况

口述历史采集工作以海洋档案文化产品开发需求为牵引，以抢救保存海洋历史为目的。2017—2023年，采访亲历者约90人次，获口述历史音视频6000分钟，口述者捐赠资料数百份。口述历史的主题内容及其口述者主要有三个方面：

一是以海洋事件为主题，主要事件有：①"重庆号"起义，口述者是该起义发起人之一，为自然资源部第一海洋研究所原副所长王颐桢；②1958年全国海洋综合调查，口述者包括时任海洋综合调查办公室秘书、一线调查队队员、资料整编人员等；③我国首次洲际导弹发射全程飞行试验，口述者有"718工程"办公室成员、"向阳红五号"船气象分队队员；④中国南沙永暑礁海洋站建站，口述者有事件组织策划推动者、第13次海委员会议中国代表团成员、1987年南沙科学考察队队员、永暑礁海洋站观测仪器研制和安装小分队队员、工程施工人员等；⑤"中美热带西太平洋与大气相互作用研究合作""中日黑潮合作调查研究",口述者有项目前期策划者、中方协调员、首席科学家、一线调查人员等。

二是以海洋档案为主题,口述者以一件(卷)档案为对象,讲述其亲历的或亲见、亲闻的档案背后的故事。主要档案有:①1963年,我国29名专家提出的《关于加强海洋工作的几点建议》;②原国家海洋局王府井办公大楼照片;③印度洋、太平洋、大西洋的"三大洋"水文环境图集;④海洋系统第一台电子计算机"108乙机";⑤20世纪70年代开展的"漂流瓶"施放项目档案;⑥新中国第一套海洋邮票;⑦1989年首次横跨南极大陆六个勇士的签名本;⑧《中国海监》《中国海洋报》等领导题词。

三是以海洋机构为主题,口述者讲述其经历的重要节点事件,讲述对象主要有两个机构。国家海洋局,口述者有原国家海洋局机关各级管理人员,讲述内容包括国家海洋局成立、历次机构改革、重要职能变化等节点事件和开创性成就;国家海洋信息中心,口述内容包括其基础设施建设、海洋情报研究、海洋潮汐潮流预报、海洋文献编辑服务、海洋经济和规划、海洋国际合作等业务领域的发展节点和主要成就,口述者均为相关工作的亲历(见闻)者。

海洋口述历史资料很好地丰富了馆藏海洋档案文化资源,为多个档案视频增加了真实、生动、形象的元素。多篇口述历史资料文章在《中国档案报》等主流媒体上发表,并以内容相对丰富的永暑礁海洋站建站、"向阳红五号"船主题的口述文稿为基础,中国海洋档案馆整理形成了《南沙丰碑》《红五船上的风和雨》两部口述历史资料成果汇编。

第七节 珍贵史料高度仿真

复制的最初和主要目的是保护档案或珍贵史料原件,1500多年之前,伴随纸张成为主流的文字载体后,修复技术成为主要的复制手段。随着信息时代的到来,现代的仿真复制技术出现并越来越成熟,被广泛应用于档案的仿真复制,尤其是珍贵史料的高度仿真复制。

一、海洋珍贵史料复制

（一）海洋珍贵史料

珍贵史料因其稀有且蕴含不同寻常的历史意义和社会价值，引起了人们的重视和珍惜，是史学家们的研究对象，更是档案馆、博物馆、图书馆等文献资料管理部门广泛收集和保护的对象，也是中华优秀文化传承传播的重要载体。海洋珍贵史料是海洋档案文化产品开发重要的资源。

新中国成立以前反映我国海洋工作和海洋状况的涉海史料，散存在不同机构甚至个人手里，一些散存在国外相关机构，如牛津大学鲍德里氏图书馆保存的《顺风相送》，该书成于明朝中后期（16世纪晚期），记载了中国人的航海线路及沿途山川地形，是反映我国海疆和海洋状况的重要文献资料，书中第一次出现了"钓鱼屿"的名字；中国国家图书馆馆藏的《盛朝七省沿海图》，绘制时间为清嘉庆三年（1798），该书承载了大量的自然信息，真实地记录了当时的地理环境和一个时期的行政区划，具有地图、地理、军事等多方面的价值。

新中国成立以后的海洋珍贵史料一般都保存在相应的形成单位，一些知名海洋人物或其后人珍藏的重要工作手稿和书信等散存在个人手里。

（二）复制、仿真和高度仿真

收集散存在其他组织机构或个人手里的珍贵史料是丰富海洋档案文化资源的重要途径，但一般保管机构或个人不会捐赠或出售其收藏的原件。考虑这些史料在海洋档案文化产品开发和服务中的作用，主要是展示史料的成品或局部及相关信息等，所以更注重其展示价值和原貌，故无需苛求是否是原件，因此仿真复制成为获取这些珍贵史料的最佳手段。

复制是泛指对原件制作成一件或多件的过程，根据其制作过程及与原件的相似程度，有一般复制、仿真复制和高度仿真复制三种形式。一般复制以保留原件内容为重点，不考虑其材质和色彩等相似度，如日常的纸质文件复印、电子文件载体备份等。根据《档案仿真复制工作规范》，仿真复制是"指采用临摹、印刷、摄影、复印、扫描、打印等技术和方法，将档案原件的文字、图像、外形、质地等信息再现到相同或相似的载体上，生成内容、形式、外观都与原件相似的复制品的过程"。而高度仿真复制与仿真复制的主要区别在"高"，目前尚没有给出"高度仿真"复制的直接的定义，中国人民大学的周杰认为高度仿真复制是信息技术快速发展应运而生的仿真复制技术，满足了批量、高效生产的需要。[1]总体要求就是"仿制逼真"，即档案仿真复制应保持档案原貌，其内容、尺寸、形制与档案原件相似。

（三）选择史料仿真技术

史料仿真有手工仿真和数字仿真两种方法。手工仿真主要是由有绘画雕刻基础的人，对原作观察和理解后，利用多种工具按照原作进行1：1复制。手工仿真复制受制于人为因素，耗时长、费人力，如果仿真者的水平不高、状态不佳，复制件与原件还可能存在较大的差异。《韩熙载夜宴图》的复制耗时近3年，《清明上河图》的复制更是长达8年之久。数字仿真复制主要应用计算机、扫描仪、打印机等数字设备，以及扫描、图像处理、色彩管理、输出技术等信息技术实现对珍贵史料原件的原样复制。数字仿真复制相较于人工复制，体现了三个方面的优势：一是缩短了时间，减少人力物力的投入；二是缩小差异，数字仿真复制可更高程度地还原作品；三是具有可重复操作性，大大提高复制工作效率，降低复制成本。基于海洋史料收集目的及其在产品的作用，海洋珍贵史料主要采用的是数字仿真复制。

二、高度仿真复制要点

珍贵档案史料高度仿真复制件应与原件原貌、幅面尺寸、材质一致，这需要特定软硬件设备支持的，无论是购置设备开展自主仿真，还是寻找社会力量实施外协仿真，档案馆都需要不小的投入，因此在实施高度

---

① 周杰.档案高仿真复制技术——档案馆应用传统手工复制和计算机高仿真技术的研究[J].档案学研究，2013，（5）：54-57.

仿真复制过程中，需要把握高度仿真对象的价值及其复制件的质量，并对其实施安全有效地保管。

（一）确定高度仿真需求

确定一份档案资料是否需要高度仿真，应从两个方面来考虑：一是看其原件的材质和年代，如果形成年代比较近，质感一般，色彩也比较单一，则可以选择简单的复印（打印）或一般仿真，如果是年代久远的档案资料，其材质必然不同于现代的通用材质，则可考虑高度仿真。如德国占领青岛时期（1898—1914）的历史气象资料，因其材质一般、白纸黑字，展览时选择了一般的复印件，海洋舆图等明清时期的资料，因其色彩丰富、幅面特别、珍稀程度高，一般选择高度仿真，以充分表现其年代感。二是看其价值和珍稀程度，重要人物的手稿、书画，尤其是题词类材料，其仿真件需要与其保持高度一致，如党和国家领导人的题词一般选用高度仿真，其他人物手稿和档案文件则选择复印。

（二）高度仿真复制质量控制

高度仿真复制不同于普通的仿真复制，因其对色彩、材质、装订、保护及制作的流程都有更高的需求，在高度仿真复制过程中需要从以下几个方面对其进行质量控制。

1.色彩还原

海洋珍贵史料主要为海洋舆图，为了区分和标识地理位置、基础设施、地貌等，舆图的色彩丰富、鲜艳，并且颜色布满画面，因此还原难度大且要求较高。数字仿真技术为色彩还原提供了较高的技术支撑，如高性能的采集设备扫描原件和输出仿真件，高性能显示器和适宜的显示环境逼真显示扫描图像，专业的色彩管理软件调节扫描图像色彩。色彩还原的质量控制需贯穿数字仿真的每一个环节，才能在最后的输出环节获取到色彩还原度高的仿真件。为做到控制，首先是把关各类数字仿真设备的性能和功能是否匹配待仿真件的复制要求，其次监控仿真复制地点的光线亮度、显示器的角度等是否适宜扫描图像的逼真显示，最后对输出的仿真复制件的色彩还原度进行质检，对色彩的深浅、明暗等是否一致进行比对。不偏色、图像层次不丢失、字迹和图像洇化程度与原件的复制件一致视为符合要求。

2.材料一致

仿真用纸类型繁多，目前主流的纸张类型和其特点如下：①宣纸，中国传统的书画用纸，因其质地柔韧、色泽温润、吸墨性强等特点，常被用于书法、绘画及高档档案仿真复制；②仿古纸，具有古色古香的纸张，通常用于仿制古代文献、书画等，其颜色、纹理和质感都能较好地还原古代纸张的特点；③特种纸，根据不同用途，介于纸张和纸板间的一类厚纸的总称，具有多种质感和视觉效果，可根据档案仿真复制的具体需求进行选择；④铜版纸，表面光滑、洁白度高，吸墨着墨性能很好，主要用于高档图书的封面和插图、彩色画报、各种精美的商品广告、样本等；⑤照片打印纸，具有较好的色彩还原度和清晰度，适用于图片类（含照片）档案的仿真复制。

仿真材料的纸张选择主要从材质相近和寿命延长两个方面把控。首先是把控纸张质感，从纸张的质地、薄厚、颜色、纹理都极其接近原件为基准，其次是把控纸张的寿命延长性，即以选择纸张的耐久性、耐折度好且保存时间长为标准。

3.质感相同

收集的海洋珍贵史料主要形成于明朝、清朝和民国时期，随着时间的流逝，史料显现了发黄、破损、老旧的情况，"旧"是无法通过信息技术仿真的，只能通过人工做旧的方式，让仿真件更贴近原件效果，即实现视感和触感还原。在之前的环节质量控制到位的基础上，做旧是仿真"逼真"的重要环节，这个环节的质量控制重点在是否将原件中发黄、破损、老旧等地方做旧到位，并且做旧不能过度，要恰如其分。

4.装订精致

海洋珍贵史料的形态受当时的社会条件和存储条件的影响，完好度、完整度难以保证，有些史料装订保存，有些史料散落存放。但是仿真件装订不一定要还原，而是应根据仿真件的形式、用途确定是否装订、如何装订。海洋史料用于展览展示较多，因此装订的质量控制以保护史料、精致展示为原则，根据史料仿真件的特点，结合史料的展示效果、存放环境等因素进行把控。海洋类的珍贵史料多为纸质材质，有成册线装、大幅面单页折叠、小幅面单页展平、卷轴装等不同类型。

古籍和幅面小于 A3 的多页且大小均匀的舆图仿真件，采用古线装订成册；单页的长卷纸小幅面长且窄，内容包含图和文字，沿文字或图幅间隙经折后装订成册，多册为一套；单页长幅面舆图仿真件且窄，多为一整幅画面，画面连续且无间隙，采用卷轴装订成束；大幅面舆图仿真件且长且宽，为一整幅画面，采用单页折叠装。

（三）选择适宜装具

一般来说，史料高仿真件应按照原件规格配备装具，但是大多数原件经过数年的流传或散落，没有完好的装具甚至没有装具，因此装具无法"仿真"。需要根据高仿真件的大小、材质、类型、装订等特性特制装具。目前主流装具有四种：①函套，厚纸板外裱纺织品、纸张或其他材料制成的装具，可直接接触古籍，能够防挤压、防磨损，常见类型有四合套和六合套；②盒套，对于册次较少较薄或卷轴式的古籍，一般采用盒套作为装具保存，保护古籍不受损伤；③夹板，在古籍的上下放置略大于古籍尺寸的木板，木板两侧打孔并穿入布带，根据古籍厚度调节布带长短并系紧，达到保护古籍的作用；④套盒和插套，插套由套盒和夹板组成，夹板包裹住古籍的封面、封底，可插入围住封面、封底和书脊的套盒中，提供全面的保护。

海洋类的珍贵史料多为纸质材质，有成册线装、大幅面单页折叠、小幅面单页展平、卷轴装等不同形式。根据仿真件的特点，结合史料的展示效果、存放环境等因素，一般选择纸质、木质、纺织品、金属、塑料的材质制作适合的装具。多页且大小均匀的舆图和古籍仿真件适宜用六合套或四合套装具，并用棉布、丝织品等无酸纺织品包裹装具，这不仅可防止多册书在移动过程中受损，在函套封面和脊背印刷史料名称，也可与史料本体组合展示。单页长幅面舆图仿真件适宜用木制盒装具，主要采用楠木和梨花木盒装具，保护卷轴装史料仿真件不受"压迫"而出现折痕。单页折叠装的大幅面舆图仿真件一般采用牛皮纸信封装具，单页展平且多页成套的舆图仿真件可以采用木制箱装具，保护舆图仿真件不出现折痕和破损，箱盖封面和内面印刷史料名称，打开箱盖可与史料仿真件组合展示。

三、海洋珍贵史料高度仿真复制实践

海洋珍贵史料高度仿真复制实践主要表现在珍贵史料的补充收集及馆藏珍贵史料的保护上。

一是对获得的珍贵史料图像数据进行高度仿真，获其原件的复制件。2016年，国家图书馆出版的《舆图要录》中包含大量的涉海舆图，遂提取涉海舆图目录，经过多次沟通和协调，达成了制作舆图影像数据的协议，获得其馆藏68项（共232幅、34册）具有重要研究价值的海洋舆图数字化文件，并高度仿真了《筹海全图》《盛朝七省沿海全图》。这两幅高仿品在2017年"国际档案日"的档案资料展览展示活动中，备受关注，取得了很好的宣传和展示效果。为了能够直观地展示我国及周边国家不同历史时期海岸、岛屿、海域状况，再现古代海图编绘原貌，更好地宣传海洋文化、传承海洋历史，发挥这些舆图在海洋档案文化产品开发中的作用，本次复制舆图采用外协方式，由专业公司完成了全部馆藏海洋舆图影像数据高度仿真复制，为海洋档案文化产品开发体系建设增添了一项厚重的文化资源。

二是基于馆藏珍贵史料原件进行高度仿真，获其复制件。复制内容主要包括党和国家领导人对海洋工作的题词、重大活动的照片、海洋工作者形成工作手稿等文件。出于对馆藏珍贵史料应用于海洋档案文化产品制作的实体保护，对部分珍贵史料开展高仿真复制，根据应用的需要或者对史料本体整体复制，或者对史料进行局部复制。例如，根据展示产品的需要，对手稿类史料进行整件复制；根据影像类产品的需要，对大幅面的海洋图件或文件，选取适合的部分进行局部复制。

第六章

海洋档案文化产品开发实践

海洋档案文化产品开发是体系建设中的核心内容，近年来，在海洋档案文化产品开发体系框架下，我们进行了多类型产品开发的实践，对海洋档案文化产品开发有了很好地认识和体会，形成了相关方法。本章重点介绍展览展示、档案视频、史料文章和档案整编等类型产品的实践情况，以及不同类型海洋档案文化产品开发的程序、方法和要点。

第一节　海洋档案文化产品开发要求、原则和方法

海洋档案文化产品开发实践应按照把准政治定位、提升业务能力和传承优秀文化的总体要求，遵循立足馆藏、需求导向、形式多元、循序渐进的基本原则，创新工作程序和方法，努力发挥档案在服务海洋强国和文化强国建设中的现实作用。

一、总体要求

（一）把准政治定位

海洋档案文化产品开发要讲政治。无论是党领导档案工作的政治定位，还是档案工作鲜明的政治属性，都要求在海洋档案文化产品开发工作中恪守和秉持鲜明的政治态度，始终坚定政治方向，本着对历史高度负责的态度，坚持以党和国家的需要为第一需要，在确保档案信息安全的前提下，加大海洋档案文化产品开发力度和深度，挖掘海洋档案文化内涵和科学价值，确保海洋档案文化产品开发始终保持正确的政治方向。

（二）提升业务能力

海洋档案文化产品开发应促进馆藏资源多样化，推动档案馆综合业务能力提升。一方面要通过开发海洋档案文化产品，进一步拓展档案资源建设渠道，补充丰富馆藏档案资源；另一方面在海洋档案文化产品开发实践中，不断提升档案馆的文化素养、历史意识和产品开发综合能力，为海洋档案利用服务和宣传工作提供新方法、新途径。同时，要注重产品的自主开发，锻炼和培养自主开发能力，增强海洋档案文化产品的"档案"显示度。

（三）传承优秀文化

海洋档案文化产品开发是体现档案馆海洋文化传播者形象的重要途径。要以传承中华民族海洋历史、传播中华民族优秀文化、弘扬中华民族伟大精神为第一使命，用历史的眼光、发展的视角，吸取精华、剔除糟粕，让庞杂、零碎的原始的海洋档案信息"华丽转身"，成为优秀海洋文化的传播载体，为海洋强国和文化强国建设贡献应有的力量。

二、基本原则

（一）立足馆藏，尊重历史

馆藏档案资源为档案产品开发提供丰富的资源基础，档案文化产品是传统档案文化传播的延伸和补充。海洋档案文化产品开发时要以馆藏为依托和主要素材来源，结合海洋工作和档案工作实际，在提炼和加工内容的同时，尊重历史事实，力求忠实和准确表达档案的风采和神韵，尽可能准确还原海洋档案承载和记录的文化和历史，突出海的"颜色"和"味道"。

（二）需求导向，服务社会

海洋档案文化产品是海洋文化记忆、存储、传播、教育和休闲等功能的拓展和延伸，是宣传海洋文化、提高海洋意识的具体体现，是社会性很强的工作。海洋档案文化产品开发应以社会需求为导向，坚持把社会效益放在首位，紧跟新时代、新形势，把握社会热点，服务国家海洋工作现实。要拓展新型产品和服务，创作更多的能够满足公众需求的海洋档案文化产品。

（三）形式多元，保障安全

海洋档案文化产品种类和形式要与时俱进，推陈出新，确保产品本身的多元性，也要追求产品开发方式的多样性。通过"走出去""引进来"的方式，加强与海洋部门和档案部门、新闻媒体、文化创意设计单位的合作，以开阔的视野、创新的思维，推出多样化、个性化的海洋档案文化产品。同时树立国家安全意识，严格遵守国家保密法律法规，确保档案信息安全。

（四）以点带面，循序渐进

海洋档案文化产品开发应与海洋档案工作实际紧密结合，遵循由浅入深、由粗到细、由简到繁的原则。在资源、能力和投入不满足要求的情况下，尽量开发形式比较单一、开发投入需求相对小的产品，不断丰富积累资源和经验。在实践和积累具备一定基础时，抓住契机，推动开发如历史题材的著作和艺术色彩比较浓厚的影视作品等传播效果更强的产品。

三、流程和方法

海洋档案文化产品开发应遵循基本的程序，掌握每个环节的方法。一般来说包括主题内容策划、确定产品表现形式、提取反映主题的档案及相关信息、撰写产品设计文案（脚本）、开展产品制作和传播服务等环节。

（一）内容策划

主题内容策划是海洋档案文化产品开发的第一环节，对最终产品的成效具有全局性的影响，具体策划时应从以下三个方面考虑。

1.内容应契合实际情况

海洋档案文化产品主题内容非常丰富，从时空角度来看，大至新中国海洋事业发展历史和成就，小至某年某月某日发生的一件事情。主题策划要定格在当前或某一时空的有限条件里，需要充分考虑馆藏档案的实际情况、社会公众的现实需求、海洋事业发展的关键支撑点和开发力量配备等客观因素。基于海洋档案在历史时空环境上的跳跃性和内容上的专业性，主题策划不能大而空，不能不契合实际，不能把产品的艺术化作为最终目标，否则产品将不能满足对资源和表现力的需求，从而影响产品开发的有效性。如新闻媒体拍摄的大型历史纪录片或纪实片，无论是所需的资源和技术，还是人力和物力的投入，现有任何一个档案馆室的单一力量都是很难满足的。

2.策划应考虑多个维度

一是时间维度，可以是时间段，一般应用于专题类主题，常见的是周年庆祝类和纪念类主题，如改革开放40年、新中国成立70年、中国共产党成立100周年；也可以是时间点，某年、某月、某日或某一时刻，一般应用于事件类产品，以此为开发主题的典型产品有"历史上的今天"。二是空间维度，产品主题所在的空间位置，可以是行政区域，从省、市到县、乡、村，也可以是海岛、海域、深海大洋，甚至可以定位为海洋的垂直空间，海面、海底等，如经典的钓鱼岛主题、深海勘探等。三是事由维度，主题产品需表现一件具体事件，如中国南极长城站建站、我国海洋自然保护区设立等。四是档案实体维度，可以是一份档案文件、一张照片、一帧影像或一件实物等，也可以是多份档案文件的集合，例如"档案里的故事""照片背后的故事"等产品的开发。

3.选择力求典型新颖

选题和内容，宏观上围绕国家工作和海洋工作的重心，以海洋权益维护、海洋科学研究、海洋经济发展、海洋历史文化传承等为主攻方向。微观上可结合档案资源建设和产品开发等业务工作的进展和需求，以开发"短频快"产品为目标来选择主题和内容，力求产品新颖、灵活、实用，并与新媒体发布手段对接。

（二）确定形式

从表现形式来看，当前主要海洋档案文化产品都是常规形式，如主题陈列、展览，史书、志书、大事记，档案选编、汇编，主题宣传册、图册等各类出版物，专题片、短视频、快剪等影像产品，叙事、评论、随感、散文等文章。

选择和确定某一主题产品的表现形式时，要综合考虑五个因素：一是产品主题内容、意义和重要程度；二是产品的宣传平台和受众；三是产品开发的周期和规模；四是馆藏档案资源状况及其信息的扩充空间；五是产品开发所需经费和人员的投入情况。

一般来说，具有重大作用、重要意义或反映中国海洋历史变化的主题，以及开发周期较长的，资源丰富且有扩充可能性的产品，采用长期展厅和正式出版物等形式进行开发。涉及海洋热点，或者开发周期短的、资源量和内容一般，且没有时间和条件进一步补充和丰富的产品，采用临时展览、专题片、选编、汇编等形式进行开发。面向公众且要扩充受众面的产品，比较合适采用短视频、图册、宣传册、历史故事文章类形式。档案人员完全自主开发产品，应选择媒体制作技术需求少、人工投入小且档案信息需求比较具象的产品，如图片展、视频、文稿等。

就某专题活动开发档案文化产品时，开发周期长短不是主要考虑的因素，重点应考虑档案资源的数量和人力投入。该类产品可以围绕主题内容，采用多种形式产品融合的集中开发。如海洋信息工作60年纪念活动中，就设计了专题片、短视频、亲历（见闻）者撰写文章等类型的产品；纪念我国首次洲际导弹全程飞行试验成功40周年专题中，包含了专题片、短视频、图鉴、展览、历史故事、评述类文章等多类型多形式的产品。

（三）信息提取

海洋档案文化产品开发应建立在现有及其可以延伸的档案资源基础上。利用海洋专业档案开发反映新中国海洋工作的文化产品，其信息整合和采集工作是重中之重。专业档案不同于一般的公文类政府性文件或涉及民生的佐证类文件，海洋文化信息可能蕴含在一份调查建议、一张调查记录表格中，而一本个人的出海日记或工作简报常会带来丰富的时代气息和精神价值。因此，在产品主题内容确定之后，产品策划和脚本编写之前，应围绕拟定主题开展档案资料收集整合工作，提取产品开发需要的信息，做到心中有数。

主题信息提取工作主要从两个方面开展。一是馆藏专业档案中蕴含的信息，比较典型的档案文件有：与主题内容相关的通知、建议、请示、批复、总结等管理性文件材料，以及项目验收和成果申报材料，实施方案、调查报告、调查报表、工作日志等技术类文件。如果拟定产品类型为视频和音频类，则需要掌握馆藏主题视频资料情况，以及采集的口述历史资料情况。基于大部分海洋工作都会涉及多个涉海单位，档案查找范围一般为馆藏全部档案资料。二是根据馆藏档案信息提供的线索，通过不同的渠道或途径，开展相关档案史料的补充收集工作。实践表明，大量补充搜集的档案资料，或媒体公开发布的信息，在公共产品开发和服务过程中，往往要比馆藏档案资料更具使用价值，更有亲和力、更能展示其魅力。

主题信息提取工作不是简单地获得相关档案资料本体，而是将蕴含在这些档案资料的信息提取出来，作为产品表现的信息支持，而承载相关信息的档案本体则是信息传递的佐证，成为产品开发中的直接素材。提取信息往往是对档案资料反复阅读、逐步消化于心的过程，需要紧扣主题，用"慧眼"发现有特别价值且可用的内容，尤其是要注意时间、空间、人物、因果、突发事件等信息，而涵盖在档案本体中的图片和馆藏照片是产品开发中的重要信息支撑。

（四）文案设计

文案是策划思想和理念向终极产品过渡的桥梁。在展览、视频、音频和图册等表现形式的产品中，文案设计尤为重要。不同规模、不同形式的产品，其文案创作的难易度有很大区别，专题片和大型展览的文案创作难度更大。

文案设计应尊重主题，尊重现有资源，不能任由策划人员无限地想象。一般情况下，文案设计应该在深入了解现有素材或者可扩展空间的前提下进行。文案由谁来设计？这是海洋档案文化产品开发过程中经常遇到的问题。档案工作者撰写产品开发文案有优势也有劣势，优势在于对档案、对主题事件的情感要强于一般媒体创作人员，更能掌握主题产品需要展现的内容，渴望通过产品来实现档案的传递价值。劣势在于缺少文字表达和产品设计的艺术化能力。海洋档案文化产品开发实践证明，文案设计多以档案工作者为主导，主创人员要深刻了解主题产品开发的目的和意义，掌握馆藏资源分布情况。具体落实到工作中，无论是哪类产品的文案，设计时都需要解决语言文字与图片或场景对应的问题，文稿类产品则是编写提纲。新时代环境下，产品附加文字语言相对少，但对文字凝练程度、高度和艺术化均有更高要求。

海洋档案文化产品文案设计应立足"海洋"和"档案"两个层面，而从展现历史角度来看，应该更侧重于档案色彩。文案的修改和完善是档案工作者在自主开发过程中必然经历的环节。由于文学功底和艺术表现力的欠缺，文案反复揣摩后的调整，甚至推翻从头再来，也是一部成功的海洋档案文化产品形成过程的常态。

（五）产品制作

产品制作就是产品形成落地的过程。无论是史志、档案选编、文稿等传统产品，还是展览、视频、文创等创意类产品，其制作过程在产品生命周期中占很大比重。如果没有一支用心的创作团队，即使有高质量的文案和丰富的档案资源，也无法形成优秀的产品。有工艺和工程要求的产品，可借用社会力量来完成产品落地过程。但实际上从文案设计到产品制作的转化过程中，难以完全理解文案要义及解决实际制作过程中可能遇到问题，一些社会机构是很难完整落地。档案馆应最大程度上坚持自主制作，但展览展示中的施工、喷绘等工程环节可以交给专门机构。

引入社会力量实施产品制作时，应该审核社会机构的资质，如果产品涉及敏感信息的，合作机构应具备保密资质并同其签订保密协议。档案馆应尽量控制产品制作过程，与其共同开展相关工作，保证成果产品与设计文案的一致性。在产品制作过程中，档案馆要关注文案设计的合理性和现实性，必要时立即修改相关内容，尤其是遇到设计中需要表现的内容没有足够档案素材支撑时，应坚持宁缺毋滥的工作原则，果断调整或者推翻文案，以保证产品的真实性和有效性。

（六）传播服务

传播服务是产品生命周期中的最后环节，也是体现价值的环节。一般来说，产品形式决定了产品的传播方式和发布平台。在产品实际应用过程中，应充分借助各种传播平台和传播机会。对传播平台有限制的产品应进行二次传播，即利用宣传的手段传播其信息和应用效果等。

产品发布前应进行严格的审查程序，尤其是视频、文稿等通过网络传播的产品，不能含有未公开的档案信息，凡涉及地图内容的产品，应提交有关机构进行国家地图使用符合性审查，公开的编研出版物和发表的文章，应按照要求规范引用档案文件，提供内部服务的展览、汇编等，在服务过程中应加注"内部"标识等。

第二节 档案展览展示

《档案工作基本术语》中，定义档案展览展示是档案部门按一定主题展示档案的活动，即通过在特定主题语境下，系统地揭示和介绍保存档案的内容和成分。档案展览展示是一种馆藏档案文化资源提供利用的方式，也是展现馆藏档案资源建设成果的重要途径，是档案宣传工作的一种表现形式，是最具有代表性的档案文化产品。与音视频、文稿类等形式的产品相比，档案展览展示具有内容丰富、档案信息聚集度高等特点。

一、海洋档案展览展示基本情况

作为海洋领域唯一的国家级专业档案馆，中国海洋档案馆馆藏档案的专业性很强、来源广泛，具有丰富的特色档案文化展览资源。2016年至2023年，通过深度挖掘馆藏档案资源，结合海洋工作和档案工作实际需求，中国海洋档案馆开展了常态化的档案展览展示类文化产品开发和服务，先后布设了8个主题展览，逐步形成具有海洋特色的档案展览展示理念和方法，实现档案资源利用和档案资源建设共赢，提升了档案业务能力和公众的档案意识，在传播传承海洋历史、海洋文化和海洋精神的舞台上绽放档案特有的魅力。

（一）新中国海洋不能忘记的29名专家档案信息展

展出时间：2016年、2017年。

展览名称：铭记·传承·弘扬。

展览方式：档案资料图片、信息临时展。

展览主题：29名专家档案资料征集成果。

内容概要：1963年，国内29名海洋和气象知名专家联名上书党中央和国务院，建议加强海洋工作，直接推动了国家海洋局的成立。该展览重温这段历史，集中展示29名专家的生平介绍及其学习、生活、工作等方面的档案资料图片，并简要回顾了关于29名专家档案资料的征集之路。

（二）中国海洋档案馆馆藏精品档案本体展

展出时间：2017年。

展览名称：扬帆启航的岁月。

展览方式：档案资料实体、图片和信息临时展。

展览主题：新中国海洋事业发展成就。

内容概要：在第10个"国际档案日"之际，该展览围绕"档案——我们共同的记忆"，这一中国国际档案日宣传主题，精选馆藏100件珍贵的档案资料，展示党和国家领导人对海洋工作的关怀和希望、老一辈海洋工作者经历的艰难岁月，以及为推动新中国海洋事业而付出一生心血的开拓者们"爱祖国、爱海洋"的崇高情怀。

（三）中国海洋档案馆馆藏特色档案图片展

展出时间：2017年。

展览名称：档案·棱镜背后的蓝色印记。

展览方式：档案资料图片临时展。

展览主题：中国海洋及新中国海洋事业发展历程。

内容概要：展览以中国海洋档案馆揭牌10周年为契机，展示我国海洋事业从小到大、从弱到强的过程。用海洋舆图表现了明清和民国时期中华民族眼里的海洋；通过新中国海洋10个启程事件及海洋专业档案载体，彰显海洋工作者走向海洋的历程和智慧；用精美的蓝色国土照片表现今日中国的海洋。

（四）中国海洋档案馆馆藏接受捐赠史料实物展

展出时间：2018年。

展览名称：海洋·人生·见证。

展览方式：捐赠史料实体临时展。

展览主题：见证历史，提高档案意识。

内容概要：展览以开展"国际档案日"宣传活动为背景，精选67件中国海洋档案馆接受捐赠的具有代表性、典型性的史料，包括捐赠者撰写的手稿、编写的书籍、参与起草的文件、获得的奖励证书、使用过的实物和拍摄的工作照片等。该展览彰显新中国海洋事业的发展速度和老一辈海洋人兢兢业业的工作精神。

（五）国家海洋信息中心老照片展

展出时间：2019年。

展览名称：从来的纪念都是美好的再现。

展览方式：照片档案图片临时展。

展览主题：弘扬"团结、奉献、传承、创新"精神。

内容概要：展览以开展 "国际档案日"宣传活动为背景，精选国家海洋信息中心的78张老照片，时间跨度从1958年至2000年，内容有日常工作场景和参加文体活动、主题活动场景等，每张照片都记录着国家海洋信息中心职工不懈努力和奋斗的岁月。

（六）中国海洋档案馆馆藏档案展

展出时间：2019年至今。

展览名称：蓝色印记。

展览方式：多类型、多形式展品长期展。

展览主题：新中国海洋事业发展成就。

内容概要：该展览以庆祝新中国成立70周年为契机，深度挖掘馆藏档案资源，以馆藏档案图片、实物和信息为载体，辅以实物档案征集、模型沙盘研制和多媒体开发，以新中国海洋中的"第一"为切入点，表现新中国海洋事业从无到有、逐步壮大的发展历程和取得的成就。该展览很好地发挥传承海洋历史、传播海洋文化、弘扬海洋精神和普及海洋知识的作用。

（七）中国海洋档案馆馆藏"718工程"档案资料图片展

展出时间：2020年。

展览名称：大海和星辰邂逅的那些事。

展览方式：档案资料图片、信息临时展。

展览主题：我国首次洲际导弹全程飞行试验历史回顾。

内容概要：该展览以我国首次洲际导弹全程飞行试验成功40周年为契机，通过报纸、照片、日记、诗歌、纪录片、故事片等不同类型的档案资料图片，以及由馆藏档案整理形成的"718工程"简介、"向阳红"编队四次远洋调查成果信息等，多维度地展示20世纪70、80年代我国远洋科学调查和首次洲际导弹发射试验过程中的重点事件及其场景。

（八）国家海洋信息中心照片档案图片展

展出时间：2022年。

展览名称：蓝色编码里的青春。

展览方式：照片档案图片临时展。

展览主题：国家海洋信息中心历史上的青春力量。

内容概要：展览以中国共产主义青年团成立100周年为契机，聚焦国家海洋信息中心"团结、奉献、传承、创新"精神，从照片档案库中精选了一批2012年以前入职职工青年时期的工作照片，以图片方式和"青春"视角再现了职工的精神风貌及其工作环境，表现国家海洋信息中心发展过程中的青春力量。

二、海洋档案展览展示程序和方法

档案展览展示开发程序和方法同一般展览的开发工作程序一致，总体上包括策划、设计、布展和运行等环节。但就具体的海洋档案展览展示来说，因其主体是档案部门，在展示资源和展示环境等方面有同一般展览不一样的地方，特别是海洋档案载体的形式及其承载的信息有不同于一般文书档案和科研档案的特点或优势，而在展陈空间、人力资源和经费投入等方面，相对国家综合档案馆也存在明显的劣势。如何从馆藏档案出发，从海洋专业档案工作的视角来开发展览展示产品，本身就是一个实践性很强的档案利用工作，其中包含了大量经验性和操作性的内容。

（一）确定主题

展览的主题，是体现展览中心思想的一句话，是观众参观完这个展览后能认同并记住的一个思想、观念或概念，是展览最为核心的传播目的和教育目标。展览主题不同于展览选题方向和展览名称。选题方向、主题和名称是既互相联系又有区别的3个概念，展览主题是根据选题方向来确定的，展览名称是展览主题内容高度凝练后形成的"艺术化"标题。

确定展览主题首先要有选题方向，海洋档案展览时的选题方向一般可以从五个角度来考虑：①以党和国家重大纪念活动要求作为选题方向，如新中国成立70周年、中国共产党成立100周年、改革开放40周年等；②以中国"国际档案日"宣传活动主题作为选题方向，如"档案——我们共同的记忆"（2017年）、"档案见证改革开放"（2018年）、"新中国的记忆"（2019年）、"档案见证小康路、聚焦扶贫决胜期"（2020年）、"档案话百年"（2021年）、"喜迎二十大 档案颂辉煌"（2022年）、"奋进新征程 兰台谱新篇"（2023年）；③以"世界海洋日暨全国海洋宣传日"活动主题为选题方向，如"海洋与奥运"（2008年）、"辛亥百年海洋振兴"（2011年）、"建设海上丝路 联通五洲四海"（2014年）、"扬波大海 走向深蓝"（2017）、"保护红树林 保护海洋生态"（2020年）、"保护海洋生态系统 人与自然和谐共生"（2023年）等；④以立档单位自身举办的重要活动为选题方向，如庆祝国家海洋信息中心成立50周年（2018年）；⑤结合新中国海洋事业发展历史及馆藏档案资源情况自主确定选题方向。

档案展览展示主题应满足党和国家宣传工作、档案工作和海洋工作宣传、立档单位宣传等需要，并兼顾多个方面的需求。如2019年，新中国成立70周年之际，以此为选题方向开发了新中国海洋事业发展成就主题展览，展览名称为"蓝色印记"；2022年，中国共产主义青年团成立100年之际，选择以国家海洋信息中心的青春印记为主题，展览名称为"蓝色编码里的青春"。在实际执行中，因专业档案馆资源的局限性，馆藏未必有与这些选题方向一致的展览主题内容，所以需要更多地结合馆藏档案实际情况，考虑展览展示的"档案味道"和"海的味道"。因此可以选择馆藏资源比较丰富的海洋历史上比较重大的事件作为展览主题，如2020年是我国首次洲际导弹全程飞行试验成功40周年，将其作为展览展示主题，确定了"718工程"档案资料图片展，展览名称为"大海与星辰的邂逅的那些事"。

（二）明确类型

从展陈时间来看，展览展示产品有临时展览和长期展览，临时展览短则1天、长至1年，而长期展览一般在1年以上。海洋档案展览既有选择馆藏档案资料精品，围绕国家海洋工作发展历程，在较长时期内面向公众开放的长期展览；也有根据党和国家及海洋系统的中心工作需要，结合社会需求，利用重大纪念日配合重大活动，按照一定专题举办的短期展览。

从展品形式来看，展览展示产品有档案本体展、档案图片展和档案信息展。档案本体展览直接展示档案原件或其复制件，可以是纸质档案独立件或其构成的页，也可以是实物类档案。档案图片展是通过拍摄档案文件或实物，获取图片来展示。档案信息展则不涉及档案本身（包括原件、复印件本体），通过对档案承载的信息进行提取和加工，形成一个新的展示体，如文字、表格、图形、音频、视频及沙盘、模型、多媒体等，一个展示体的信息可以来源于一份档案，也可以来自多份档案，根据信息加工程度，涉及的档案量有很大的区别。

从展陈空间位置来看，有固定展览、移动展览和虚拟展览，其中虚拟展览即网络展览，这种形式比较适用于信息完全开放的档案展览。移动展览一般以档案图片和档案信息为主。海洋档案不仅专业性很强，而且安全性要求也非常高。近年来的海洋展览展示产品基本上都是固定展览，这也是海洋档案的专业特性决定的。

（三）拟定空间

展览展示场地决定着展览内容和形式，而展览定位和目标人群也决定了展览展示场地，不同的展览展示主体（档案馆）应结合实际情况进行选择。一般临时展览和主题内容相对简单的展览，给其提供的展示空间相对少，空间使用也比较简单。在展览展示场地选择和空间使用规划时，要综合考虑受众的注意力和观展效果。展览展示空间使用规划应与展陈大纲初步设计、展厅概念设计同步实施，形成一个初步意向，并提供给展览展示产品开发的决策人员。

1.共享空间

路人比较集中的地方，如办公大楼和食堂的门厅、会议室空隙或与其衔接的比较宽敞的通道等，这些场所常用于历年为开展"国际档案日""世界海洋宣传日暨全国海洋宣传日"等活动布设的展览，其优点是受众面大，影响力广，缺点是展陈时间短，展品形式有局限性，一般均为档案资料图片临时展览所用空间。这类共享区域进行展览展示时，因开放性比较大，安全上也有一定的隐患，展品选择时需要注意其信息的安全性，如果必须展示档案本体或实物时，应对其进行特殊保护。同时需要仔细考虑并兼顾空间使用和观展动线，展板的大小、位置、数量和展板平面设计要恰到好处，展陈内容应简单易读，展品要醒目，既要能引起路人驻足停留，又能让路人在短时间内完成观展。

2.临时借用空间

相对独立的空间，如会议室、闲置房间或现有展厅中比较开阔的空闲区域等，在这些场所进行展览展示，基本上是临时展览，但展陈时间相对于第一种共享空间可以长一些，而且展品表现形式可以更多样化，展陈内容相对丰富，除常规的档案资料图片外，可以进行档案本体、设备模型等展示，也可以播放一些档案短视频等。但在选择临时空间作为展览展示场地时，需要考虑到两个问题，一个是临时空间一般不允许改变空间原有模样，甚至不能破坏墙面，需要巧用空间环境，增加专门的展示位置，如展板、桁架、展台、展柜等；二是临时空间不是人员出入的必经之地，参观人数相对较少，需要就展览展示产品进行适当宣传，必要时开展有组织的观展活动，以提高展览展示产品开发的最终效果。

3.固定独立空间

专门的档案展览展示区域，一般称为展厅，这是档案馆（室）展览展示的重要场所，适用于1年以上的长期性的档案展览展示。展厅空间的规划是这类展览展示的关键环节，其重点是要解决展览展示的动线问题。如果是空间稍小但内无遮挡的独立区域，其使用相对简单，在满足一定数量观众同时看展的前提下，可居中展示，也可以沿墙展示，也可以两者兼顾，可以实现展线最大化。如果空间比较大且无遮挡的独立区域，则可以根据展陈大纲进行一定艺术化的设计，确保展线流畅。但在现有办公环境下改造的空间，往往会遇到狭窄走廊、密集窗户、承重立柱、水电暖和消防设施等不可变动区域，这些区域是空间规划的难点，但巧妙利用也会成为展览展示的亮点。

（四）编写大纲

展陈大纲是展览设计的灵魂，起到提纲挈领的作用，是整个展览的骨架。编制展陈大纲应综合考虑展陈内容、展陈目标、展陈理念和展陈元素、展陈脉络、展陈手段等。[1]要对展示内容的深度和广度作出界定，提取、抽离最为符合展陈内容、最具代表性的档案资料或信息，形成明确的脉络线索，如时间、业务板块等，对展陈内容进行合理的展区划分，要对展览元素选取最为适合的展示形式等。结合不同主题展览，展陈大纲以展览设计的展线为序进行分类组织，一是列举大纲框架，即展陈结构，展览包括几个部分，确定整个展览板块、各板块的内容和层次；二是编制大纲内容，确定每一块展现的档案内容，进一步阐述每一部分的主题内容、展示的档案内容和档案。

展陈大纲结构实行分级设计，一般情况下最多分为三级。第一级为展览总体上分为几个部分，第二级为该部分内容由多少组展品或多少个展陈事件构成，第三级是展品级或展陈事件最小级。例如，"718工程"图片展，展陈大纲第一级为档案资料载体的形式，包括"报纸""照片""日记""诗歌""纪录片""故事片"等，第二级为单个或多个图片组成的展品，如不同类型的报纸图片、不同人员撰写的日记等。国家海洋信息中心"信海强国"展览的展陈大纲有三个层级，第一级包括数智汇海、四海承风、谋海济国、人海和谐等8个部分，第二级为一级主题下多个具体案例或展陈板块，如"数智汇海"部分包括108乙机、检索系统、国家海洋信息系统、"数字海洋"基础框架、智慧海洋工程等多个海洋信息化发展重要节点事件，第三级为表现每个事件的展品或展品组，它可以是任何表现形式，如纸质档案文件本体或图片、实物档案或其照片或其模型、音视频档案原始文件、多媒体集成产品等等。

展陈大纲是影响展览展示产品开发质量的最重要因素，其编制工作起步于展览策划阶段，贯穿展览展示产品开发整个周期，其内容在产品开发进程中会被不断修改和完善，直到展览实现。一般情况下，展览策划阶段的展陈大纲颗粒度比较大，内容有很多不确定的因素，与馆藏档案资源的契合度也可能存在比较大的差别。为了提高展览展示产品开发效率和质量，展陈大纲编制工作应前置，使其尽量完整、完备，所以应

---

[1]戴志国.博物馆建设中展陈大纲的重要性与优劣性[J].建筑工程技术与设计，2018，（24）：4124.

加大编制人员和编制周期的投入，引入专家咨询和审核环节，为最终决策提供依据。

（五）准备内容

展陈内容是展览的核心，展陈内容准备一般以展陈大纲为基础，但在准备过程中，也要结合实际情况适时调整展陈大纲。展陈内容准备一般包括展示素材收集、展品选择和加工、编写展陈文案等内容。

1.展示素材收集

展示素材搜集分为三个阶段，一是依托海洋事实数据库，查询检索反映主题思想的重要节点事件，为主题策划提供依据；二是通过节点事件，基于馆藏档案综合管理系统，按照关键词进行搜索，根据查找到的线索进行内容鉴别，对符合展陈事件描述的文件进行信息备案，为编制展陈大纲提供参考；三是按照审核通过的展陈大纲，进一步挖掘馆藏档案资料，提取满足展陈需要的展品和信息。如"蓝色印记"档案展厅的建设过程中，累计约200人次查阅馆藏各类档案资料，共获取各种线索1500余条，提取数字化文件864个、数码照片341张。

在馆藏档案资料无法满足展陈需要时，应开展公开资料搜集和有目标的征集，如"718工程"图片展中的老报纸、电影海报、连环画册、电影台本、诗集、曲谱等均是通过网络渠道获取的。依据《人民日报》数据库、《光明日报》数据库查到的线索，"蓝色印记"档案展厅建设过程中，购买了145份旧报纸，先后电话或公函至10余家单位，并前往自然资源部系统内多家单位进行征集沟通，获得了大量的展示素材和展品信息，如老旧海洋调查仪器、极地科考服装、企鹅标本等，同时接收到不少海洋工作者捐赠的藏品，累计获取档案资料数字化文件1272个、共计16.82GB，具有代表意义的实物近百件。

2.展品选择和加工

选哪些档案和史料，甚至选择其中哪个页面为展品都是非常有讲究的。紧扣主题、吸引眼球、展示效果好、历史沉淀感强，是展品选择的核心。"海洋·人生·见证"史料展共精选了67件具有代表性、典型性的史料，展品类型包括捐赠者撰写的手稿、编写的书籍、参与起草的文件、获得的奖励证书、使用过的实物及拍摄的工作照片等。观展者对展出的史料亦表现出浓厚兴趣，新奇于平时难以见到这些海洋工作形成的珍贵材料。2022年开发的"蓝色编码里的青春"展览中，选择入职国家海洋信息中心满10年（2012年以前）职工的工作照片进行展出，因此设定照片的入选条件：一是非正式合影、非单人照片、非景点游玩照片，二是反映中心办公场所的照片优先，三是每位职工照片最多选择1张。

档案资料是展览的信息来源，是承载信息的载体，载体的不同形式是向大众宣传信息的不同形态。根据海洋档案展览展示的目的、对象等，对展览的档案资料进行加工，主要包括高度仿真和数字化加工两种形式。高度仿真主要是对征集的纸质和电子的珍贵档案资料进行高相似度的复制，如馆藏的海洋舆图和古书籍是从国家图书馆复制的电子版图片，电子图片的表现形式比较"骨感"，委托国家图书馆按照海洋舆图和古书籍原样进行高度仿真复制，复制品可达到与原件一模一样的效果，展览时则直接展出复制品。档案资料原件数字化加工主要目的是用于展板展示，将这些档案资料本体通过扫描、拍照等形式转化成数字化文件，以原件数字化的复制形态直观呈现展示内容。

3.编写展陈文案

展览通常以图片和实物为主，文字说明、图题文字为辅。说明文字包括前言和结束语、各部分的小引，以及具体的展品和展图说明三部分。①前言概括说明展览的主题，结合展览整个主题，浓缩性地概括展览的意义和背景，介绍展览的整体基本情况。②小引是对各自部分的简要说明。展览通常分为多个部分和子主题，每个部分开头应编制小引，将各部分、各个展板贯穿为一个流畅的展线。小引内容有两种形式，一是纯标题类的，二是包括标题和文字说明。小引层级不宜太多，一般根据展览规模和展陈内容的复杂程度确定。③展品和展图的说明文字，让参观者能看懂展览。④结束语是对整个展览做的总结。回扣主题，总结升华性的语言作为结束语，加深参观者的印象。

"蓝色印记"档案展厅引导语共有五个方面，分别是序言、三个部分引导语和结束语。为了能够充分表达展厅建设思想，对展陈内容高度凝练，创新引导语的表达效果，在文案编写过程中，利用对展陈大纲充分把握的优势，通过多讨论、细琢磨、精文字等过程，形成具有特色的引导语风格。不到150字的序言，从鲲鹏源于海洋引入，转到中华民族由弱到强的今天，其中诠释了"档案"在海洋工作中的作用，起到了为展厅点睛的目的。其余四个方面的内容，都是从场景或名言名句入手，在百字之内，短小精悍地诠释了展陈内容的思想和灵魂，实现与展品之间的深层次融合。具体内容见第八章相关案例分析。

（六）展示设计

展示设计是工程和艺术结合的过程，也叫形式设计，包括概念设计、空间设计（深化设计）和平面设计。不同规模、不同性质的展览展示，其设计内容和过程有很大的差异，一般规模较小的临时展览、图片展览等的设计主要是平面设计，而长期的、固定的档案展览，其空间设计是重要环节，为了做好深化设计，之前需要一定的概念设计支持。

1.概念设计

概念设计是空间设计的基础，其目的是在明确展厅建设主题和目标的基础上，提出初步的设计方案，包括展陈理念、展厅风格、展陈区域使用规划、展陈内容和展品表现形式、多媒体应用、观展路线、经费预算及运行方式等。为了更好地把握主题定位的准确性和展陈内容的完整性、获取更多的展品线索，规模较大的海洋档案展览在概念设计阶段，可以开展专家咨询，邀请海洋领域和档案领域专家结合工作经历从不同方面阐述展厅建设原则、主题、展陈内容及来源等，为展览建设建言献策。海洋档案展览概念设计一般选择多支社会力量介入，以便获取更多更好的设计思想，从而选择更适宜的空间设计合作伙伴。

概念设计结果应有明确的方案，包括项目概述、展陈策略、设计方案和专项方案等。其中展陈策略应有主题解析、展陈逻辑、人群定位、功能定位、色彩分析等，设计方案包括设计理念、平面布局、参观动线、亮点展示、轴测图、设计效果图等，专项方案包括照明技术、集中控制系统、多媒体等。

2.空间设计

空间设计即深化设计，是展厅建设的蓝图。空间设计要根据展陈大纲和脚本对展陈空间的使用规划和效果设计，进一步完善展示风格和展示方式，落实展厅全部区域的划分和功能实现、展品展陈形式、展墙使用方法、使用材料、灯光效果等，对展厅建设中的难点问题提出解决方案。如"蓝色印记"档案展厅空间的设计重点为序厅的主题墙、玻璃橱窗画卷、29名专家信息橱窗、历次海洋调查装置、极地科考成果展示、海洋国土沙盘等区域的表现形式和多媒体应用区域等。

空间设计成果是空间效果设计方案，具体包括空间总平面布局图、动线图、效果图、鸟瞰图及基础照明、装饰照明、局部照明等环境灯光设计，同时提出主材、装饰材料及灯具形式的建议方案。在空间效果设计的基础上，进行全面施工设计，包括装饰设计、电气系统设计、材料使用设计等。

3.平面设计

展览平面设计就是按照展览大纲，将说明文字、展品、展图融合，编排展览和文字内容，设计背景、图案等，如字体字号标准、图片大小位置和间距等。展览平面设计如何紧扣主题，达到最佳的展示和宣传效果是展览设计的核心。为了让整个展览从开始就引人入胜，整个展示深入人心，观看之后过目不忘，每一板块、每一部分，甚至每个展品怎么展示、呈现什么样的艺术效果都是关键。设计前期，要明确需要解决的关键问题，即设计整体如何达到形式美且逻辑性强，以及如何结合每一部分展品内容和预期达到的目的，设计每个展品、每张展图展示的形式和艺术设计形式。

平面设计是展览展示理念的实现过程，由策划人员和设计师共同完成的。"蓝色印记"档案展厅平面设计工作历时一个多月，前后经过了10次集中式讨论、修改和完善，包括文字的大小、文字与图片的结合、展区展板背景图片的合理选择等，同时在设计过程中，结合实际需求完善和修改了展陈文案。

（七）特殊开发

1.设备模型

海洋观测监测和调查是海洋工作的重要组成部分，调查仪器设备和调查船是反映新中国海洋事业发展历史的重要载体，制作一定比例的模型作为相关展区的展品，是海洋档案展览展示产品的一大亮点。模型是通过主观意识借助实体或者虚拟表现，构成客观阐述形态结构的一种表达目的的物件，因此海洋档案模型来源于实体。具体做法：首先通过馆藏档案查阅、互联网资料搜集及向调查船或仪器设备生产、使用单位咨询等，整理相关设备资料，获取其实体介绍、技术参数、图片、视频等信息。在充分考虑展厅空间、实体大小和展厅布局的基础上，确定模型的比例和尺寸。然后进行深入、细致的市场调研，对当今模型制作产业的技术、材料、工艺和制作周期等方面进行较全面了解、比较和分析，在此基础上编制模型定制方案。最后将需求和实体有关档案信息提供给外协公司制作。模型制作过程中，其不同角度的图片是最重要的信息。部分调查设备实物模型基本信息见表6-1。

表6-1　部分调查设备实物模型基本信息

模型名称	实际长度	比例	模型尺寸
"金星号"调查船	68米	1∶10	70厘米
"向阳红五号"调查船	总长152.6米，总宽19.45米，型深11.6米，吃水7.3米	1∶150	长1.01米，宽0.13米
"大洋一号"调查船	总长104.5米，型宽16米，吃水5.6米	1∶100	长1.04米，宽0.16米
"向阳红10号"调查船（1979年）	总长156.2米，型宽20.6米，型深11.5米，吃水6.8米	1∶150	长1.04米，宽0.137米
"蛟龙号"载人潜水器	长8.2米、宽3.0米、高3.4米	1∶8	1米×0.35米×0.4米
海洋1号A星	翼展长7.5米、主体长1.2米、宽1.1米、高1米	1∶7	翼展长1.07米，主体尺寸为17.1厘米×15.7厘米×14.2厘米

2.沙盘

沙盘起源于军事训练，最初是根据地形图用泥沙等堆置的模型。随着社会的发展和科技的进步，沙盘被广泛应用于科技馆、博物馆、展厅、展会、多功能会议室、桌面游戏等领域，其表现形式也逐渐多样化，声、光、电、3D视觉和嵌入式智能技术与实物场景相融合形成电子沙盘。

海洋档案展览展示产品中的沙盘大多数用来表现海洋地形地貌、海洋疆域和地理位置等，沙盘制作所用数据来自于权威的海洋信息管理部门，如"蓝色国土"沙盘主要数据包括中国陆地和海域及一、二岛链范围内DEM数据（70°E-180°E，15°S-62°N），渲染的地形Geotif图层文件、矢量国界线和500m间隔等值线文件等。沙盘水平比例尺为1：260万，垂直比例尺为1：20万。南极沙盘主要数据包括南大洋及南极洲DEM数据（60°S以南），渲染的Geotif图层文件，矢量注记、经纬网、科考站和南磁极文件等，比例尺为1：3100万。

沙盘涉及的地图标示与标注既有较强的专业性，又要符合国家"规范使用地图"的要求，制作过程须严格执行国家相关法律法规，沙盘制作完毕后应通过权威专业部门的审核。沙盘标注信息可采用不同的表现形式并尽量丰富，如"蓝色国土"沙盘上，用灯光标示国界线、南海断续线；并按照自然资源部官方网站标准地图示例，标注中国首都、省会城市和海域中重要岛礁、海峡、群岛列岛等；在中国管辖海域外的海域，重点标注大洋、岛屿、海峡、海沟等地理实体名称。南极沙盘上标注了5个中国南极科学考察站，以及南极区域内主要的陆地及海域地理实体，包括南极点、南磁极、最高点冰穹A和南极主要的山脉、高地，以及周边阿蒙森海、宇航员海、威德尔海等。

3.多媒体产品

多媒体产品是指通过计算机对文字、数据、图形、图像、动画、声音等多种媒体信息进行综合处理和管理，用户可以通过多种方式与其进行交互的计算机平台，是档案展览展示产品常见的表现形式，其特点是档案信息聚集程度大，主题鲜明，互动性强。"蓝色印记"档案展厅部署了6个信息查询子系统、1个签名留言子系统，通过需求分析和技术细化讨论，提出了系统建设的主体框架和关键技术要点，形成系统框架和内容设计方案。收集整理专家手稿、专著、个人简介等图片文件，共421张编入多媒体数据库中；提取整理领导题词、视察和指示与批示信息，以及科学考察信息和海洋人物信息图片等，形成图片824张、文字材料106份，加载入库数据298条，数据表15个。

（八）物理实现

展览展示产品实现是策划和设计最终落地的过程，亦称布展。不同规模类型的展览，其布展的难易度和工作程序有很大的区别，如现场施工、平面喷绘、实物摆放、多媒体集成调试等。在布展过程中要尊重设计方案，也要综合考虑施工现场发生的意外情况，如发现设计明显影响展览展示效果的问题应及时调整。常见问题有与空间设计效果不吻合、现场不满足设计要求、设计效果实现不理想等。出现这些问题的原因：一是设计阶段考虑不全面，纸上谈兵，未能实现策划理念；二是现场施工不到位，施工图与空间设计不一致。

一般图片类的档案展示可以先喷绘小样，着重注意色彩和位置布局的审核，确认无误后再正式喷绘挂板，按照平面设计方案放置到指定位置。档案本体或实物档案可结合其大小和珍贵程度，选用合适的展橱、展台、展柜、展架等。如"海洋·人生·见证"史料展为纯档案资料实物展，布展相对简单，根据实物类型和内容，按照展线有序摆放。"蓝色印记"档案展厅实现则较为复杂，涉及工程造价、现场监督和处理、展板制作及布展等，需对每个区域、每块展板进行详细审核，包括文字、图片内容的准确性、展板大小和位置的合理性等。

（九）展览开展

展览产品发布即展览开展，是展览展示工作中的重要环节，在某种程度上影响到展览展示的最终结果。展览产品发布可以在受众群体范围内以文件形式发布消息，也可以通过举办相关活动宣布开展。举办相关活动实际上就是为展览展示运行"造势"，最大力度地宣传展览展示工作，以吸引更多的人看展，相对单一地发布消息，效果会更好一些。一个好的展览开展活动，在展览建设过程中就要开始酝酿，随着布展工作接近尾声，提出明确的开展方案，与相关部门和领导沟通并达成一致。开展方案主要包括开展时间、参加人员、开展形式等，开展地点通常设在展览展示场地，开展时间应与展览主题的选题依据相适应，如6月8日（世界海洋日暨全国海洋宣传日）、6月9日（国际档案日）、10月1日（中华人民共和国国庆日）、7月1日（中国共产党建党日）等。

举办展览开展专题活动的情况一般比较少，适用于大型展览。大部分展览尤其是受众范围小的内部展览，可以借助相关活动进行开展。如"海洋·人生·见证"中国海洋档案馆接受捐赠史料展，邀请到四位史料捐赠者出席，在开展之时，在展览现场为其颁发捐赠证书，对他们主动捐赠的行为表示感谢和肯定。"蓝色印记"档案展厅在开展之时，为了更好地宣传展厅建设成果和发挥展厅服务海洋意识宣传的作用，以召开"档案史料收集和开发利用"座谈会为契机，举行了开展仪式，来自自然资源部办公厅、档案史料捐赠个人和单位的代表共30余人参加了展厅的开展仪式。国家海洋信息中心"信海图强"展厅开展，恰逢单位暑期托管班结业之际，策划了"'小手拉大手'参观展厅暨展厅开展"活动，挑选了6位单位职工子女拉下主题墙的红绸带，气氛活跃、简单且不失仪式感。

（十）讲解服务

为了更好地提高展厅观看效果，让观众了解展陈事件的"前因后果""前世今生"，尤其是展品蕴含的历史意义和人文精神，提供讲解是展览展示产品服务必不可少的一种方式。某种意义上来说，讲解是展览展示展品开发不可分割的重要组成部分。

讲解词是档案展览讲解的基础。档案展览展品丰富、内涵深厚，但展品表现力不够直观等特点决定了编写讲解词的重要性和必要性。[①]讲解

---

① 王青.讲解：架起档案展览与公众之间的桥梁[J].中国档案，2018，（3）：34-35.

词分为基础讲解词和个性化讲解词。基础讲解词是展览策划人在展陈大纲、展陈文案及其编制过程中获取的档案资料信息基础上编写的，是对展览主题、展陈脉络、展陈内容及展品的详细介绍，其内容事实感和历史感比较强。个性化讲解词是讲解员吃透基础讲解词之后，结合自身特点编写的符合自己风格的专用讲解词。

档案展览的讲解词不能就展品个体进行描述，要突出各部分之间、展品与展品之间的逻辑关系，要立足档案，将展品尤其是其背后的故事作为讲解重点。讲解词要尽可能丰富、内容全面，并在观看群体、观看时长上对重点内容进行标注。如参观者是海洋领域的领导或专家，他们可能非常了解展览内容，则可以从档案视角和展品背后的细节来介绍，如果参观者不了解海洋工作，则可以宏观、整体地介绍展品。

虽然编写讲解词是讲解服务工作不能缺少的环节，但讲解服务效果的最终决定因素还是讲解员。海洋档案展览展示产品的"海味"比较重，作为档案展览与公众的纽带，讲解员应具备一些档案和海洋的基础知识或者对这两个专业领域有好奇心和热情，通过一定的培训之后，能够把自己置入档案展览环境中。每次讲解之前，首先要了解服务对象和讲解时间，梳理、确定讲解的内容，并及时将与讲解内容相关的最新动态融合到讲解词中，如2019年"蓝色印记"档案展厅的大洋科考和极地考察部分。讲解过程中，讲解员要及时捕获观众的表现，如情绪、兴趣等并做出积极的反应，如果参观群体中有非常了解展陈内容的，讲解员可以邀请观众进行补充讲解，增加与观众的互动，提高观展效果。

三、海洋档案展览展示产品开发要点

（一）不做无米之炊

档案展览展示产品开发有两个要点，一是产品开发主体是档案部门，二是产品核心即展示对象是档案，因此档案部门在开发档案展览展示产品时，应立足馆藏档案资源，力求无米不炊、无藏不展。关于这一点，前期主题策划尤为重要，即策划开发档案展览展示产品时，首先要在主

题环境下评估馆藏档案资源与表达主题需求的匹配程度，分析馆藏档案资料是否满足表达主题的要求。根据展览展示产品开发需求，通过广泛开展档案资料搜集、征集，或者通过部分借展，更好地满足主题表现需要，这也是档案展览展示产品开发过程中常用的方法。但作为自主开发的展览产品，依旧应该坚持馆藏档案资源是核心展品这一原则。

（二）学会看菜吃饭

展览展示产品开发最重要的目标是按照计划如期开展，因此为实现这个目标，应该充分考虑展陈空间、经费投入、建设周期等因素，学会因地制宜、看菜吃饭，不能盲目地追求现代化的艺术效果，或者一些不切合实际的"异想天开"。展陈空间是产品策划的首要考虑因素，空间大小确定了展览展示产品的规模和类型。一般来说，长期展厅需要一个相对稳定且通透开阔的空间，共享空间比较适合于临时的图片展或非系统化的、规模较小的实物展示。产品策划要考虑开发周期和经费，一般来说周期短、经费支持少的展览，比较适合开发档案资料图片展或者特色档案本体展。如果开发周期长且有足够的经费支持，则可以丰富的产品表现形式，营造现代化的艺术化的档案展览展示。策划尤其要充分考虑自身档案文化资源状况，海洋档案展览要有"档案味道"，也要有"海的味道"，要善于扬长避短，不要好大喜功。

（三）精选精挑展品

档案展览最打动人心的地方在于档案的原始性和真实性，档案是展览的魂。海洋档案展览不同于文物展、成就展，虽然也有一些样品样本和仪器设备类的实物档案，但总体上来说还是以纸质档案为主体，包括文字、图表、图片等，因此在选择档案作为展品时需要格外的用心，不求数量，但求有特色、有内涵。第一，展品质地要有历史感和年代感，这是档案的本质特点，如具有相同表现内容的纸质材料，一般按"手写""油印""铅印""机打"为选择顺序。第二，展品形式要有画面感，如手写会议签到表的表现力要强于会议通知、会议纪要，结构图要比文字描述更形象，现场抓拍照片的表现力要胜于规规矩矩的合影等。第三，展品内容上要有"噱头"，通过讲解引导，能够让观众有"豁然开朗""原来如此"之感，如有专家建议的文字展品，其本身是用来表现对应事件，但也可能是为某个事件埋下的"伏笔"。

（四）巧用展陈空间

空间用得好、用得巧是展览展示产品的一个亮点，特别是在没有展览展示专用空间的情况下，如用现有的办公场所为展陈地点，一般办公环境有"三多"现象，即房间多、柱子多、窗户多，而且大多是不可拆除或不允许拆除的，甚至有的还会提出不能破坏原有结构等要求，解决办法只有"巧用"两个字，以下就是海洋档案展览展示空间的一些技巧。

1.狭窄走廊

狭窄走廊的地面和天花板，通过精心设计也可以成为一道风景，可以用来展示具有过程性、连续性的展品，如发展历程、历史沿革，也可以展示一些相对独立但不是主题主体内容的事件挂板等。如"蓝色印记"档案展厅序厅就是办公室的过道，天花板上的9组星座在地面映衬下，颇有"星河"的感觉，两侧墙面为数十个海洋历史事件；国家海洋信息中心"信海图强"展厅的狭长过道一侧墙面是条蜿蜒的海河映衬下国家海洋信息中心的发展历程。

2.窗户空间

办公区窗户的平面及其窗台可成为展板、展台和特殊装置的共享区域，如果用得好，不仅增加了展陈空间，而且可以引入与观众之间的互动环节。窗户内层平面可以挂板，窗台可以放置实物，外层平面可以采用通电玻璃，内置或外置投影仪，经雾化之后可成为多媒体屏幕。窗户内空间常常可以成为一些特殊装置的区域，如多层推拉板、多面翻板、密集架式抽板等。这些特殊区域可形成一个独立的叙事空间，如"蓝色印记"档案展厅中国家海洋重大项目区域，每一块密集架式抽板就是一个国家海洋重大项目实施情况的介绍，数十块抽板聚集在一起，很好地反映新中国"查清中国海"的历程；国家海洋信息中心"信海图强"展厅利用窗户空间设计了2面、3面、4面等多个翻版区域，表现了多种海洋情报资料产品逐步演变成为当今学术期刊的发展过程，而一本嵌入窗台的立式影集，则集中展示了相同主题下，长时间序列的活动场景。

3. 承重立柱

立柱偏多（4个以上）且集中有序的空间，会影响展览动线和展陈空间的开阔度，不宜将其简单地封包起来，可巧用这些立柱，使其成为相对独立的展陈区域。四周空间比较开阔的单个立柱，可以装饰为一个或多个多媒体屏幕区，或者可以往空间较大方向延伸其展线，布置为两面展示墙；并行的、间距短的2根立柱可以连接为展示平面墙，用于挂板或者大屏幕，也可以做成通柜，展示大型的实物，如南极科考服饰，也可以平面挂板与实物共享；连续的2对4个立柱，且围笼起来的内部空间稍小，可以用作海洋沙盘区域，或放置大型展柜等。使用立柱作为展陈区域时，应避免破坏展览动线。

4. 多层结构

营造展陈空间的立体感是提高展陈效果的一种手段，主题比较鲜明、内容丰富且重要的展陈事件可以享用一个相对独立的空间，以第一层结构的形式表现出来。如国家海洋信息中心"信海图强"展厅以二层结构上挂板为主，但在"潮汐潮流预报"模块中，将其全部内容设计在第三层结构上：在一条与浪花起伏背景相一致的时间轴上，聚集了1965—2023年间潮汐潮流预报工作的18个重要节点事件，表现了该项工作的"前世今生"和成果。

（五）强化叙事逻辑

叙事就是"讲故事"，这是档案展览展示的要义，也是与其他展览的最大区别。档案展览就是通过一份份档案、一个个档案背后的故事，来表现主题信息的，但"档案背后的故事"不是孤立的，事与事之间有的有因果关系、有的起到承前启后的作用。叙事逻辑是档案展览展示产品的一个重要特点，在展陈大纲设计、空间规划和平面布局过程中，要考虑各部分之间的逻辑关系，只有展览展示产品自身具备了良好的叙事逻辑，讲解员才能把档案背后的故事在主题环境里"一气呵成"，才能够"引人入胜"，让参观者听得好奇，看得有收获。

叙事性传播将不同档案置于同一个意义网络之中，使其服务于同一叙事主题，有效地揭示了档案之间的有机联系，保证了档案记忆的连续性和系统性。

第三节　档案视频创作

档案视频是指视频类档案文化产品，以档案资源及其相关档案元素为基础，运用各种艺术手段加工，将影像、图片、文字、配音、音效、动画、音乐等需要传播的信息融合，从而形成的影像作品。档案视频整体感强、主题鲜明，有声有色。随着技术的发展，视频类档案文化产品成果丰硕、形式多样。短视频具有简短、精练、形象、有趣等特点，成为目前海洋档案视频创作的主要方向。

一、海洋档案视频创作基本情况

利用馆藏资源创作视频类档案文化产品，是海洋档案文化产品开发较早的一种实践形式。20世纪80年代，海洋档案工作者就参与了我国南极科学考察工作，依托现场采集的声像档案素材，创作了《中国首次南极考察简介》《生机盎然的冰冷世界》《十万里艰险航程》和《冰海探宝》等纪录片，在多个省级电视台播放。近年来，为满足海洋档案文化产品快速增长的需求，中国海洋档案馆从重大活动影像资料采集到声像档案的保管和产品开发，在所需专业设备上都进行了较大的投入，为自主创作视频类海洋档案文化产品奠定了基础。

2017年至2023年，我们坚持自己动手、自主创新，开发创作视频类档案产品40余部，单个产品时长一般不超过15分钟。从内容组织来看，有总结回顾专题片、历史题材纪录片两种形式，绝大部分档案视频通过"海洋档案"微信公众号、国家海洋信息中心官方媒体、海洋档案信息网站向社会公众发布。其中2019年创作的《去地球南端上抹一道中国红》在国家档案局、国家发展和改革委员会庆祝中华人民共和国成立70周年微视频征集活动中获得特等奖，2022年创作的《档案里的海洋日》系列短视频荣登"学习强国"平台。

（一）专题类视频

海洋档案专题类视频，也称专题片，是以原始档案为主要素材，用纪实或者回顾的方式表现一个群体、一个机构或一项工作整体情况的影像作品。以下是15部具有代表性的专题类视频产品基本情况。

1.中国海洋档案馆赴青岛采集口述历史

年度：2017年。

片名：追寻蓝色印记，学习前辈精神。

时长：6分钟。

内容：该片用纪实的方式，展现中国海洋档案馆采集海洋口述历史的青岛之行。内容包括拜访于连新、徐世平夫妇和王颐祯、刘长华夫妇及郭炳火、林锡藩和陶义忠等前辈的现场交谈场景，以及这些前辈们对重大事件的口述记录。

2.新中国海洋不能忘记的29名专家

年度：2017年。

片名：寻路漫漫，初心永恒。

时长：5分钟。

内容：利用收集到的1963年提出《关于加强海洋工作的几点建议》的29名专家档案资料成果，总结提炼29名专家的生平、学识、经历和贡献，展现29名专家的形象，彰显他们寻求中国海洋事业发展之路的非凡贡献和爱祖国爱海洋的执着之心。

3.海洋档案工作这十年

年度：2017年。

片名：耕耘兰台，助力深蓝。

时长：8分钟。

内容：视频通过6个档案利用案例，聚焦10年来海洋档案工作在资源体系建设、基础设施建设、工作机制建设、规章标准建设和信息化建设方面取得的成就，凸显了海洋档案工作者甘愿平凡、默默坚守的情怀和为党建档、为国守史、为民服务的决心。

4.海洋信息工作60年历史回顾

年度：2018年。

片名：睦海匠心，勇立潮头。

时长：13分钟。

内容：视频以馆藏反映国家海洋信息中心履职历程和成果的各类档案资料为素材，选取重大事件为展示"点"，延伸表现了国家海洋信息中心一个甲子的发展过程和取得的成就，展现了海洋信息工作者"团结、奉献、传承、创新"的精神。

5.中国南极长城站建站历史回顾

年度：2019年。

片名：去地球南端上抹一道中国红。

时长：5分钟。

内容：视频节选中国南极长城站建站工作进展档案文件内容，结合馆藏音像档案，突出海上航行、物资搬运等场景及南极恶劣天气影响，再现长城站建站的艰难困苦和南极科考队员"爱国、团结、创新、拼搏"的精神风貌。同时，完整地展现了中国南极长城站建站重要环节的时间和场景。

6.新中国成立70周年海洋成就掠影

年度：2019年。

片名：沧海为证，向海图强。

时长：2分38秒。

内容：视频以新中国成立之前、1949—1977年、1978—2011年和2012年之后划分时间段，收录了相应时期发生的重大海洋事件的影像资料和图片照片，展现中国共产党领导新中国海洋事业取得的成就。

7.第一次全国海洋经济调查工作纪实

年度：2019年。

片名：众志成城，摸清蓝色家底。

时长：5分40秒。

内容：视频以第一次全国海洋经济调查工作中形成的文件、照片和影像素材为基础，表现第一次全国海洋经济调查的实施过程和取得的成绩，以及全体调查人员不畏困难、坚持不懈、齐心合力的精神风貌。

8.我国第一次洲际导弹全程飞行试验海上保障回顾

年度：2020年。

片名：为大洋上空扬起激情和荣耀。

时长：5分18秒。

内容：视频还原"718工程"从任务提出、第一艘远洋科考船诞生、首次远洋科学调查到首次洲际导弹发射试验成功等过程，再现一代海洋人奔赴绝密航程、艰苦卓绝的工作场景，纪念我国首枚洲际导弹成功发射40周年。

9.中国海洋档案馆历年"国际档案日"活动回顾

年度：2020年。

片名：这一天，我们这样过。

时长：3分03秒。

内容：视频精选中国海洋档案馆在2017—2021年开展的"国际档案日"宣传活动场景，将其有序有效地剪辑和组织，用无文字语言的方式，再现海洋档案宣传成果，以及海洋工作者对档案工作的关注和支持。

10.我国首枚洲际导弹成功发射40周年系列宣传活动

年度：2020年。

片名：时间跨越40年——留影档案。

时长：2分16秒。

内容：视频通过档案工作场景再现、档案专题产品快闪及与读者交流互动屏幕等，对纪念我国首枚洲际导弹成功发射40周年开展的专题海洋档案文化产品开发和传播服务活动（5月18日至7月18日）进行总结。

11. "蓝色印记"档案展厅运行周年回顾

年度：2020年。

片名：你的身影是蓝色印记的期待。

时长：2分19秒。

内容：视频从传承海洋历史、弘扬海洋精神、普及海洋知识三个方面，对"蓝色印记"档案展厅开放一年来的观展视频和照片进行分类和精选，总结"蓝色印记"档案展厅的运行成果，以进一步地提高展厅的宣传效果。

12. 中国北极黄河站建站历程回顾

年度：2021年。

片名：缘定北极。

时长：4分5秒。

内容：视频通过影像资料和部分文件，回顾以中国北极黄河站建站为重点的中国北极科学考察从无到有的发展情况，其内容主要包括黄河站建站意义、背景、选址、施工和运行等。

13. "世界海洋日暨全国海洋宣传日"活动回顾（一）

年度：2022年。

片名：档案里的海洋日——主题和希望。

时长：3分20秒。

内容：视频以2008—2021历年"世界海洋日暨全国海洋宣传日"主会场活动影像资料为素材，通过对历年活动主题镜头与历次主会场少儿表演节目画面及同期声融合，表现了新中国对海洋事业的期望和希望。

14. "世界海洋日暨全国海洋宣传日"活动回顾（二）

年度：2022年。

片名：档案里的海洋日——海洋人物。

时长：4分52秒。

内容：视频以历年"世界海洋日暨全国海洋宣传日"主会场活动的影像资料为素材，选取新中国成立60周年十大海洋人物、2010—2019历年海洋人物影像及相关信息，通过动画包装成辑，表现了新中国海洋生生不息的力量。

15．"世界海洋日暨全国海洋宣传日"活动回顾（三）

年度：2022年。

片名：档案里的海洋日——海洋公益形象大使。

时长：3分45秒。

内容：视频以历年"世界海洋日暨全国海洋宣传日"主会场活动的影像资料为素材，选取2008—2021年，为海洋公益形象大使颁发证书的画面及形象大使同期声，进行编辑而成，表现了各界人士共同发展新中国海洋事业的精神风貌。

（二）纪录类视频

海洋档案纪录类视频，也称纪录片，是以一个或者多个亲历（见闻）者讲述同一个对象的口述历史资料为主要素材，与馆藏相关档案资料共同表现这个对象的影像产品，也是对原始档案素材进行再次加工处理，按照设计文案要求进行编辑处理形成的影像产品。以下是一些具有代表性和影响力的纪录类视频产品。

1．"重庆号"起义

年度：2017年。

片名：岁月荏苒，镂骨铭心。

时长：5分钟。

内容：讲述人——王颐桢，原国家海洋局第一海洋研究所副所长，"重庆号"起义发起人之一，担任"重庆号士兵解放委员会"主席。视频以王颐桢口述历史资料为素材，结合网络搜集材料，讲述了国民党主力舰船"重庆号"及其官兵起义奔赴解放区的主要过程。

2．漂流瓶施放计划

年度：2017年。

片名：寻漂流踪迹，溯海洋风采。

时长：5分钟。

内容：讲述人——林锡藩、陶义忠，国家海洋局第一海洋研究所退休职工，漂流瓶施放计划亲历者。视频利用馆藏项目档案资料，与亲历者口述结合，讲述了20世纪60年代漂流瓶观测项目的实施过程、方法及取得的成果。

3.我国首次南极科学考察

年度：2018年。

片名：一个摄像师眼中的首次南极考察。

时长：6分钟。

内容：讲述人——王明洲，国家海洋信息中心退休职工，我国首次南极科学考察的一名科考队员、摄像师。视频以王明洲口述为主体，融合南极考察影像资料，展现了我国南极考察和长城站建站过程的艰辛及科考队员团结拼搏的场景。

4.海洋系统第一台电子计算机

年度：2019年。

片名：印象108乙机。

时长：10分钟。

内容：讲述人——龚宝祥、张锦文、桂叶欣等，均为国家海洋信息中心退休职工。以1973年国家海洋信息中心引进的第一台电子计算机为背景，结合亲历者的回忆，展现108乙机运行十多年的基本情况，包括购置背景、运行维护、服务等，表现国家海洋信息中心在潮汐潮流预报、数据处理和图集编制等业务领域的发展成就。

5.首次远洋调查高空探测

年度：2020年。

片名：太平洋上放气球。

时长：3分48秒。

内容：讲述人——朱章华。通过亲历者讲述我国首次远洋科学调查中一些不为人知的事件，生动地再现了海洋工作者首征太平洋途中战胜危险、解决高空探测技术难题的场景，体现了海洋工作者克服困难、敢于拼搏、勇于创新的战斗精神。

6.中国永暑礁海洋站

年度：2021年。

片名：一个大国的承诺。

时长：4分46秒。

内容：讲述人——严宏谟、李立新、张道平、吴俊彦等。视频以永暑礁海洋站建站亲历者讲述为脉络，辅以档案资料，从履行联合国关于建设全球海洋观测网义务的角度，表现中国永暑礁海洋建站的来由、选址、施工、落成等场景及中国在联合国海洋服务事务中的贡献。

7.怀念文圣常院士

年度：2022年。

片名：文先生，我们记住了。

时长：1分43秒。

内容：视频以2021年采访文圣常院士资料为素材，精选文圣常院士讲述1964年国家海洋局成立的背景、中国海洋机构的发展变化、国家重视海洋工作等内容的相关影像及同期声，呈现文圣常院士对海洋工作的寄语，表现对文圣常院士的怀念之心。

8.中国永暑礁海洋站建站揭秘

年度：2023年。

片名：南沙丰碑。

时长：28分钟。

内容：该视频以亲历者口述为重点，将主持、旁白和亲历者同期声融为一体，从"我们的家园""74号站点""定点永暑礁""护航海洋站""共筑南沙碑"等五个方面，讲述了中国永暑礁海洋站建站的全过程，体现了一代海洋人为维护国家利益作出的努力和贡献。

二、档案视频创作程序和方法

（一）前期策划

策划是对档案视频创作方向的把握，完善且成熟的策划方案对后续制作起着重要的指导作用。一般来说，档案视频策划不是机械性地重复每一个步骤，而是用一种艺术化、生活化的思维去构思，融入观察、分析、总结、演绎等多种方法，将脑中蓝图付诸行动的过程。策划对象包括选题、视频内容、视频语言形式和创作组织实施等。

1. 选题策划

档案视频创作中，选题是基础也是前提，一个好的选题是档案视频作品成功的关键。时代背景是创作者始终绕不开的要素，作为海洋档案视频类产品，其根基是海洋档案，其旋律也是海洋档案中蕴含的时代精神。策划海洋档案视频选题时，首先要考虑可行性，若无合适的档案资源支撑，那便不能选择，如近年来的热点话题抗疫、脱贫等。其次要考虑选题的故事性，档案视频就是要用档案把事件故事化，要考虑现有的或潜在的档案资源是否有事件的故事线，可以表现出该事件的开端、发展和结局。另外要考虑选题是否符合国家法律法规和传播条件，切勿选择敏感话题。

近年来海洋档案视频创作选题一般从两个方面考虑，一是选择时代主题，如改革开放40年、新中国成立70年、中国共产党成立100周年等，二是选择海洋工作或者海洋人物，如实施海洋开发、参与全球海洋治理、维护国家海洋权益等。

2. 主题策划

主题策划前，应深入了解反映符合选题方向的馆藏档案资料情况，重点掌握音像和照片档案情况及馆外相关资源分布情况，在现存的和潜在的档案资源及创作投入评估基础上，确定视频创作主题。创作主题一般以一个或者多个事件为单位，涉及范围可大可小。以"新中国70年海洋成就"选题方向为例，其主题范围可至与新中国海洋工作相关的方方面面，可以是某个领域，如极地科考、海洋管理、海洋权益维护等，或者是一个领域中的一个事件，如首次南极科学考察、《中华人民共和国海域使用管理法》出台等。主题确定后，按照主题进一步对馆藏档案资料进行分析和研究，形成反映主题的档案资料情况及其内容概要，从而确定内容。以"首次南极科学考察"主题为例，其内容可以是"首次南极科学考察""中国长城站建站""首次南大洋科学考察"等，也可以选择口述历史资料为主要素材表现亲历者见闻，如"南大洋风暴""物资搬运"等细节。

主题策划时，应对馆藏档案资料无法满足表现要求，但又非常关键的内容，提出相关收集和处理等措施。

3.语言组织形式策划

档案视频语言组织形式包括镜头语言和文字语言两个方面。从内容来看，镜头语言包括馆藏声像档案（含口述历史资料）和影视资料、档案镜头化或者数字化档案、情景再现、主持人出镜及空镜头等。从组织来看，镜头语言有总结归纳、事件讲述和大事记等形式，其中总结归纳形式适用于工作汇报、历史回顾等，内容相对宽泛，如《海洋档案这十年》；事件讲述形式适用于对某一对象或者某一个人物的一段经历的刻画，内容相对细致、生动，如《印象108乙机》《一个摄像师眼中的首次南极科考》等；大事记形式则是按照类似"纪年"的形式表现事件、人物、机构或者物体发展的过程，如《2012年钓鱼岛权益维护》《档案里的海洋日》等。

海洋档案视频文字语言分为"有""无"两种状态，文字语言形式包括旁白、主持同期声、声像档案同期声和字幕等形式，可以是其中一种或者多种组合。

语言组织形式策划时要充分考虑表现主题内容、现有素材、视频时长和应用场景等需求，并提出详细的方案。

4.组织实施策划

组织策划即筹备创作档案视频所需的各项人力、物力、财力等资源。前期筹备阶段应结合主题内容和语言组织表现形式，详细罗列档案视频创作对这些资源的需求，并进行综合评估，保证视频创作过程中所需资源能够到位，若经评估后无法满足预期需求的，应及时调整前期策划目标。

其中最重要的是要建立创作团队并落实分工。相对专业影视作品来说，档案视频类产品开发在工作环节不是很严密，但每个工作环节都必不可少，应按照创作需要建立创作团队，配备必要的人员。视频创作主要角色有：导演，负责编制导演阐述、分镜头脚本及拍摄和后期编辑指导；文案组，按照导演阐述撰写视频文字语言方案和内容，包括旁白、同期声和字幕等；资料组，按照导演阐述和分镜头脚本收集素材，进行必要的仿真处理；拍摄组，包括现场摄像、灯光布置和拍摄前期美术布置等；编辑组，负责按照分镜头脚本组织各种素材，进行二维和三维动画设计，以及字幕、配音、音效、校对等工作；配音组，包括旁白和主持。海洋档案视频创作过程中，因人力资源有限，一般都是身兼数职。

另外，根据创作目标，在经济条件允许的情况下，可以在导演、拍摄、编辑和配音等方面引入必要的专业技术力量，为产出高质量的档案视频产品提供支持。

（二）文案设计

一个主题内容设定下，可以编辑出无数种不同形式的档案视频，但经过创意策划和文案设计的档案视频，定能展现出与众不同的风采。档案视频文案设计一般经过导演阐述、解说词和脚本等逐步深化的三个方面。

1.导演阐述

导演阐述是导演基于对主题档案内容的基本掌握，为表现创作意图而提出的视频创作思路，一般包括视频的基调、结构、风格、形式、艺术处理及对创作各个环节的要求等，这也是将前期主题内容策划和表现形式策划落到实处，形成一系列脑海中画面的过程。

海洋档案视频创作时，因其内容相对纯朴，且时长都比较短，导演阐述一般立足于如何解决视频的结构和脉络，如用什么样的方式来表现主题内容，如何引入、如何退出、如何叙事、视频分为几个部分等。

2.解说词

解说词作为与画面相辅相成的部分，不仅仅是视频的文字语言，更是一个视频创作的灵魂。视频依靠解说词对事物、事件或人物进行具体的叙述，并通过词语的渲染来感染受众，从而使人们对视频所表达的思想有更加深刻地了解，起到进一步加深认知和感受的作用。因此，解说词应尽量用意象化、文学化的语言。如果视频中还有主持词、同期声、字幕等文字语言形式，则解说词可以根据需要与主持词、同期声、字幕进行形式互换，即解说词可以转化为主持词或字幕，同期声也可以转为解说词、字幕等。

解说词应在视频编辑之前完成定稿，并与视频脚本设计相契合。视频中有声文字语言用词量应与视频长度相匹配，一般按每分钟200字的语速来设计，同时要考虑给画面留白（无文字语言）的时长和同期声语速与旁白语速不一致的问题。

3.脚本

脚本作为视频创作的蓝图，有文学脚本和分镜头脚本两种形式，脚本设计的目标是要确保视频全部内容能够以视觉和听觉的形式被观众感知。文学脚本是通过对镜头语言进行文字描述，来表现文字语言的台本，也就是将全部文字语言与一个或者多个镜头进行对应，并说明表现这些镜头的素材来源。文学脚本一般以文字语言的自然段落和不同语言表现形式转折等为镜头描述单位，一般适用于素材比较连续、场景比较简单的视频创作。

内容比较复杂的档案视频，尤其需要进行拍摄的，有了文学脚本还不够，因为文学语言和视听语言存在很大差异，还需要通过对分镜头脚本的设计来进一步深化和细化构思。分镜头脚本，顾名思义就是要对每个场景镜头进行设计，需对作品的剪辑顺序、叙事结构、画面色调、解说词、配乐等进行相应的设计，为后期剪辑制作提供指导，确保风格统一、重点突出，调动能够调动的元素来烘托主题。分镜头脚本内容包括编号、素材或拍摄要求、时间、画面、配音、平面及效果等，其中涉及拍摄要求的应进一步细化镜头的运动方向和拍摄要求等，如此才能将蓝图进一步深化、细化，以免在拍摄时出现遗漏和缺憾。

（三）素材采集

素材是视频创作的基础，犹如一顿佳肴需要合适食材。档案视频素材采集可分为现有素材提取和拍摄获取。其中现有素材收集包括馆藏档案提取和网络收集、购买等。按照文学脚本或者分镜头脚本设计，依托媒资系统对馆藏声像档案进行关键词搜索，获取与主题内容相关的镜头，建立镜头基本信息目录并截取相关部分备份。依托海洋档案综合管理系统，进行关键词搜索，查找与主题内容相适应的纸质档案和资料，建立文件目录信息并拷贝电子文件，档案电子文件可以直接用于视频编辑，必要时再进行仿真拍摄。

无法拍摄的或者比较宏大的用于场景过渡的镜头，一般通过专业素材网站购置，如"党的十八大以来""进入21世纪"等解说场景。需要引用电脑能显示但不能下载的画面、能够下载但不能转换为所需格式的画面，或者想把电脑屏幕显示的各种变化过程记录下来作为视频素材等，可采用动态录屏方式进行收集，形成需要的视频素材。

拍摄是档案视频创作重要素材来源，海洋档案视频创作过程中需要拍摄的内容主要有四个方面。

1.档案视频化

纸质档案资料本体或仿真件、实物档案等非影像类的档案资料，若需要在视频中表现，则要通过拍摄才能形成编辑时可以直接调用的视频素材。拍摄档案资料时，要根据解说词的情绪表达，布设氛围光，注重拍摄技巧和手段。如拍摄有关永暑礁的民国档案时，选择了麻质有历史感的背景，布设了黄色的光源，突出了尘封的历史感。

2.历史场景再现模拟

现有档案无法表现解说词对应镜头时，选择购置必备的道具来模拟相应场景进行拍摄，场景模拟可以使用人偶，也可以使用真实人物的局部特写，如书写场景用手、笔、纸，阅读场景用人物背影等，情景再现的背景和光效布置是获取一段生动镜头的关键。如《南沙丰碑》创作中，为了反映中国代表团参加第14次联合国教科文组织政府间海洋学委员会会议场景，用照片仿真了会议场景图，制作了白板，选用了4个与时代比较接近的人物模型，采用"聚光灯+蒙板"的光效方式，拍摄了一组镜头，比较生动形象地展现了中国代表团在会场时的紧张心情。

3.现场主持录制

现场录制场景可以选择实景，也可以选择虚拟演播棚。实景背景应与视频主题内容相关，采用面光、轮廓光、眼神光三点布光，用便携式扩音器收音，选择实景时应尽量减少环境噪声。一般绿色抠像的背景为最佳，因此出镜人的服装颜色尽量避免绿色系，环境光应为包括顶光、侧面光、正面光、背光、眼神光等在内全方位的均匀光源。根据主播对内容的熟悉程度，决定是否采用提词器。

4.过渡场景拍摄

档案视频解说词中经常涉及与档案工作相关但非主题档案内容的过渡性场景，如"走进中国海洋档案馆""打开尘封的记忆"等，可以对相关工作场景进行实景拍摄，如大楼、门牌、库房等，也可以邀请档案工作人员出镜，让镜头更加生动形象。

（四）后期编辑

后期编辑是将文学脚本或者分镜头脚本全部视频化的过程，一般情况下按照配音、音乐、剪辑、音效、字幕等程序进行。后期编辑之前，要对采集的全部素材进行筛选归类，剔除无用和效果不好的内容，尽量缩小剪辑范围，为快速找到合适的画面创造条件。然后建立视频编辑工程文件，按照馆藏、拍摄、收集等素材来源建立一级目录，根据文学脚本段落建立二级目录，并将所需的全部视频素材汇集到相应目录下。

1.配音

配音工作应在解说词完全定稿情况下开展，叙事性比较强且有历史感的档案视频，拟选择声音比较沉稳、浑厚的配音。

2.音乐

音乐可以是一条或者多条，一般根据视频时长选择，选择音乐以能够烘托画面氛围为依据，同时考虑视频风格和各段落的情绪表达。两段音乐之间要用转场特效衔接，结尾音乐一般音量稍高。同时音乐选择最好一次性完成，避免更改，影响整体结构。

3.剪辑

视频剪辑分为粗剪和精剪两个阶段。首先按照设计的脚本，选择最能表现文字语言的画面，按照音乐节奏剪切相应时长的素材，导入到工程文件的时间线中，搭出视频整体结构，完成粗剪。凡需要特效处理的素材应形成独立的文件夹，提交进行动画特效包装，并在相应的时间线位置留下说明。在此基础上再进行素材精细化剪辑，如调整镜头播放速度、精细化镜头选择、特殊处理转场镜头、导入特效包装画面等，对不合适的镜头或者重复出现的镜头，进行重新选择和剪辑。

4.音效

有些档案素材同期声不清晰，或者没有同期声，可增添音效加以处理，体现情景的现场感，让观众有身临其境的感觉。如调查船出发的汽笛声、雪地脚步咔咔声、海鸥的鸣叫声等，还可以增加镜头推出的效果，如片名推出、人名条出现、照片汇聚等，以增强观众感官上的体验。

5.字幕

字幕是视频编辑的最后环节。文字一般在屏幕下方居中显示，正常情况下，以文字语言的逗号、分号、句号、省略号等自然断句为单位，对应一个或多个画面。标点符号若在断句结束处则无须显示，顿号、冒号等出现在文字中间的断句符号用空格代替。如果一条断句超过15个字，可以按照说话的气口，再分段。片名、小标题等非解说词和同期声的语言文字上屏幕时，应选择可商用的字体。

（五）审核修改

一部档案视频从策划到形成，应对作品质量和受众的审美体验负责，尤其在展现较为专业、普通受众日常接触不到的内容时，要考虑专业度、美学效果及受众接受度等多个方面，完善画面逻辑和展示效果。所以视频创作过程全部结束之后，策划者和导演要进行反复观看，以审视的角度进行创作总结。

一般来说，视频审核包含对制作技术问题的发现和创作内容的思考。通过反复审看，查找需要修改完善的地方，包括确认每个镜头的质量是否过关，前后镜头之间的转接是否自然，画面内容的表述是否正确，音视频是否同步，字幕是否出现错漏等等，然后对存在的问题进行调整和修改。海洋档案视频审核时着重把关档案内容是否可公开、符合法律法规、地图引用的规范性等，对涉及敏感信息的档案内容需要进行规避处理。

三、档案视频类产品开发要点

（一）切勿放大主题

档案人员在开发视频类档案文化产品时，应做力所能及的事情，最大的忌讳就是无标准放大主题内容。因馆藏资源、制作技术及人员、经费、设备等投入的限制，选题内容策划显得尤为重要，重点考虑两个因素：一是情景再现等拍摄方面的局限性，应尽量减少或者避免难度大、工作量大的拍摄工作，将其控制在档案人员能够解决的范围；二是馆藏档案资料的匹配度，海洋档案视频离不开海洋和档案两个元素，海洋档案素材应占视频总素材的70%以上。

（二）规范创作程序

作为影视产品跨界创作，档案工作者虽然没有专业技术支撑，但创作过程应该尊重和遵循一般创作程序，按照一般专业要求开展相关工作。主要表现在两个方面：一是在创作流程上应该环环相扣，可以根据视频创作实际需要，进行简化但必须有依据，虽然一个人可以身兼数职，但创作团队中不能没有角色设置，各环节的工作质量应严格把关，避免推倒重来；二是每一个环节在创作时间安排上需要尽量集中，不能无限制的延长或者没有时间要求，因为创作需要热情和激情，时间久了，不仅创作热情会淡去，而且很多想法和工作思路也会越来越模糊。

（三）坚持档案优先

海洋档案视频创作应建立在对馆藏档案资源充分梳理和了解掌握的

基础上，无论是策划还是设计、拍摄、编辑，应坚持档案素材优先选用的原则，凡能用档案表现的应尽量选用档案素材。从类型上来说，优先级为选用声像档案、照片档案、实物档案、一般纸质档案，从信息加工程度来说，优先级为馆藏声像档案素材、档案视频化素材、情景再现拍摄素材、收集购买的素材等。使用未公开发布的档案时，应对档案本体信息特殊处理后作为背景使用，采用文字语言上字幕的方式来表现相关主题内容。

（四）突出细节表现

海洋档案视频创作过程中要有善于发现细节、合理应用细节的眼光，并判断其播放效果，要贴近生活，要以观众的角度去审视细节内容。主要有两个表现特征：一是叙事类视频，通过带入具体细节内容，提高了观众对事件的亲和度，如《印象 108 乙机》中对"一个面包""3.14159"的生动描述；二是在镜头选择方面，主要是画面感，要让观众看了以后留下印象，如《去地球南端上抹一道中国红》中队员们在暴风雨中打桩、航行途中因颠簸无法入睡等场景，《一个大国的承诺》中施工队员肩扛物资脱皮的肩膀、烈日下汗流满面的笑容等。

（五）增加艺术色彩

作为文化产品，艺术色彩应该是一部高质量档案视频产品的标识，但这是档案工作者创作档案视频时的弱项。档案视频产品的艺术色彩表现在两个方面：一是文字语言尤其是解说词要尽量文学化，达到解说词与画面之间的相辅相成，避免看图说话；二是画面要有一定的艺术感，除了现场拍摄过程中的艺术处理，尽量采用动画方式来丰富画面内容和效果，如艺术字、写意镜头。

第四节　史料文章编撰

海洋档案史料文章是以档案和有关历史资料为素材，通过对其进行信息提取、总结和凝练，按照一定的逻辑关系加工形成的文字材料。编撰档案史料文章因其投入最小、档案资源依赖程度最低、传播平台适应最强等优势，是海洋档案文化产品开发最常见的方式，也是现有海洋档案文化产品中数量最多的、发布频率最高、涉及主题最广的一类产品。

一、海洋档案史料文章编撰基本情况

截至2024年6月，"海洋档案"微信公众号和"海洋档案信息网"同步发布原创、整编档案史料文章约300篇，多篇文章刊登《中国档案报》《中国自然资源报》等纸质媒介，被"学习强国"平台、"观沧海""i自然全媒体"等公众号及"科普中国"官方网站等转载。越来越多的社会公众通过海洋档案史料文章，了解新中国海洋发展的历史和成就，改变了对档案馆"发黄故纸堆"的刻板印象，"知档案、看档案、认档案"的社会氛围逐渐扩大，但这些文章所呈现的海洋工作，在新中国海洋事业发展的长河中只是冰山一角。现有海洋档案史料文章按照编撰对象的类型可分为事件类、人物类、实体类和回忆类等。

（一）事件类文章

事件类文章是指围绕历史上发生的某一个事件，主要依据馆藏相关档案信息和史料编辑形成的文章。事件类文章将历史事件重新呈现，强化甚至重塑人们对事件的记忆，是对社会公众特别是青少年进行爱国主义教育和专业科学知识普及的生动教材。海洋档案史料文章编撰实践中，选择对我国科技发展、海洋工作有重大影响或者有推动和促进作用的事件作为主题，能够呈现我国海洋事业各项工作起步阶段的筚路蓝缕，彰显在中国共产党领导下新中国海洋事业取得的成就。

现已编撰的海洋事件类文章主要是我国海洋工作中的"历史上的今天""第一次"等及其衍生事件。代表性文章有：①海洋调查类，如1958年全国海洋综合调查、我国首次远洋科学调查、我国南北极科学考察、大洋矿产资源调查、全国海岸带和滩涂资源综合调查、我国近海海洋环境综合调查和评价等相关文章。②海洋法律法规类，如《中国历史上第一部关于海岛的法律》《〈中华人民共和国海洋环境保护法〉颁布四十周年》《1983年的今天，〈中华人民共和国海洋石油勘探开发环境保护管理条例〉〈中华人民共和国防止船舶污染海域管理条例〉发布》《2008年2月26日，〈海域使用管理违法违纪行为处分规定〉公布》等。③海洋权益维护类，如《1958年、1996年、2012年、2024年中国政府4次公布与领海有关的声明》《地图上证明钓鱼岛及其附属岛屿是中国的固有领土（中国地图篇、外国地图及航海指南篇）》《仁爱礁——历来是中国南沙群岛的一部分，从民国到新中国三次更名》《2012年3月2日 国家海洋局、民政部授权公布我国钓鱼岛及其部分附属岛屿标准名称》等。

事件类文章精选内容和发布情况详见本书第八章中关于"中国海洋之开端"和"那年今日"典型案例分析。

（二）人物类文章

围绕海洋知名人物开展档案史料文章编撰，名人效应更易引起读者兴趣，而且有知名人物参与的历史事件也更有可能和时代背景相联系，把海洋事业和新中国发展历史结合。同时，海洋知名人物的学术成长与海洋科技发展相互印证，知名人物档案史料可体现科技探索历程，蕴藏创新智慧；档案资料系统积累和编研开发也起到促进科技发展的作用。现已编撰海洋人物类文章主要包括三个方面：

一是围绕1963年联名上书党中央和国务院建议加强海洋工作的专家编撰的文章，包括《海的女儿刘恩兰》《海洋科学一代宗师——赫崇本：新中国海洋事业的开拓者》《何恩典：更海踏浪 勇立潮头》《陶诗言：捕捉风云去向的人》《严凯：一片深情汇江海》《刘瑞玉：碧海丹心 浩瀚人生》等25篇。这些文章旨在弘扬老一辈科学家热爱祖国、热爱海洋事业和为发展海洋事业艰苦奋斗的精神，以及严谨缜密、勇于实践和探索的精神，激励新时代的海洋工作者学习老一辈科学家精神，为海洋事业接续奋斗。

二是围绕2012年获颁"终身奉献海洋"纪念奖章的中国科学院和中国工程院资深院士编撰的文章，如《金翔龙——中国海底科学奠基人》《王颖院士：海的女儿，科学之美》《气象学家、海洋学家巢纪平：宁静致远、推陈出新》《中国对虾养殖开拓者赵法箴院士》《中国科学院院士胡敦欣：从海洋看气象变化》等29篇。这些文章旨在弘扬海洋领域院士专家在推动海洋科技创新方面的突出贡献和奉献精神，激励海洋科技工作者在新的历史时期向院士专家看齐，为海洋科技创新发展贡献力量。

三是围绕新中国不同时期、不同海洋领域典型、模范及知名专家编撰的文章，如《国际海洋法法庭的中国法官》《新中国第一代远洋轮船长——贝汉庭》《郭琨：中国南极考察事业的开拓者、中国南极长城站首任站长》《档案见证——王继才同志守岛卫国32年不平凡的人生华章》《物理学家束星北》《海洋生物学家方宗熙：开拓与播种》等。这些文章旨在表现不同岗位上的海洋工作者寸草向春晖的爱国、创业、求实、奉献的精神，引导海洋工作者扎根本职，爱海洋、爱祖国，在平凡岗位上造就伟大。

（三）实体类文章

实体类文章是指以具有物理特征的实体或者涉海组织机构为对象，以表现其形成背景、发展过程等为主要内容编撰形成的文章。这些实体的建成或成立，一方面是推动新中国海洋事业前进不可或缺的力量，另一方面也是新中国海洋事业发展的成就。实体类文章是海洋档案史料编撰工作的主要对象，因其独有的从属性及一定的知识性和趣味性，也备受青少年和相关从业者的关注。现已编撰的实体类文章主要有：①以中国海洋观测站为对象。如《青岛观象台和她的中国台长们》《我国第一个海洋观测站——厦门海洋站》《我国第一座海洋水文观测平台》《新中国建设的第一座海浪观测站：小麦岛海洋环境监测站》《南沙永暑礁海洋观测站及验潮井建成，并首次发回了海洋水文气象观测资料》等。②以中国海洋调查船为对象。如《中国第一艘极地科考船"极地"号》《我国建造的第一艘海洋综合调查船——"实践"号的"前世今生"》《"向阳红09船"的前世今生》《5年前，"雪龙2"号入列》《30年前大国重器得名"雪龙"》等。③以中国极地科学考察站为对象。有《1985年的今天，中国首个南极科考站——长城站落成》《档案里，33年前的今天，南极中山站是这样建成的》《我国5座南极考察站名字的由来，你知道吗》《中国南极秦岭站，开站！你了解中国南极科学考察站吗》等。④以新中国海洋机构为对象。如《1964年7月22日第二届全国人民代表大会批准在国务院下成立国家海洋局》《1965年3月18日，国务院批准成立国家海洋局情报资料中心》《45年前的今天，中国海洋学会成立》《2006年9月28日中国海洋发展研究中心成立》《1983年2月15日，中国海洋石油总公司成立｜我国石油工艺发展由陆地到海上、由浅海到深海的重要标志》等。⑤以海洋宣传教育品为对象。如《方寸之间展波澜——我国首套海洋邮票的自述》《首张海洋歌曲专辑带你聆听那年的蓝色梦想》《驾海洋意识之船 展海洋文化之帆——回顾98国际海洋年的首次》等。

（四）回忆类文章

回忆类文章是指以馆藏口述历史资料为主要素材，辅以馆藏相关档案史料，从亲历（见闻）者的视角，将其经历的有一定影响力的事件用文字来表现出来。回忆类文章因受亲历（见闻）者的经历和记忆影响，其内容往往是某海洋事件中的一个点或者一小部分，或者是其经历的多个事件点的组合，但真实感、代入感和故事性都比较强。

近年来围绕口述历史采集情况，撰写文章的主题主要有海洋信息工作60年、南沙永暑礁海洋站、我国首次洲际导弹全程飞行试验等。代表性文章有结合单人回忆撰写的《两代人 一片海》《做了该做的事，这辈子没白活》《再忆40年前中国海监的首次巡航》《回望首航太平洋的日子》，其中两篇刊登在《中国档案报》。有综合多人回忆结合馆藏档案撰写的《海洋信息化路上的工匠精神》《绝密航程上的大洋组》等，其中前者发表在《中国海洋报》。

二、档案史料文章编撰程序和方法

海洋档案史料文章编撰相对其他文化产品开发有一定的随意性和较好的灵活性，就某一特定的文章来说，无论是专题的还是常态化的，其编撰工作重点是结合现有档案资源和相关素材，确定编撰对象、编撰方式和写作角度，然后按照拟定大纲、提取和整理相关信息进行编辑写作，最后文章内容经审核后提交有关媒体发布。

（一）选择编撰对象

编撰对象，也是文章的选题，即写什么。题好文一半，选题是编撰工作的起点，也是写出一篇好的档案史料文章的关键。题目选得好，不仅写起来得心应手，而且能产生很好的社会效益。现有海洋档案史料文章的选题对象有事件类、人物类、实体类和回忆类，无论是选择哪种类型的对象，编撰策划时要从三个方面入手。

1.立足馆藏并突出特色

丰富的馆藏档案是档案史料文章编撰的基础和源泉，如果与选题相关的原始材料贫乏，就难以形成高质量的史料文章。反之，只有对馆藏档案史料有了全面了解，才能提出合适的编撰对象。因此，海洋档案文化产品开发人员要把熟悉馆藏档案类型、内容及其特点和价值当作重要的基本功，深入开展海洋档案史料研究，发现并挖掘到好的选题，开发海洋档案潜在价值。

2.紧密把握社会需求

要在调查研究社会对档案史料的需要的基础上，紧密结合社会热点和时事宣传需求，了解海洋领域的研究课题、学术动态，收集海洋领域制定的科研规划等。同时，应注意当前的需要和较长远的需要，及时调整选题计划以适应社会的需要和海洋领域的专业需求。如在历史与现实交汇的节点，选择以我国海洋事业发展中的"第一次"为对象编撰文章，讲述海洋故事，传承海洋精神。

3.坚持正确的政治方向

海洋档案客观真实地记录了海洋事业发展过程，既有成功经验，又有失败教训。海洋档案史料文章，不是简单重现历史过程，也不是历史材料的堆积，它肩负着总结经验、探索规律、鉴往知来的重要使命，要对历史负责，要发挥档案以史鉴今、资政育人的作用。所以，选择编撰对象时要熟悉其相关历史背景，编撰人员应提高政治敏锐性和政治鉴别力，要自觉宣传党的历史功绩，维护党和国家的利益。

（二）选择编撰方式

海洋档案史料文章编撰方式有原创和整编两种方式。无论是选择原创还是整编，都要有"材料"和"能力"做支撑，编撰人员应做到心中有数，量力而行。现有海洋档案史料文章中实体类和回忆类的原创性比较多，人物类的大部分是整编形成的。

原创即围绕编撰对象，依据馆藏档案资源，由海洋档案工作者完全自主撰写，这些文章可以向报纸杂志投稿，而"海洋档案"微信公众号上发布时一般注有"原创"标识。原创是海洋档案文化产品开发的首要选择，也是最能反映档案特色的海洋档案文化产品。但原创有一定的难度，须考虑两个方面的因素，一是馆藏是否有满足主题需要的比较丰富的资源，二是作者是否有较好的信息收集、整理和写作能力，能够在既定的时间内完成写作。同时，时间和质量也是制约文章撰写成败的关键因素。

如果馆藏资源或开发条件不满足原创需求时，可以选择加工整编方式，这也是现有海洋档案史料文章撰写的常用方式之一。加工整编方式的优点是效率高、文章内容丰富，传播效果一般也比较好。采用加工整编撰写史料文章时，应掌握并获取不同作者围绕同一编撰对象的作品，或者包含编撰对象相关信息的作品，这些文章来源一般比较丰富，新媒体、网站、报刊和文献数据库都是信息来源。采用加工整编方式撰写，应有3篇以上的相关文章作为参考并引用，同时要考虑馆藏档案元素，并将其融于其中，以体现海洋档案文化产品特色。

（三）确定编撰风格

海洋档案史料文章一般都是篇幅不长的纪实性文学作品，但因所选主题涉及档案素材和作者写作习惯的影响，同时编撰时对表现内容和发布平台等方面没有特别的限制和要求，由此可以呈现出多种不同的风格和撰写视角，有的综述性比较强，有的是大事记陈述，有的故事性强、注重情节讲述，有的情感色彩比较浓厚，也有趣味性和知识性比较突出的。起笔编撰时，作者须结合自己的特长和掌握的有关编撰对象的信息，确定写作的风格。

1.综述类文章

综述类的文章是对某项工作或事物的全面综合性著述，就某重大事件、重要工作或热点问题所作的专题介绍，语言比较官方。撰写综述类文章尤其是原创的综合文章，必须依靠丰富的馆藏资源，作者对这些馆藏资源要进行深入挖掘和研究，厘清事件发展的脉络和前因后果，然后选择一个视角，进行信息整理和写作。例如关于新中国第一次海洋综合调查，就发表《我国第一次全国海洋综合调查及其影响力和精神价值》《65年前的今天，全国海洋综合调查领导小组第一次扩大会议在青岛召开，会议商定全国海洋综合调查办公室的职责和构成》《1958年，"全国海洋综合调查"范围有多广？全国海洋普查范围示意图告诉你》等多篇不同角度的文章。

2.记事类文章

大事记类的文章一般比较直白，对馆藏资源广度和深度的要求相对低一些，同时写作相对容易，表达中规中矩，但要有鲜明的时间脉络。基于建成的海洋事实数据库，大事记类的文章也是海洋档案史料文章的主要表现形式。如《我国第一个海洋观测站——厦门海洋站》《我国第一次洲际导弹飞行试验工程中的海洋工作（1965-1980）》等。

3.故事类文章

突出故事情节和细节的文章，内容比较聚焦，不宜宽泛，娓娓道来，情真意切。这类文章的文学色彩相对要浓一些，题材往往涉及广泛，结构自由，但须有明确的中心和线索，能够表达作者的主题思想和情感体验。海洋档案史料文章编撰实践中，结合口述历史资料编纂的回忆类文章可采用这样的风格。如，原创文章《两代人 一片海》，就是作者通过参加采集口述历史及音转文工作，将亲历者的讲述和自身的感受融于一体，很好地体现了两代海洋工作者在1984年我国南沙科学考察中的表现。

4.知识类文章

用历史的视角、借助档案介质，传播海洋知识是海洋档案史料文章编撰目的之一。这类文章的编撰对象一般是特定的物体，如海洋调查设备、调查船舶、具有特别意义的纪念品、宣传物品等。撰写这类文章，一方面需要表现编撰对象"前世今生"的馆藏档案资源支撑，另一方面作者要查询更多的相关知识，要遵循科学原理，用文学笔法介绍编撰对象中蕴含的科学知识。如关于1998年12月22日发行的新中国第一套海洋邮票《海底世界·珊瑚礁观赏鱼》的原创文章《方寸之间展波澜——我国首套海洋邮票的自述》在"海洋档案"微信公众号上发布、科普读物《奇妙博物馆》的约稿文章《在方寸之间观看海洋世界》和《百科探秘-海底世界》上转载的《在纸里游泳的鱼》等。

（四）信息整理研究

根据编撰对象和写作方向，建立档案史料素材收集目录和提纲，开展相关档案史料的收集和筛选及信息提取和整理。

首先，立足馆藏，对馆藏档案史料进行系统研究和精心挑选。如撰写小麦岛海洋站、厦门海洋站等相关内容的文章时，就从馆藏档案中查找了海洋站的建站历史、编制沿革、早期工作场景照片及观测记录表等，为文章编撰提供档案依据和可靠的信息来源。其次，根据编撰需要，采取线上线下对社会上散存的档案史料和相关信息进行广泛调查和收集。同样以上述关于海洋站的主题文章为例，为更好地表现海洋站的"前世今生"，还需要了解海洋站的现有情况，包括现实工作场景照片、观测能力和观测要素等信息，这些信息只有从相应的海洋站及相关管理部门获取。再如撰写《在方寸之间观看海洋世界》一文时，作者针对邮票中的8

种热带珊瑚鱼，从网络上收集了大量的相关知识及有关海洋类邮票的发行情况，这些信息在馆藏档案是无法找到的。

收集和筛选档案史料时，编撰人员要透过现象发现本质，对收集到的素材进行去粗取精、去伪存真、由此及彼、由表及里地精挑细选，并进行研究。对非官方媒体发布的和非馆藏档案承载的信息，使用时还需要进一步地考证，尤其是首次出现或者比较引人眼球的看点，如果没有完全把握或者无法考证，应坚持"宁缺毋滥"的原则，确保文章能客观准确地还原历史。

（五）大纲设计写作

海洋档案史料文章篇幅虽然不长，但撰写时还是需要根据前期写作思路和收集素材情况设计写作大纲，经过反复推敲觉得成熟时，再按照框架进行写作。设计写作大纲，首先要解决文章的起点，即"从何说起"或者说"引子"，好的"引子"容易引起读者的兴趣。编撰海洋档案史料文章常用三个"引子"：一是时间，即那年今日或者多少年前，这种方式可以直接亮出主题；二是档案，如一张照片、一份档案或者展厅展陈等，通过对一份档案的解析，引出需要表现的内容；三是问题，即提出问题，然后给出答案或者根据问题直接引入正文等。

无论用哪类引子，都应自然过渡到正文，即文章主体内容。海洋档案史料文章编撰须有清晰的写作思路。一个合适的、好的思路，是结合现有素材反复研究出来的。如撰写我国第一个观象台——青岛观象台相关文章时，在馆藏档案有限且比较零碎的情况下，完成了《青岛观象台和她的中国台长们》的写作。该文从馆藏一张珍贵的照片说起，"这是一张拍摄于1953年6月10日的青岛观象台全台工作人员合影。照片中间分别是时任台长王彬华先生（右）和副台长王铎先生（左）。照片背景是青岛的标志性建筑，1931年我国自己建造的第一座大型天文圆顶观测室"。然后引入到"青岛观象台的变迁"和关于蒋丙然、王彬华、王铎三任中国台长的介绍，最后总结性提出了青岛观象台对"中国海洋的历史贡献"。

（六）内容审核修改

一篇档案史料文章从落地到向社会公布，需要经过严密的内容审核。审核内容包括三个方面：一是敏感信息审核，凡未公开的档案文件和涉及国家秘密、工作秘密或者个人隐私、知识产权及不符合形势要求的相关信息，文章内不得出现。二是引用规范性审核，尤其是地图引用应严格按照国家有关规定。三是内容准确性审核，重点对整编类文章及原创文章中引用了非档案来源的关键信息，须经过反复考证。

凡审核中发现有问题或者有疑问的，应及时纠正，若有疑问但无法考证或者无法纠正的，应作删除处理。

三、档案史料文章编撰要点

（一）准确定位

要高效高质量地编撰一篇海洋档案史料文章，编撰人员要知己知彼，准确定位。在结合当前形势，拟定一个编撰对象的情况下，要进行三方面的定位：一是档案定位，即哪些档案可以用来编撰史料文章，编撰人员应该做到心中有数，要从档案中发现编撰对象，发现档案对现实工作的指导意义和参考价值，不做"无米之炊"，也不能总是"老生常谈"；二是角度定位，即围绕编撰对象结合现有素材写哪些内容，尤其是在写作能力和研究能力比较有限的情况下，要量力而行，不宜追求"大而全"；三是风格定位，编撰人员要充分了解自己写作的习惯，发挥自己的优势，在编撰工作中逐步形成自己文章的风格。

（二）内容为王

档案史料文章所承载的内容是灵魂。纵使文章的传播技术与传播渠道如何超前，受众的核心需求仍是内容，忽略了内容的文章便是无源之水、无本之木。"内容为王"强调，基于档案史料编撰的文章要产生一定的引领价值，保证文章信息在传播过程中会带来积极的社会效益。档案史料文章编撰作为一项信息生产工作，内容的选取是整个工作的重点，而选取什么样的内容则受选题的影响。这就要求档案史料文章编撰在选题之初，就要注重题目的深度与广度，确保主题内容具有一定的文化性与思想性，通过有深度和厚度的文章选题，凸显价值导向。

（三）历史思维

档案史料文章编撰工作，要坚持和运用历史思维方法，不仅要分析档案史料产生和存在的条件，而且还要分析其演化过程，运用历史的眼光认识相应领域或者学科的发展规律，从而达到认识和指导现实工作的目的。要坚持历史的观点、实践的观点，正确看待海洋事业发展的历史道路，坚持"论从史出"的治史态度，立信史、存真史，发挥档案史料以史鉴今、资政育人的作用。要正确处理历史和现实的关系，坚持党性原则和科学精神的统一，科学地认识和把握海洋的历史，确保档案史料文章编撰工作始终坚持正确的政治方向。要旗帜鲜明地抵制和反击历史虚无主义，用真实的、有力的档案史料，客观地对待历史。

（四）重视研究

档案史料文章编撰工作是编撰与研究的统一，编撰是研究的基础，研究是编撰的方向，二者不可偏废。编撰工作能否得到有效实施，其科学性、可操作性能否得到体现，都需要开展深度研究。首先，要加强档案史料的真实性研究，每一个事实的历史背景、来龙去脉和前因后果，只有从档案中得到依据，才能保证文章编撰成果的客观性、真实性和公正性，成为正史信史。为达此目标，要确立求真务实的精神，反复查询，多方印证，追根溯源，力求形成完整的"资料链"。其次，加强专题档案研究，要深入研究馆藏相关专题档案的历史背景、沿革与脉络，研究专题档案的内在价值和相互联系等，进行量化分析，用数据说话，使"死档案"变成"活生生"的论据。

第五节 档案整编

按加工层次，档案整编分为一次、二次和三次等形式。一次整编是档案信息原文的汇集，是典型的、传统的且具有普遍性的档案编研。二次整编是经过加工整理、编排、出版，且满足某些特定需要的档案编研。三次整编是对档案内容特征全面深入、系统地研究之后的借鉴和创造，是在一次、二次整编成果的基础上，经过综合分析而编写出来的文献。

一、海洋档案整编类文化产品开发基本情况

现有海洋档案整编类文化产品主要有两种形式：一是档案一次整编，按照特定主题将相关档案及其信息汇编成册，如海洋档案图册、人物照片档案专辑等；二是为了总结和留存海洋档案文化产品开发成果，对基于档案及其信息形成的文化产品，按照特定主题进行再次整理、补充、编辑形成的专题书稿，有按照一定顺序编辑排版、不改变产品原貌的系列专题文稿整编成果和临时展览整编成果，也有对档案文化产品按照一定要求进行内容上的提取，按照新的文案设计编辑而成的文稿类成果，如口述历史资料专题整编文稿等。

（一）海洋档案图册

1.《关怀与希望》

该画册共收录1949年至2009年，79位党和国家领导人对海洋工作的64幅题词、80个批示和指示、118幅参加海洋相关活动的照片，以及114条将海洋工作列入党和国家事务的重要文件条目及相关信息，较完整地再现了新中国成立以来，尤其是改革开放以来，党和国家领导人对海洋工作的重视和关注。

2.《中国海洋档案馆馆藏舆图概要》

该图册收录了中国海洋档案馆馆藏的明清和民国时期绘制的，反映

我国及周边国家不同历史时期海岸、岛屿、海域状况等的舆图信息，共计67类、231幅、36册。按照海洋舆图绘制或出版年代由远及近顺序入册，以实物照片、缩略图、截图和说明信息相结合的形式展示。说明信息主要包含海洋舆图的年代、作者、版本、尺寸、背景及绘制特征等。

3.人物照片档案专辑

以具体人物为对象，如口述历史采访人物、退休或者调离的职工等，收集整理其工作学习履历等基本信息，选择其工作的重要节点，参加主要活动且能反映其一定时期职业生涯的照片，按照拟定的文案，有效、有序编辑排版、设计形成照片档案专辑，为当事人或其家人留念。

（二）再编辑产品

1.《智海灯塔》

1963年，么枕生等29名国内知名专家联名上书党中央和国务院，提出了《关于加强海洋工作的几点建议》。该建议分析了当时新中国海洋面临的国内外形势，提出了关于加强海洋工作组织保障、加强海洋科学研究和增设调查船、充实仪器设备等三个方面的工作建议。该建议直接推动了1964年国家海洋局的成立，开启了新中国海洋科学研究、海洋调查和海洋教育的发展之路。中国海洋档案馆于2008年启动29名专家档案资料的收集工作，获得了一批珍贵的档案资料。

为了更好地传承新中国海洋历史，传播新中国海洋初创时期一代海洋工作者爱国、爱海洋的精神，我们从2017年开始依托收集的档案资料，辅以网络文献收集，采用原创和整编方式，开展29名专家档案资料的编撰工作。至2022年12月，完成了25名专家的专题文章，并通过"海洋档案"微信公众号发布，另外4名专家因资料不够丰富等原因，相关专题文章尚未完成。《智海灯塔》就是将这25篇专题文章进行再次整编的成果。

2.《红五船上的风和雨》

1970—1972年，按照国家科学技术委员会关于建造编组远洋调查测量船研制计划，国家海洋局接收了交通部广州远洋公司的"长宁号"货轮，改装为海洋调查船"向阳红五号"，这是我国第一艘远洋科学调查船。1976—1978年间，"向阳红五号"船四下太平洋，出色地完成了洲际导弹靶场选址的调查任务。1980年，作为编队指挥船，"向阳红五号"船完成了我国洲际导弹全程飞行试验的海上保障任务。1993年，"向阳红五号"船退役。其间还参加了南沙科学考察、全球大气试验、中美热带西太平洋与大气相互作用研究合作等一系列重大任务。

2018—2021年，我们对"向阳红五号"船气象分队的三任分队长及部分队员进行了采访，并将亲历者的口述音频档案进行了文字转录，获得了他们捐赠的一批珍贵资料，这些资料见证了"向阳红五号"船上的风风雨雨。整编成果《红五船上的风和雨》就是在5位气象分队队员的口述文稿基础上进行文字加工形成的，其内容主要有四个方面：一是亲历者口述整编文稿，内插亲历者提供的有关照片；二是"向阳红五号"船气象分队队员照片集锦；三是"向阳红五号"船气象分队花名册；四是部分队员在纪念我国首次洲际导弹飞行试验成功40周年活动中的留言。

3.《南沙丰碑》

1987年3月，联合国教科文组织政府间海洋学委员会第14次年会要求中国在南沙建立全球海平面观测网第74号站。1987年5月15日至6月6日，国家海洋局组织开展了南沙科学考察，考察对象为永暑礁、华阳礁和六门礁。通过对考察数据的科学分析和研判，国家海洋局选择永暑礁为第74号站的站址，并与海军联合上报国务院和中央军委，提出在永暑礁建设有人值守的海洋观测站建设方案。同年11月，国务院和中央军委批复同意方案实施，并明确工程建设以海军为主，国家海洋局负责业务工作，有关单位给予协助。1988年2月，海军工程队开赴永暑礁海域。经过180个日日夜夜的艰苦奋战，8月2日，永暑礁海洋观测站落成。

2021年，以口述历史资料为重点，开展了永暑礁海洋站建站史料的收集工作，先后拜访了决策者、管理者和一线工作人员等不同层面的11位亲历者，收获了极其珍贵的口述历史和亲历者珍藏的一批资料，并完成口述音转文规范化整理工作。在11位亲历者的口述文稿基础上，进行文字加工，最终形成再整编成果《南沙丰碑》，其内容主要有《博弈大国担当 斡旋国家海权》《南沙74观测点的由来和思考》《三千里寻永暑 主权碑立南沙》《使命与责任》《青春里的永暑礁海洋站》《吹沙成礁终建站 受命升旗铸荣光》《为永暑礁海洋站找个家》《两代探沙人 一片碧海情》等亲历者口述整编文稿，及《一个大国的承诺》永暑礁海洋站建站掠影纪录片的脚本和永暑礁建站部分史料图片。

4.《蓝海星光》

2016年12月3日，国家海洋局在北京召开全国海洋科技大会，会议宣读了《国家海洋局关于授予刘光鼎等29名资深院士"终身奉献海洋"纪念奖章的决定》，并颁发了纪念奖章。该纪念奖章充分肯定了以29名资深院士为代表的广大海洋科技工作者，他们在党和国家的高度重视和亲切关怀下，开拓创新、锐意进取，推动我国海洋科技工作不断实现新的跨越，取得了一大批优秀科技成果，引领了我国海洋事业的科学发展、可持续发展。

为弘扬并传承海洋领域老一辈院士专家的炽热报国情怀、强烈创新意识、无私奉献精神和高尚品德风范，在2019—2022年期间，通过网络搜集、书刊查阅等途径，广泛收集29名资深院士资料，并结合馆藏档案资料，以每一位资深院士为单元，整编形成了包括院士生平信息、重要成就、学术思想等内容的专题文章，全部文章均通过"海洋档案"微信公众号发布。《蓝海星光》就是对29名资深院士系列文章进行再编辑成果。

二、档案整编类文化产品开发程序和方法

（一）选择整编主题

基于海洋档案丰富的文化属性，档案整编选题范围也比较广泛，同时已经形成的海洋档案文化产品主题广泛、形式多样，产品再整编选题也同样面临着选择。

无论是档案的初次整编还是产品的再次编辑，海洋档案整编类文化产品的选题有四点必须考虑：其一，要立足档案的文化属性，避免选择馆藏档案资料检索工具类和海洋科技信息编撰类的主题。其二，选题要立足档案或者档案文化产品的丰富程度，即整编工作应建立一定数量档

案或者档案文化产品基础上，即选题要有明确的时间、空间或者人物限制。其三，选题出发点应满足社会需要，以人民为中心，既要符合现实需要，又要具有长远的利用价值，选题应把需求作为考虑因素，只有满足社会需求的整编成果才能充分体现海洋档案的社会价值和经济价值。其四，选题要考虑整编人员的力量状况，要在一定周期内实现选题预期整编目标，这需要整编人员付出大量而复杂的劳动，尤其体量稍大、整编内容稍复杂的选题，还需要综合考虑整编人员的知识结构和水平。

（二）撰写整编文案

档案整编类文化产品不是同一主题下，现有档案、档案信息或者档案文化产品的简单堆积，而是在一定的秩序下和在既定的逻辑关系里的有序集合。撰写整编文案就是要为整编工作提供秩序和逻辑关系，简单地说就是为整编工作提供实施依据。整编文案内容一般应包括：①根据整编目的和应用需求，确定产品的开本、版式、材质和模板格式；②确定整编大纲，即明确整编类产品的结构，分为几个部分，每个部分应包括整编对象要求；③明确整编对象的收集范围、途径、数量、质量等；④拟定整编产品的名称、各部分标题及其对应的文字说明等。

（三）汇集整理素材

基于档案整编工作是在现有材料的基础上进行的，其选材方式有摘录、缩编和剪辑等。一般情况下，整编对象是明确的，但哪些档案或者哪些产品应该收录、应该以什么样的方式收录，是整编过程中需要重点解决的问题。图片类和文字类整编对象在实际操作过程中有不同的整理方式和要求。

图片类整编对象，不仅要考虑是否收录的问题，还要考虑是局部收录，还是全部收录的问题，选择哪部分收录的问题。要考虑图片是否需要或者能够比较清晰地呈现出来，尤其是一些幅面比较大的图片，如果是选择局部展示，则应考虑哪个区域内容与整编主题契合度最高，或者说利用价值最高、表现力最强。人物照片选择时需要考虑的因素比较多：

一是照片是否能够真实反映主题人物的生平履历；二是按照设计文案划分的阶段，他们的照片数量是否符合要求；三是照片上主题人物是否突出，形象是否生动，是否需要局部放大、虚化、裁剪、旋转等处理；四是与主题人物有关的人员出现位置和频率是否合理等。图片类整编对象汇集整理时，需要同步收集或者整理整编对象的相关信息和处理要求，如包括时间、地点、事件名称的照片说明信息，名称、形成日期、比例尺、摘要等图件描述信息。收录整编对象应按照文案设计有序组织。

文稿类整编对象，如果是全文收录，则无须对内容进行再整理，如果是档案信息或者产品信息局部整编，则应严格按照整编选题要求，对每一个拟收录的对象进行加工处理。口述历史资料专题整编文稿相对复杂，因为其整编对象是口述历史语音转成的文稿，该类文稿口语化强，条理性弱，而且时常包含其他非采集主题的内容，或者主题内容分散在不同的讲述阶段，整理者需要全部掌握亲历者讲述的有关主题内容之后，才能以亲历的口吻进行再次凝练、分段，形成符合一般阅读习惯的文字材料，并赋予适合的题名和各部分标题等。

无论是图片类整编还是文稿类整编，要形成再编辑产品，往往需要通过一些相关图片、点缀文字等辅助类内容，提高产品的质量和艺术效果。在此阶段需进行收集整理，为编辑排版提供素材。

（四）撰写整编说明

整编说明，也是编制说明，一般位于整编产品的首页，也可以通过"前言"或者"后记"形式出现在正文之前或者之后。整编说明是整编类文化产品的一个组成部分，是整编者为了让读者快速了解整编类文化产品而进行的必要说明。整编说明至少应包括：①整编背景、目的和意义；②整编方法、整编对象及其来源和质量情况；③整编过程中可能存在的问题；④整编人员组成，包括策划、资料收集、整理、编辑、审校等。

（五）编辑和审核

按照拟定的书稿模板和设计文案，有序地将整编对象逐个收录，进行排版和编辑。凡不够清晰的图片或者重点内容不够突出的照片，应进行适当的处理，纯文字稿中可以通过加入相适应的照片或图片，提升产品的阅读体验。标题类或提示类文字可采用艺术字体，吸引读者的注意力。产品印刷出版前应进行多次审核，审核内容除文字校对之外，应根据产品分发适用范围，重点对其内容的敏感性、引用的规范性进行把关。

第七章 海洋档案文化产品传播服务实践

传播服务是海洋档案文化产品开发体系的出口端，是海洋档案文化产品与其受众的桥梁。随着社会发展，信息传播服务方式日新月异。各种新型媒体的出现，为海洋档案文化产品传播服务提供了新的平台。本章主要介绍了海洋档案文化产品传播服务实践理念，以及通过微信、网站和现场进行传播的程序、方法和要点。

第一节　海洋档案文化产品传播服务实践理念

传统意义上的档案文化产品对于传播服务的重视程度相对偏弱，这在一定程度上限制了基于档案形成的各类成果向受众特别是大众的传播，而海洋档案文化产品开发体系专门设计了传播服务的板块，并在实践中逐步提炼形成了适应海洋档案文化产品传播的理念。

一、多媒并用，传播形式多元化

信息技术的迅猛发展和传媒领域的重大变革，改变了当前的媒体环境和传播方式，促使了全媒体环境的形成。[1]新兴数字技术和档案文化产品传播相结合，为社会公众提供了足不出户就可以感受档案文化的平台。为充分发挥档案存史、资政、育人的功能，应根据不同种类档案文化产品选择相应传播形式，提高档案信息传播能力和水平。

由纸媒传播、互联网传播、电视传播、现场传播等组成的传播服务平台是海洋档案文化产品的出口端，也是社会公众了解接触海洋档案文化产品的窗口。只有坚持"多媒并用"，采用数字技术整合各类海洋档案文化产品的音视频、图文、展览等内容，才可形成聚合传播态势。

海洋档案文化产品传播服务平台最初以纸质媒体刊发工作动态、亲历者口述和馆藏档案史料解读等形式为主。近年来则以基于馆藏档案史料的原创视频为突破点，通过微信公众号等途径快速与社会公众见面，传播力进一步增强。

二、细分用户，传播服务差异化

海洋档案文化产品在传播过程中，坚持以用户为中心的理念，注重分析受众需求，及时提供精准服务。一是为受众进行分类定制传播服务。

---

[1]杨靖，赵梦蝶. "全媒体"视域下档案信息传播存在问题及优化策略研究[J].山西档案，2023（1）：119-125.

对用户的画像特征、兴趣偏好、行为轨迹等数据进行采集分析，洞察不同群体对档案产品的认知水平和需求差异。[①]分类主要包括年龄、知识水平、所属机构、兴趣喜好等方面，定期进行不同传播平台受众情况的统计，如利用微信公众号注册用户基本情况统计报表，掌握受众的年龄阶段、地域分布等信息，为后续优化传播策略提供依据。在展览展示过程中及时掌握不同群体在观展过程中对于档案产品展示内容的兴趣点，酌情纳入后续内容更新计划。二是在海洋档案文化产品传播过程中，通过产品推送的时间段、编排的形式样式、现场展览讲解传播中的侧重点等角度，为不同类型的受众提供差异化的传播服务。结合海洋档案文化产品的推送计划，融合"靠前谋划""主动服务"的思路，在充分分析各类受众或用户特点基础上，把传播服务的定制化工作做在前面。

三、传受结合，突出互动和反馈

1960年，美国社会学家E.卡茨在《个人对大众传播的使用》中率先提出了"使用与满足"理论，他指出个体和群体（基于社会和心理根源而生发）的需求，催生了他们对大众媒体或其他媒介的期待，进而引发不同模式的媒介接触（或其他活动参与），最终带来需求的满足和其他意想不到的结果。因此，受众在面对媒体时，并非被动接受，而是根据自身的需要做出主动选择。

互动体验的提升可有效提高受众对传播内容的理解与认知水平。[②]海洋档案文化产品传播服务平台成为和受众交流的窗口，应注重线上及时收集和分析公众对服务的反馈，线下主动联系参观者，把握公众的需求变化，及时答疑解惑，建立良好的传受关系。一是注重海洋档案文化产品传播中互动性的前置设计，比如在产品推送中，注重标题、导引图的选择，力求通过鲜明的标题、吸引人的配图，最大限度提高受众的阅读

---

① 陈晓龙，陈琳.大数据环境非遗档案文化传播路径设计[J].山西档案，2024，（3）：124-126.

② 周慧琪，黄允曦，易魁，等.功能主义语境下的红色线上博物馆：高效"听读"的共情传播建构[J].视听，2023，（5）：115-120.

欲望和兴趣。标题方面选择与海洋事件、海洋人物等关联度高的关键词，在简明扼要的基础上突出亮点，利用设置悬念和引发思考等方式提高受众阅读后进一步互动的可能性。二是在产品发布后，及时对读者反馈进行处理，区分留言和评论中的内容。对于赞赏类、感怀类的内容给予回复，对于信息咨询类和核实类的内容，视情况通过留言回复、电话回复等方式予以解答。对于档案资料提供类、线索类等内容，根据档案资料和线索的价值，及时与对方建立联系，明确后续进一步开展海洋档案史料收集、口述历史采集等工作的计划。

第二节　微信传播

2012 年，微信这一社交软件逐渐走进大众的生活，其使用频率与渗透程度在众多社交应用中位居前列，因此微信公众号逐渐成为海洋档案文化产品传播的主要途径。2017 年前后，档案部门的官方微信公众号建设迎来了第一波高潮，如 2016 年 3 月，中国第一历史档案馆"皇史宬"发布第一篇推送《皇室宬》；2017 年 5 月，中国第二历史档案馆"民国大校场"发布第一篇推送，讲述南京"大校场"的历史；2017 年 5 月，上海市档案馆"档案春秋"推送第一篇《亲历"开国货币"诞生》；2017 年 1 月，上海市金山区档案局正式开通微信公众号"金山记忆"。"海洋档案"微信公众号作为海洋档案文化产品传播平台网络传播的组成部分，正是在这一时期上线运行。

一、"海洋档案"微信公众号传播基本情况

（一）创办情况

"海洋档案"微信公众号注册主体为国家海洋信息中心，以"汇聚蓝色记忆，传播海洋文化，弘扬海洋精神；讲好海洋故事，当好海档管家，助力深蓝梦想"为目标，依托丰富的馆藏档案史料基础，以口述采集、

亲历者撰文、适宜公开的档案史料文本、馆藏声像档案和实物档案等为资料来源，发挥微信平台信息精准推送、便于人际分享、内容形式多样、互动反馈及时等优势，成为海洋档案及其专题编研成果和社会公众见面的窗口，致力于海洋档案文化产品的传播。

微信公众号命名为"海洋档案"，突出其海洋专业特色，彰显档案文化传播，同时便于读者将公众号名称和账号主体——中国海洋档案馆相联系。"海洋档案"头像标识以红色为底色，字体为白色，整体醒目且呈现档案意蕴，其文字是我国著名地球物理学家、中国科学院院士刘光鼎（1934—2018）先生的手迹，来自他2014年接受中国海洋档案馆采访时题写的"中国海洋档案馆"。

2017年10月20日，自"海洋档案"微信公众号发出第一篇推送《【征集启事】众里寻你！期待与你一起认识并追溯他不平凡的人生》以来，至2024年共发布推文1000余篇，受到老一辈海洋工作者、海洋事件亲历者和档案同行的关注与喜爱。凭借鲜明的海洋特色和档案底蕴，"海洋档案"微信公众号开通一年便入选"档案微平台研究"发布的《2018年度全国档案微信公众号排行榜》，位列第57名，2019年、2020年、2022年和2023年均进入该排行榜年度排名前100名。在排行榜上榜单位大多为综合性档案馆、高校和企业的情况下，"海洋档案"成为其中为数不多的传播力较高、专注专业档案文化产品传播的微信公众号之一。

（二）推文形式

音视频类和文稿类档案文化产品是"海洋档案"微信公众号推送的主要内容，其中文稿类产品分为原创、整编、转载三种形式。

1.原创

以推送海洋档案原创文化产品为主。结合馆藏资源开发的海洋档案文化产品是公众号发布的重点内容，同时结合档案工作实际需求，深入挖掘海洋档案线索，调动行业和领域内其他机构的档案工作力量，广泛面向社会征稿，从档案、历史和文化的角度创编各类推文。

2.整编

以整编推送丰富海洋档案文化产品。为提升"海洋档案"微信公众号的活跃度和海洋档案文化产品的传播力度，在发布原创产品的基础上，基于档案线索，结合历史上的今天、海洋人物、重要海洋历史事件等，广泛收集网络、书籍、报刊等已刊载的公开信息，集结与主题相关的内容，按照一致的框架整编。不同来源表述不一致的，通过档案线索核实，并参考新华社、《人民日报》等相关权威机构官方网站的表述。仍无法核实的，则不予采用。保证推送信息内容准确、数据真实、来源可靠。

3.转载

以转载内容拓展海洋档案文化产品影响范围。与相关媒体沟通达成转载意向，必要情况下获取转载授权，发布相关媒体刊登的有关海洋历史、海洋人物等史料类文化产品。转载或引用的信息严格按照"作者、文章名称、发布媒体、发布时间"的格式，规范注明信息来源。

主要转载内容来自《人民日报》《光明日报》等国家级权威媒体的海洋领域新闻热点、文艺副刊，自然资源（海洋）领域各类主要媒体，如《中国自然资源报》、"观沧海"微信公众号、"i自然全媒体"、中国南海网、中国钓鱼岛网等。同时跟踪档案系统相关媒体及其他与主题相符的档案机构、图书馆、博物馆等，如国家博物馆、国家图书馆、中国第一历史档案馆、中国第二历史档案馆、故宫博物院、颐和园博物馆及档案类核心期刊等，获取与海洋档案文化产品相关文章并转载。

（三）传播效果

"海洋档案"微信公众号上推送的各种类型的海洋档案文化产品，满足了不同用户的阅读需求，最大程度地发挥了各类推文的优势，并在推送的比例上合理搭配，运用有机组合的方式，在微信公众号这一传播窗口，提升用户关注度和满意度。

1.获得读者持续关注和广泛阅读

"海洋档案"微信公众号本着"传承蓝色记忆，传播海洋文化、弘扬海洋精神，讲好海洋故事"的宗旨，聚焦海洋档案文化产品的推送传播。

档案是文化的"母资源","海洋档案"微信公众号已经成为发布海洋档案文化产品、宣传海洋文化的窗口。公众号自开通以来,推送了与中国海洋事业发展相关的系列档案产品,收到较好反响,老一辈感怀历史荣光,年轻人感受使命担当。

同时"海洋档案"微信公众号注重与"蓝色印记"档案展厅、"海洋档案信息网"等深度融合,发布了一批扩展阅读信息,微信公众号+的运行模式立体呈现了海洋事业发展的印记,增强了有效宣传海洋工作、讲好自然资源故事的效果。同时"海洋档案"微信公众号也受到中国第一历史档案馆等国家档案部门、自然资源部机关和部属单位及社会公众的关注,时常有留言、点赞,或提出建议,或抒发情怀表达追忆,或主动提供各类档案史料、海洋事件和人物信息的线索,充分表达对海洋档案工作的支持和公众号运营的认可,也夯实了做好海洋档案工作的基础。

2.提升海洋档案文化产品影响力

微信公众号推文的传播力和影响力是一个多要素综合作用的结果,其中阅读量最为直观,表示该推文引起关注的程度,而微信独有的朋友圈分享、分享至特定个人和群聊等方式,使得公众号推文的阅读量增长更依赖人际传播。点赞和在看均可在一定程度上显示用户对于推文的满意度和认可度,从行为动机来看推送内容的信息价值能够满足读者及时获取最新资讯、深度解读、解决生活和工作中的棘手问题等动机,均对用户"点赞"行为有较大影响。用户的留言评论数量则很大程度上反映了用户对推送话题的参与程度,即话题度。微信公众号发布数据分析对于精准定位受众、了解读者需求和偏好、优化内容和推送习惯有着促进的作用。

综合"海洋档案"微信公众号的推文发布和阅读量、评论量等统计情况,可以看出,阅读量最高的是视频专区刊发的原创视频类海洋档案文化产品。特别是在国际档案日、全国海洋宣传日等活动中,得到社会公众尤其是中小学生的大量阅读,这些视频都是基于海洋档案的原创作品,且是"海洋档案"微信公众号首发,因此篇均阅读量、点赞和评论数均位列前茅。其次是"史料见证"栏目,史料解读类推文对于提升海洋档案文化产品的传播效果有十分显著的影响。作为特色栏目,这类推文保留了档案史料的原始性、真实性，经过整理加工后又增加了故事情节，更容易受到读者的欢迎，篇均阅读量、点赞量都比较高。而"海洋人物"栏目更多依托馆藏资料、官方机构和权威媒体相关报道进行整编，如围绕1963年提出《关于加强海洋工作的几点建议》的29名专家、2016年获"终身奉献海洋"纪念奖章的29名专家，以及新中国成立60周年评选出的十大海洋人物等。这些基于档案、用档案讲故事的各类产品，通过微信公众号特有的扩散机制得到广泛传播。

3. 促进产品开发体系运行持续化

"海洋档案"微信公众号建立起海洋档案文化产品开发体系和社会公众的联通渠道，反向促进了以史料为主的档案资源建设的渠道，进一步丰富了馆藏资源。2023年11月，海军退休老兵宋女士在看到推送《青岛观象台和她的中国台长们》一文后，因为她的父亲曾在青岛观象台工作过，主动与馆方联系，提供了关于青岛观象台的部分历史信息。

另外，通过用户的阅读量、评论等信息反馈，也促进了海洋档案文化产品形式的丰富和开发方式的创新，达到了"资源—产品—传播"这一链条上3个节点之间的互相促进、同步完善和良性循环的目的。如2020年3月《中国人自建的第一个验潮所——坎门验潮所》发布后，获得较好传播效果，随后"海洋档案"连续推送了厦门站海洋站、小麦岛波浪观测站相关内容，相似的版式和文风搭配丰富的图文史料吸引大量读者阅读。

二、推文发布流程和方法

（一）制定发布计划

"海洋档案"微信公众号推文发布计划与海洋档案文化产品的开发进程绑定在一起。每月月初，综合海洋档案专题活动、重要纪念日和节日、时事热点等，确定当月选题范围。每周末召开下周编前会，统筹考虑海洋档案文化产品的开发进度、历史上海洋事件具有周期宣传价值的重要程度、基本素材储备情况等，报送选题题目和编辑思路，并结合相应栏目建设安排，指定海洋档案文化产品开发相关人员，进行产品推送准备、必要的档案史料扩展查询及相关配套网络信息收集等。

（二）确定发布周期

适合的推文频率可有效提升用户的使用体验效果，增加用户的黏性。"海洋档案"微信公众号平均每年推文约120篇，每周推文1~3篇。除热点内容需要第一时间编排推送外，固定推送时间在周三和周五，如遇时事新闻、补充材料等情况则动态调整发布时间。形成的推送规律也会在一定程度上培养读者的阅读习惯。

此外，不同栏目也根据内容情况合理设置发布周期。转载类推送在官方媒体发布当日进行，原创类在产品形成后1~2天内完成审核发布。

（三）发布内容创编

"海洋档案"微信公众号内容创编主要是指在发布海洋档案文化产品时，根据产品的特性、发布时间等进行差异化编辑。

1.以产品为核心的整合推送

通常情况下，提交推送的海洋档案文化产品以单一表现形式居多，如一部与海洋历史上重大事件相关的5分钟档案短视频，一组反映特定海洋工作者经历的档案展览图片，又或是一篇关于某位海洋老科学家学术贡献的口述历史资料整编文稿等。这些从海洋档案文化产品开发体系中产生的推送内容，虽然有其特定的核心主题和时间空间限定，但在推送过程中，为强化产品的推送效果和满足受众"扩展阅读"的需要，实际推送时常常使用"产品为主、多方辅助"的方式，即以产品为核心编排为主篇，同时围绕与该主篇内容关联度较高的信息组织1~2篇资料性的副篇，主篇与副篇共同推送，在主篇发布海洋档案文化产品的同时，通过副篇扩展信息量。

2.统一版式的推文风格设计

"海洋档案"微信公众号各栏目有着固定的排版模式，带给读者较为舒适的阅读体验。正文内容一般为17号黑色，着重需要突出的部分加粗或变换字体颜色，图注统一为14号深灰，文末信息来源和编排人员字体为12号深灰。常用的编辑软件为"135编辑器""秀米编辑器""创客贴设计"，根据不同主题选择版式，并且为固定的栏目设计封面。常用图像处理软件为Photoshop、After Effect、Edius、Autouique、Format Factory等。

海洋人物栏目专门有统一的封面，在内容编排时首先呈现主人公的肖像、简介及其生平经历和主要贡献，在正文内容一般按照时间顺序以3~4个章节呈现主人公的成长历程。

其他内容没有设置固定的排版模式，但是在编辑过程中对于文章中亲笔信、口述等有较高可读性的内容使用信纸、对话类模板予以突出；对于诗词、名人名言、文学作品等引用，使用不同字体以区别，既有内容的区分，提升了可读性，又增加了排版的美观度。

同时，"海洋档案"微信公众号在编辑时对于纯文字内容会使用不同模板进行编排，以突出各个章节和段落的内容。编辑过程重视表达的丰富性，各栏目编辑会依据特定主题加入图片、视频、音频等多种元素，使档案故事可见、可听。

3.创建助力推文效果编者按

编者按，作为文章或报道前的简短引言，不仅是编辑对文章内容的提炼与概括，更是在读者阅读正文前，通过交代必要的背景和写作目的，搭建起读者和作者之间的桥梁。如今，互联网信息海量、碎片化地呈现，更多带给读者短暂、浅显的内容，在这样的背景环境下，海洋档案文化产品的深度信息和诸多细节往往被忽视，在微信公众号文章推送前，编写编者按不仅能够吸引读者目光，激发读者的阅读兴趣，还能对文章中的某些观点进行强调或补充，增强文章的说服力和感染力。同时，还能通过个性化的语言风格，增强与读者的互动和黏性，提升公众号的品牌形象。

围绕"老海办"的一张合影，综合口述采访和档案史料，公众号编辑撰写了《65年前的TA，一份来自老海办的记忆》一文，为了增强文章的感染力，写了一份特别的编者按：

　　"一张合影，是历史的定格，而其中的每一个人都是一本故事书。1959年，一个已经逐渐远去的年份，可一张来自那时的照片，对于亲历者来说，已经超出了事件本身的意义。那是一个个年轻人走上工作岗位的开始，是他们十七八岁的青春记忆，是人生这部故事书青涩而又鲜活的篇章。那些曾经合影时站在你身边的TA，你还记得吗？再拿起旧照片，谁说不是和曾经的自己撞个满怀呢？"

这段话既起到了向正文的过渡作用，也激发读者的阅读兴趣。

在原创口述文章《口述档案 | 做了该做的事，这辈子没白活》（刊载于《中国档案报》2023年9月14日第四版）前，编辑加入了背景信息：

> "踔厉奋发启新程，海洋兰台续新篇。近年来，中国海洋档案馆（国家海洋信息中心）开展了口述历史采集工作，旨在记录中国共产党领导下海洋事业取得的历史性成就，带您回顾一代代海洋工作者辛勤耕耘、砥砺前行、向海图强的光荣岁月。本文系根据中国海洋档案馆馆藏梁凤森先生口述历史档案整理形成。"

这些内容有助于让读者对文章的意义和来源有更加清晰地了解。

在推送专题系列文章中，编者按是不可缺少的内容，如2022年的"喜迎二十大 档案颂辉煌"专题系列文章，以"档案承载初心，档案见证辉煌。为迎接党的二十大，'海洋档案'将撷取中国共产党领导下海洋事业取得的历史性成就，用档案带你重温中华民族向海图强的奋斗历程，铭记初心使命，激发奋进力量，续写时代华章！"为编者按，这段话清晰地表达了后续文章编撰的目的和意义，表现了海洋档案工作者喜迎二十大的具体行动。

（四）推文校对审核

"海洋档案"微信公众号推文实行三级审核制度，坚持弘扬社会主义核心价值观，坚持落实意识形态工作责任制。编辑排版阶段由责任编辑对资料来源和语言表述进行初审；初稿编排完成后，由校对人员进行复审；

发布预览阶段，根据相关规定由责任领导或报相关职能部门审核后发布，重要推文或者重要信息的推文，报上级领导审核。每期推文安排专人进行最后的发布确认，保证编辑、校对、审核和发布等角色由不同人员承担。

"三审三校"审核人员对信息内容要严格审核、管理，以确保信息的合法性、真实性、准确性、及时性。审核内容主要包括：是否涉及国家秘密、工作秘密或个人隐私，是否符合国家法律法规和相关规定，是否符合保护知识产权的有关规定，是否有利于推动海洋档案工作开展，发布信息是否符合当前形势等。

（五）优化推送时间

推送时间在一定程度上决定着信息的送达程度。按照微信平台的运行规则，普通订阅号每天仅有一次发布机会（在需要时可向平台申请增加至2次）。按照"海洋档案"微信公众号每周1~3次的推送频率，选择合适的推送时间在一定程度上决定着海洋档案文化产品推文的传播效果。

经过一定时间的实践和经验总结，"海洋档案"微信公众号推送时间一般定在11~13时和17~20时，部分推文在15~17时。这个时间是综合考虑了大多数微信公众号用户的阅读习惯来确定的。一般在职工作人员在午休时间和结束一天工作后的时间里，会稍从容地阅读订阅号。实践同样印证了这一点，在该时段发布的推文均取得了良好的传播效果，不仅阅读量较高，而且读者评论也较多。但"那年今日"等档案史料文稿类，则一般确定为"纪念日"当天清晨发布。

（六）处理反馈信息

互联网传播吸引读者以更具个性化特征的表达方式参与信息的构建，如留言、点赞、推送、转发等。相比其他大众传播媒介，微信公众号依赖人际传播的设计使得读者的反馈更具私密性，态度表达的"熟人特征"也较为明显，如评论仅好友可见，转发动机也是向有共同话题的好友分享或者通过"在看"关注好友感兴趣的信息等。"海洋档案"微信公众号依托对读者评论和留言的处理来完成和读者的交流互动，维护用户黏性。

对于精彩留言和评论，第一时间精选并推出，对于对内容有歧义和有相关建议的则在核实后进行回复，对于负面评论则进行删除。

同时，对于已发布内容出现的错误，设置了规范的处置流程，需修改更正的，则在发现问题第一时间提交修改，完成后填写《"海洋档案"微信公众号推送审校登记表》。如已修改文章第二次出现问题，无法再次修改的，则删除推文并记录。对于出现意识形态领域问题的推送直接删除，及时查看后台有无留言，监控舆情动态。

三、增强传播效果的方式

微信公众号展现给用户的推送内容，是用户获取信息、专业学习、深度研究并与创作者进行互动的基础。推文内容是影响档案类微信公众号传播效果的根本要素，也是读者了解和评价一个档案类微信公众号最直接的依据。在"海洋档案"微信公众号上发布的海洋档案文化产品，其主题涵盖不同历史阶段海洋科技创新、海洋经济发展、海洋国际合作、海洋权益维护、海洋生态文明等前沿热点，立足记录海洋事业发展的档案史料、海洋领域科学家的档案故事等，以档案视角呈现新中国海洋事业的艰辛与成就。因此，在提高海洋档案文化产品质量的基础上，应更加重视公众号多种增强传播效果的综合运用。

（一）分栏目传播特色个性化产品

"海洋档案"微信公众号根据发布产品，分别归入"海洋人物""史料见证""亲历者说""那年今日""视频专区"等栏目。每篇推送以"栏目名称|文章标题"为推送标题，每个栏目设有固定封面。同时，根据海洋档案文化产品开发工作实际，在重大活动和纪念日前后设置临时专栏，通过原创、整编、转载等方式高频集中发布与主题相关的史料解读、亲历者回忆、专题视频等海洋档案文化产品。

如2019年开设了"70年：海的情怀"庆祝新中国成立70周年专栏，共25篇文章，其中既有对海洋事业作出突出贡献人物的纪念，如《新中国第一位海洋局局长齐勇》《原国家海洋局将军政委——李长如》；也有一线海洋工作者的独白，如《向一个真正的海洋人蜕变》《我的北部湾划界生涯》；也有对重大事件的回顾，如《中国首枚洲际导弹靶场是怎么选定的?》《海洋预报：从人工到智能 从近海到远海》，每一篇都承载着海洋工作者对海洋深沉的热爱与敬仰。

再如，2022年推出"喜迎二十大 档案颂辉煌"专栏，共10篇文章，"忆征程 铭初心 续华章"，展现中国共产党领导海洋事业取得的历史性成就。其中多为原创力作和精心整编作品，如《我国第一次全国海洋综合调查及其影响力和精神价值》《风雨中走过六十年的"海洋标准断面调查"》《驾海洋意识之船 展海洋文化之帆——回顾98国际海洋年的首次》等。《风雨中走过六十年的"海洋标准断面调查"》一文通过引用一份珍贵档案——1965年底"关于接收断面调查队工作情况的报告"，凸显了档案史料在还原历史真相、传承海洋文化中不可替代价值，同时也体现了海洋档案文化产品开发对于提升公众海洋意识、促进海洋科学研究的重要意义。

2024年是我国开展极地考察40周年，"海洋档案"微信公众号特别推出"极地考察40年"专栏，共18篇文章，既包括原创作品《40年前的今天，国家批准〈关于我国首次组队进行南大洋和南极洲考察的请示〉》《极地考察40年丨我国5座南极科考站名字的由来，你知道吗?》，也有读者来稿《肩鸿任钜踏歌行》和转载文章《极地国际合作取得丰硕成果》等。集中展现了40年来中国不断提升的极地考察综合能力，不仅在硬件设施上实现了质的飞跃，更在科研水平、人才培养等方面取得了显著进步。

（二）多形式结合提升传播便捷性

清晰明确的服务菜单项可以有效提高用户使用媒体的参与感和满意度，微信公众号下方为读者提供导航栏，运营者可以自主设计，便于读者快捷选择阅读内容。"海洋档案"微信公众号通过对不同推送内容进行整理归纳，按照海洋档案文化产品类型设计了不同的功能分区，为用户提供浏览推送合集、专题栏目、原创视频等服务。导航栏分为"蓝色记忆""海洋视频"等，各导航栏有机组合，各自发挥不同的功能。"蓝色记忆"下设"史料见证""海洋人物""那年今日"等，以满足用户分类查找往期推文的需求，增强了使用的便捷性；"海洋视频"导航栏呈现了海洋档案文化产品开发体系下"蓝色摄像头"系列原创视频。此外还导航链接至"海洋档案信息网"，发挥门户网站入口的功能，方便产品发布和信息公开。

（三）多种媒体融合创新表现方式

"海洋档案"微信公众号开通时，正值我国互联网传播环境加速变革的时期。2016年9月，抖音平台的前身"音乐短视频"出现在公众面前，迅速在青年上班族和大学生群体中积累了数以百万的用户。微信、微博和媒体客户端更加注重轻量化传播和在线互动，抖音、快手及此后的微信视频号使短视频和直播成为互联网传播新的增长点，也正是这一时期，多家纸质报刊宣布停刊，媒体融合的概念从行业探索成为越来越多的实践选择。

根据有关论文①的分析，对用户来说，感受内容最直观的载体形式，调查问卷中"微平台下档案信息受众的选择偏好"数据分布为：93.81%的受访者偏好图文并茂的信息形式；46.02%的受访者选择音视频信息形式；13.20%的受访者更偏好以图片为主的信息形式；12.39%的受访者选择以文字为主的信息形式；0.88%的受访者选择其他信息形式。

由此可见，图文并茂这一基础的载体形式在传播碎片化、轻量化的时代，仍然是多数用户获取信息的首选。"海洋档案"微信公众号的推文载体形式以图文配合为主，其占比超过90%。与此同时，"海洋档案"微信公众号从建设之初也在一直不断探索运用多种形式作为内容载体，融合推送以海洋档案文化产品为主的各类内容，形成了以传统的图文推送为基础，以"蓝色摄像头"档案原创视频为特色品牌，同时结合数字化处理的档案史料、照片档案H5等形式搭配组合的融合方式。为符合新媒体传播规律，"海洋档案"微信公众号适度增加漫画、投票、问答等形式

---

① 宋怡佳.综合性档案馆微信公众号建设案例研究——以上海市档案馆微信公众号"档案春秋"为例[J].档案春秋，2023，（12）：34-39.

比例。如2020年在纪念"我国首枚洲际导弹成功命中太平洋预定海域"的系列档案产品推送中，设计制作动态预告海报，配合"点亮"功能的设计，起到了很好的预热效果。

此外，"海洋档案"微信公众号注重版式设计，风格随推文内容而相应调整变化，标题设置融入网络热词、精简文字表达和篇幅利于快速阅读、增强趣味性和互动性等方式的综合应用，拉近了与读者的距离继而增强可读性。在排版和文字风格方面也保持一定的稳定性，形成公众号自身的特色。

（四）强化视频类产品的专题传播

微信平台于2020年推出视频号，2022年微信直播上线知识专栏，覆盖多个知识领域。同时，微信视频号上线付费直播间，依托庞大的微信用户群，成为继快手、抖音之后的又一个短视频平台。在微信公众号发布的视频可以同步至视频号，同时"视频号"可以显示在公众号主页。视频号为运营者增加了更多的互动空间，后续看到喜欢的视频可以@好友或者相关账号，增加了被看到的途径。"海洋档案"微信公众号为了提升视频类产品的传播效能，特地开通了"视频号"功能，用来发布视频类海洋档案文化产品，并完成全部视频类海洋档案文化产品的专题推送，实现原创作品的二次传播。

第三节　网站传播

档案信息化建设是信息时代我国档案事业发展的重要组成部分，中共中央办公厅、国务院办公厅印发的《"十四五"全国档案事业发展规划》就明确提出到2025年我国的档案信息化建设能够再上新台阶。[①]提供档案信息化、数字化成果及档案信息服务的档案网站，是我国档案信息

[①]梁文超.我国档案网站研究特点与发展趋势——基于CNKI的文献计量与可视化分析[J].档案学刊，2023，（1）：11-24.

化建设、数字化发展过程中不可或缺的一环。

一、网站传播海洋档案文化产品的优势

当前微信、微博、短视频等平台对公众的吸引力日益增长，人人都在往社交媒体转移，导致传统网站形式的信息传播和分享已经有所弱化，但网站依然有其不可替代的存在价值。网站是档案馆对外的"门面"，关乎形象，一个良好的网站可以持续以固化的方式提供各类档案信息服务，进而提升社会对档案馆的认知程度。网站是档案馆和公众的"桥梁"，是公众在互联网中获得档案馆各类信息最直接的渠道。同时，网站作为档案馆对虚拟网络所能呈现出"可信"形象，是其他类型网络服务所不能取代的。因此，海洋档案文化产品作为档案信息的核心载体和重要成果，将网站作为其传播服务的窗口，是海洋档案服务的必然选择。

基于网站传播海洋档案文化产品，还具有自身的优势。一是从官方网站角度发布体现产品的"可信"属性，保证受众从海洋档案文化产品来源层面增加对产品的信任。二是利用网站单页面推送信息量大的特点，保障海洋档案文化产品能够持久呈现在显著位置，而不同于新媒体平台优秀产品被大量新推送"淹没"的情况。三是网站更方便以超级链接、内容结集等方式提供单一海洋档案文化产品的扩展信息，可以强化产品推送中各类信息的及时整合，有助于提升产品传播力。

二、网站传播海洋档案文化产品的情况

（一）网站建设运行情况

"海洋档案信息网"的建设与海洋档案文化产品开发体系的构建，是早期在借鉴国内较为成熟的档案网站的基础上进行设计开发，初步形成网站的雏形。自2018年起，按照网站整合建设、提升信息安全防护能力等有关要求，海洋档案信息网的建设进入提速期。依托国家海洋信息中心"网站群"整合建设，在中国海洋信息网（http://www.coi.org.cn）下，重新整合建设海洋档案信息网，于2018年9月试运行，年底投入正式运

行。网站域名为http://hyda.coi.org.cn，网站备案信息为津ICP备05001020号-23。

海洋档案信息网纳入国家海洋信息中心网站群建设，该网站群集管理、运维、发布、集约共享于一体，采用统一管理技术，支持多站点的建设与管理，支持分布式部署，提升系统整体性能，提供良好的可扩展和容错性。支撑层采用Web Service技术，基于微服务架构设计，支持跨平台信息交换，封装数据和信息访问接口，为不同资源和应用的互联互通提供支撑，集成建站服务、全文检索、统一登录、资源共享、信息交换等功能。应用层采用ZCMS内容管理平台，该发布系统是一套基于J2EE和插件技术的、面向高端用户的网站内容管理软件，集站点管理、内容规划、内容创作、内容编辑、内容审核、基于模板的内容发布等功能于一身，并提供互动组件、可视化专题、内容采集、内容检索、访问统计等扩展功能。实现站点独立发布、内容统一管理、用户单点登录、信息智能关联、资源共享共用等多种功能。网站群支持WEB采集功能，可同时执行多个采集任务，用于从其他指定网站上采集与本网站相关的文章和数据，以便于实现自动转载和数据整合。内置了全面的访问统计功能，可以统计PV（页面访问量）、UV（独立用户数）、IP（IP地址数）、客户端情况，系统管理人员通过统计分析结果，能够更好地掌握网站运行情况。硬件和网络环境均依托国家海洋信息中心已有资源，保障网站运行在安全、稳定、高效的环境下。

海洋档案文化产品持续通过海洋档案信息网发布，目前，主要的海洋档案文化产品均通过内容发布（视频类、文稿类）、重点介绍（线下展览、书稿类）、摘要索引（内部刊印的产品集合类等）等方式在网站中呈现。

（二）发布栏目设置情况

"海洋档案信息网"聚焦于海洋档案文化产品的传播，按照网站特点和海洋档案文化产品的主要类别在网站首页设置一级栏目，主要包括："成果展示"，集中展示主要的海洋档案文化产品成果，以页面形式呈现；

"历史回眸"，集合推送海洋档案视频类产品，以网页视频配以文字说明的形式展现；"档案展览"，聚焦海洋档案各类展览展示，主要以图片、文字和视频结合的方式，展示开发形成的海洋档案各类固定展览、临时展览展示等，并具备网上展览的技术接口；"海洋史事"，侧重于推送各类原创、整编和转载的海洋档案编研文章；"海洋人物"，整合海洋档案编研的全部与著名海洋人物相关的内容，介绍我国海洋事业发展历程中作出重要贡献的或具有较高影响力人物的生平简介、主要业绩、学术贡献等。

（三）网站传播服务成效

"海洋档案信息网"自开通运行以来，基于中国海洋档案馆官方网站的定位，在发挥宣传海洋档案工作、提供档案信息服务指引等基本功能的基础上，聚焦海洋档案文化产品传播，充分发挥网站优势，起到了支撑海洋档案文化产品广泛传播的作用。

1. 分类推送聚合传播局面

有别于微信、微博、短视频平台以条推送的碎片模式，"海洋档案信息网"以栏目、子栏目的设置及主页链接索引的模式，将海洋档案文化产品开发体系下形成的各类产品集中整合，可直接以网页形式，查阅展示类、音像类、出版类、文稿类等全部档案文化产品，满足公众"一览无余"的产品阅读体验。与此同时，网站浏览不需要特定的应用程序（APP），网站后台专门针对移动端访问进行了优化，确保各类移动设备正常访问。同时，"海洋档案信息网"服务端依托国家海洋信息中心服务集群，访问视频类等产品的高画质和高流畅度有较好体验。

2. 超链和互动式促进传播

"海洋档案信息网"与"中国海洋信息网"紧密捆绑，"中国海洋信息网"在主页显著位置设置"海洋档案"专区，直通推送海洋档案文化产品链接，满足公众从更多访问途径浏览各类产品。而作为传播层的2项主要内容，"海洋档案信息网"与"海洋档案"微信公众号紧密互联，网站在显著区域列有"海洋档案"微信公众号的二维码，方便用户直接访问关注。"海洋档案"微信公众号每一篇推送下均列有"海洋档案信息网"的二维码，也为浏览者提供扩展阅读的直通途径。此外，"海洋档案信息网"与"海洋档案"微信公众号之间建立了海洋档案文化产品同步推送的机制，满足海洋档案文化产品第一时间多方投送、发散传播的需要。

3.可承载更丰富档案产品

网络传播平台技术框架为"海洋档案信息网"承载后续更多类型的海洋档案文化产品推送预留了更新接口，可满足多样化产品的展示需求。目前，基于网页的信息展示技术已经可以在覆盖传统文字、图片、音视频基础上更进一步，如三维全景、虚拟现实等，"海洋档案信息网"可扩充的技术架构，保证了该类应用可以及时更新，为多技术开发形成的海洋档案文化产品展示提供了基础。

三、网站发布内容组织和要点

（一）优化产品编排形式

网站相较于纸质媒体、其他新媒体有其自有的特点。因此在利用网站传播海洋档案文化产品时，要考虑产品网站发布时的编排。一是针对浏览网站的群体多为通过关键词检索或熟知该网站的人员这一特点，在首页和栏目页上要突出海洋档案文化产品的链接，并在不同页面底端增加扩展阅读、产品推送等提示，增加海洋档案文化产品在网站上的可见度。二是海洋档案文化产品与"海洋档案信息网"风格的一致，标题、正文等字体、字号、颜色等结合网站的整体规范进行设置，通常标题字体为18号并加粗（网站后台编辑字号），正文字体为16号（网站后台编辑字号），文章来源及编排人员字体为12号，文字主体颜色为黑色，必要的突出内容设置为与网站风格类似的蓝色和深黄色。三是推送产品网页页面的布局，适合不同浏览器、不同分辨率电脑及各类手持设备的正常浏览，通过必要的参数设置满足网站发布的海洋档案文化产品在不同设备上浏览的适配性。

（二）严格做好质量把关

严格执行海洋档案文化产品网站发布审批程序，落实每一篇文章的内容审核，执行"三审三校"机制，落实网络信息公开保密审查和互联网信息公开审查程序，填报《网络信息公开保密审查审批表》《互联网信息公开登记表》，审批完毕的表格编号备案保存。转发内容提交审批时需提供网络地址、出处说明、信息网络发布时间、信息全文等信息。指定专人每日巡查网站的运行状况，检查发布内容的准确性、正确性，如有问题及时提出问题修改，并填写《网络信息外网发布内容检查表》，做好修改记录。每次推送信息由专人负责整理归档。按推送日期建立推送内容文件夹，文件夹内整理存放推送内容。每月进行一次备份，备份在专用移动硬盘。

第四节　现场传播

现场传播是指海洋档案文化传播服务平台中和受众直接面对面交流的传播形式，也是社会公众可以接触档案实体和史料原件的环节。海洋档案文化产品的现场传播主要依托提供展览展示、承办相关活动等，同时也包括在参加重要活动、学术会议、业务交流等工作中，适时提供海洋档案文化产品展示等。

一、展览展示现场

（一）强化现场讲解三要素

海洋档案文化产品本身是一种信息载体和传播媒介，其内容的受众是广大参观者，展览所产生的效果同样受到传播者、接收者、外部环境等因素相互作用的影响，这和传播学对大众传播效果进行分析的思路是一致的。在海洋档案文化产品中，展览展示是对于以讲解为核心的现场传播需求最多的，讲解也是架在海洋档案展览展示与公众之间的桥梁。现场讲解起着引导、指挥和解说的重要作用。而讲解词的编写、讲解员的培训、讲解接待服务是展览讲解的重要元素。

1.讲解词的编写

讲解词是展览讲解的基础，是提炼海洋档案展览展示核心要义的关键。为了提高海洋档案文化产品中展览展示的现场传播效果，实践中均十分重视讲解词的提前准备，突出展览展示中档案元素的内容，强调海洋档案展览展示历史细节，增强讲解词中除档案外其他如科普、人文等信息的融合。讲解词形成后，要求讲解员根据自身特点对讲解词进行必要的适应性调整，使之更符合讲解员的语言习惯。

2.讲解员的培训

讲解员的培训是保证海洋档案展览展示现场传播效果的重要内容。讲解员是联系档案展览与公众的纽带，讲解员的言语和行动会影响到整个讲解的过程和最终效果。[1]因而，海洋档案各类展览展示中，非常重视讲解员专业素质的培养。一是注重讲解员的选拔，要求既要有良好的形象素质，又要对海洋档案工作特别是海洋档案文化产品有深入的了解和专业的知识。二是邀请专业人员从讲解词、衣着服饰、发音吐词、声调音色、节奏控制等方面进行培训，利用"试讲""互相点评"等方式，让讲解员在正式讲解开始前进行技能锻炼。

3.讲解接待服务

讲解接待服务既包括讲解过程的解说，还包括讲解前后的交流沟通。一是提前和预约参观的单位、团体等进行沟通，准确掌握参观的群体类型、参观重点和具体人员，根据具体情况调整讲解重点。二是提前明确到达时间、参观时长、停车用餐等信息，保障参观的顺利进行。三是现场讲解中注重讲解员仪表、仪态、语言规范、声音洪亮等方面的要求。

（二）量身定制讲解内容

为了提高展示效果，专业化的解说员实施分众化的讲解方式，即根据不同的观展群体，选择展区和展品进行讲解。

---

①王青.讲解：架起档案展览与公众之间的桥梁[J].中国档案，2018，（3）：34-35.

1.海洋管理人员

来观看海洋档案展览的管理人员，或多或少经历了新中国成立以来国家和地方某一时期的海洋工作。尤其是年龄大一些的，他们亲历了海洋工作历史上诸多里程碑的事件，掌握许多一手资料和充满故事性、情节化的感性素材。他们来到档案展厅参观，既有回忆的需求也有讲述的需求。一方面，他们在这里回忆往事，找寻年轻时的印记，了解展厅如何讲述和呈现新中国某个特定历史阶段、特定方面的海洋工作；另一方面，他们亲身经历了国际、国内许多海洋事业发展史上的"第一次"，有许多独到的素材和看待问题的新思路，在参观时还带有一种讲述的诉求。因此，在特定板块展厅，工作人员以抛砖引玉的方式，通过简介展厅展陈脉络、呈现里程碑事件的背景和重大历史意义，引导亲历者围绕档案展品打开话匣子。

2.海洋科研人员

海洋科研人员是特定领域海洋工作的技术权威。他们或参与了我国重大海洋工程的一线工作，或是从事日常海洋观测、监测，或是参与相关仪器设备研发等。在观看海洋档案展览时，科研人员对于自身所研究的领域非常关注，这是个人实现自我需求的一种表现。作为相关领域工作的参与者，科研人员期望展现自身价值，也期待相关工作得到认可。因此，海洋档案展览如何呈现、阐述相关领域必定是其关注的重点。对于前来参观的科研工作者，从纵向上，把其所从事的海洋科研工作置于新中国从起步到如今的发展历程中，横向上把其研究领域和其他海洋工作相联系，这样既可以增强科研人员的荣誉感、使命感，也能够促使参观者以更宏观的视角认识自身工作，而这样的视角可能是日常科研中所缺少的。

3.涉海高校师生

涉海高校师生观展时，其知识储备早已超出了海洋单位展览所呈现的基础地理、历史知识范畴，但可以通过档案资料等感性材料了解学科的发展脉络，从而开拓视野，也是有益的学习。海洋档案各种主题的展览展示，都是从不同视角按照不同的主题梳理了我国海洋发展史上的里程碑事件，有些事件与海洋教育、海洋学科建设有关，尤其涉及我国多所院校海洋学科的发展及其代表人物时，讲解时进行必要的详述或者拓展讲述，这样的内容和大学注重的专业教学相得益彰。

4.一般社会公众

一般社会公众观看海洋档案展览，是一种对兴趣的满足，进行有针对性的导览，可以提高观展效果。另外，爱听故事是人类的天性，故事化、情节化的叙事更易引起参观者兴趣，也更容易被理解和记忆，在讲解时要更加注重故事性内容的梳理和组织。

5.中学以下学生

处在不同学习阶段的学生群体，其参观更多出于求知的需要。如"蓝色印记"档案展厅对我国主张管辖海域、极地科考、海洋权益维护等热点话题设置了专题板块，对相关地理概念进行深度讲解，并且针对馆藏档案进行解读，融入当时中国面临的国际、国内环境等时代背景。因此，中小学生在参观过程中可以将展览中的老照片、手稿图纸、模型标本等和所学知识相结合，作为课堂知识的有益补充。中小学阶段也是学习习惯、思维方式形成的重要时期，海洋档案展览展示的新中国海洋事业各个时期，海洋科学家的档案资料也是中小学生对科研工作和老一辈科学家了解的窗口，这些内容从侧面帮助青少年科学思维的形成。

（三）提升讲解效果措施

海洋档案展览的现场传播要从其特有的海洋和档案入手，讲解时要强化故事切入点，突出海洋档案特色，并善于引导现场参观者主动融入讲解，以提高海洋档案展览讲解效果。

1.多从故事角度切入

故事是吸引展览展示参观者的一个重要切入点。丰富的故事能够抓住参观者的注意力，也有助于把展览、讲解者和参观者紧密关联起来。海洋档案展览展示具有很强的历史性，背后也有很多与过往事件相关的人与事。在现场传播中，一是由讲解员在现有展板展品的基础上，多方掌握与其相关的细节内容，把关键的人物、重要的细节由讲解员通过故事的形式讲述出来，例如在"蓝色印记"档案展厅中，在观展时间允许的情况下，大量融入故事性讲解。有关1958年首次全国海洋综合调查中主力调查船的由来、首次远洋调查中科研人员遭遇恶劣天气时的应对细节等，极大拓展了展板上的信息内容，声情并茂的讲解加上跌宕起伏的故事细节，生动还原历史事件的全貌。

2. 突出海洋档案特色

现场讲解海洋档案展览，一般从以下方面突出展览展示中的档案特色，一是开宗明义讲清展示展品的档案属性，避免部分参观人员将海洋档案的展览展示误解为一般意义上的图片展、主题展，讲解员要首先说明所有展品均来自档案馆，展出的均是档案本体或与档案关联的内容。二是现场讲解中，讲解员将"档案意识"传递给参观者，讲解到每一份珍贵历史档案时，都强调正是在各项档案工作制度和各级档案工作人员努力下，如此翔实的历史细节才可以保存下来，由此说明了档案及档案工作的重要性，同时提高了参观者对海洋档案的认知，让参观者切实感受到各种类型海洋档案的魅力，并提示参观者在工作、学习和生活中注重档案的形成和积累。

3. 引导观众融入讲解

海洋档案展览展示的最大特点就是其专业性。在讲解实践中，一方面主动邀请参观展览的海洋工作亲历者、海洋学科专家加入海洋档案展览展示讲解过程中，事先做好功课，了解他们的工作经历和工作领域，由他们讲述特定的海洋档案展板展品，提高讲解的丰富程度。二是在讲解中，启发参观者从自己的角度讲述对展品的理解、对海洋工作的认识。通过互换角色的方式，由讲解员引导参观者多讲述、多分享，讲解员则转换为"倾听者"的角色。例如，在老照片展览中，时常出现参观者接过"讲解接力棒"，详细讲述照片档案中年代久远的人物基本信息、办公大楼的前世今生等，亲历者的讲述常常会有档案中都未曾记载的生动点滴，也为讲解员后续进一步丰富解说词提供了佐证。

4. 以实物为重点讲述

为了给参观者营造既有趣味性也有历史感的参观氛围，海洋档案展览讲解特别注重实物在提升现场传播效果中的作用。如老一辈海洋工作者的荣誉证书、重大历史事件的照片、党和国家领导人接见极地科考人员的巨幅合影、20世纪50年代的水文观测记录等，大量的文件、笔记，也因其包含的不同时期海洋工作者和工作环境的风貌等，容易引起参观者的共鸣。档案穿越历史而来，承载了一个时代的记忆，展览现场传播过程中讲解员一般就档案实体讲述，呈现其厚重感，让观众感受档案独特之美。同时展示的实物是最具观感的展品，也是讲解员讲述的重点。如"蓝色印记"档案展厅中最引人注目的沙盘、标本和模型展品对青少年尤其具有吸引力，更易于理解，也更感兴趣，其中"蓝色国土""南极科考"两个板块，突出了馆藏优势和海洋特色，讲解时一般以自有的数据资料对青少年感兴趣的海洋权益、极地、深潜等领域做专题介绍。

　　5.打造交流互动场所

　　海洋档案展览的现场讲解应充分重视利用与参观者的交流沟通，把海洋档案展览打造成与参观者交谈交流、互通信息、获取线索的场所，极大提高了展览展示的效果。通过交流和互动，老一辈海洋工作者参观时会主动向工作人员深度讲述一件件档案背后的故事，回忆一次次海洋调查、海洋权益维护等工作的来龙去脉。这些讲述不仅丰富了展览展示的效果，而且为海洋重大事件口述历史采集及相关史料收集提供了线索，有的亲历者参观展览之后，便同步接受了口述历史采集。而这些基于档案展览展示启发形成的口述历史资料，一方面为相关海洋档案文化产品开发提供更加丰富的素材，一方面又丰富了讲解员讲述内容，也可以为展示内容提供佐证或者纠偏的作用。

二、重要活动现场

　　以庆祝活动、纪念活动、宣传活动、教育活动等为代表的工作现场，具有人数较多、人员基本情况相似度较大、专注度更高的特点，非常适宜开展海洋档案文化产品传播。

　　各类活动主办方不同、主题各异，海洋档案文化产品现场传播要充分掌握活动的性质、特点和内容，达到无缝嵌入海洋档案文化产品现场传播的效果。由此，应提前掌握具体活动的细节，特别是活动主题和参加人群的信息，以此为基础筛选适合的海洋档案文化产品。

在历年"世界地球日""全国海洋宣传日""全国科普日"等有关单位组织的现场活动中，都广泛出现海洋档案文化产品的身影。例如，天津市河东区组织的科普日主场活动中，根据与主办方提前的沟通与协商，聚焦科普主题，选择我国极地探索有关的2部海洋档案短视频《去地球南端上抹一道中国红——中国南极长城站建站档案掠影》《缘定北极——中国北极黄河站建站历程》在广场组织播放，并由专人现场讲解。又比如2020年正值我国首枚洲际导弹成功命中太平洋预定靶场40周年，当年的海洋日活动期间，海洋档案文化产品"大海和星辰邂逅的那些事——'718工程'档案资料图片展"在国家海洋信息中心活动中现场展出。以活动内容组成部分出现的海洋档案文化产品，其现场传播又完全融入到活动中，达到既传播了产品，又与活动整体契合的效果。

与此同时，充分利用重大活动加强对海洋档案文化产品的整体推广，力求打造一个以"海洋档案"为品牌的海洋档案文化产品开发和传播整体效果，突出所有产品共有的海洋档案和海洋文化属性。从这个角度衍生出"海洋档案"整体推广的需求，而各类活动现场是这个品牌推广的优选地。海洋档案文化产品在融入各类活动的过程中，始终强调产品品牌属性，现场讲解、现场视频和产品展示均通过醒目的标识和系统的介绍，让现场人员接受各类产品的同时，也更为深入地把"海洋档案"品牌记在心间。

三、业务交流现场

以档案或海洋为主题的各类学术会议和工作交流，也是现场传播海洋档案文化产品的方式。学术会议和工作交流的专业性更强，与海洋档案文化产品丰富的科技属性和人文属性更为匹配。在学术会议和工作交流过程中，产品传播的具体方式有以下三种：

一是由学术会议或工作交流的主办方（主持方）根据需要确定开展的，与主题或议题高度吻合的海洋档案类产品，比如历次"智慧海洋研讨会"举办过程中，都在现场循环播放基于海洋档案开发的我国海洋信息技术发展历史回顾片。

二是海洋档案文化产品开发主体方在承办研讨会、工作会现场，利用会场空间和会议间隙，展示海洋档案文化产品。如在 2017 年国家海洋局和国家档案局联合举办的"档案服务海洋强国建设"主题研讨会期间，"档案——棱镜背后的蓝色印记""铭记·传承·弘扬"两个图片展就进入会场，同时"海洋档案工作这十年"和多部口述历史短视频在研讨会间隙展播，又如在现场培训、业务交流等场合，各类海洋档案文化产品也在现场展示，并择机向与会人员发放文稿类档案文化产品，取得较好现场传播效果。如在与相关单位开展档案工作交流中，也从不同层面展示开发的各类海洋档案文化产品。

三是海洋档案文化产品开发主体相关工作人员，利用参加学术会议等机会，以学术报告、专题报告、成果展示等角度，现场介绍或展示海洋档案文化产品，将学术研究进展、工作宣传等内容与产品现场传播结合起来，起到了非常好的传播效果。

第五节　拓展媒体传播渠道

一、媒体矩阵的概念演变

矩阵这一概念由 19 世纪英国数学家凯利首先提出，指的是一个按照长方阵列排列的复数或实数集合。后来这一概念被广泛应用到包括网络与计算机在内的各个领域。[①]"媒体矩阵"一词借用了"矩阵"概念，在实践中是指由报纸、广播、电视、博客、微博、微信、APP 等不同性质的媒体组成聚合传播平台，信息发布者可借此实现"一次采集、多种生成、多元传播"的传播模式。[②]媒体矩阵往往围绕一个主题，针对不同的

① 谭天.如何打造政府网络传播矩阵[J].记者观察：下，2018，（5）：4.
② 陈杏兰."媒体矩阵"建设中的三个思维误区[J].传媒，2020，（11）：65-67.

用户群体进行多渠道多平台发布，彼此独立又相互配合。

20世纪70年代，德国学者诺依曼在研究群体意见的影响因素时提出，个人意见的表明是一个复杂的社会心理过程，意见的表明和沉默的扩散是一个螺旋式的社会传播过程，即一方的沉默造成另一方的意见增势，大众传播通过营造"意见环境"来影响和制约舆论。1980年在其《沉默的螺旋：舆论——我们的社会皮肤》中给予全面概括。该理论认为，大众传播媒介在影响公众意见方面有强大效果，并且是舆论生成起重要作用的因素。其中传媒对人们环境认知产生影响的因素有三个，一是多数传媒报道的类似性产生的共鸣效果；二是同类信息传播的连续性和重复性产生的累积效果；三是信息到达范围的广泛性产生的普遍效果。

构建以传统主流媒体平台为基础阵地、以新媒体平台与社会化媒体平台为延伸阵点的档案文化传播融媒体矩阵，形成联动立体传播体系。[①]媒体的联合推广对于扩大档案文化产品传播范围、增强传播效果具有明显作用，甚至可以产生类似"裂变"的传播现象。2014年在卢沟桥事变77周年之际，中央档案馆网站公布45名日本战犯笔供，100多家电视台、700多家报纸、近1300家网站连续45天报道这些档案的主要内容，在国内外引起强烈反响。

二、海洋档案文化产品传播媒体矩阵构建方式

海洋档案文化产品的传播，借助媒体矩阵的理念，形成多个平台的联合发布和互动推广，极有可能迅速吸引社会公众的关注焦点。而根据同一主题为不同传播渠道量身设计不同的传播产品，也是海洋档案文化产品加速传播的重要方式。在实际操作中，研究提出了构建松散耦合的海洋档案文化产品传播媒体矩阵的概念。耦合是指两个或两个以上的体系或运动形式之间通过各种相互作用而彼此影响的现象，从耦合关系来

---

①孙大东，杨子若.红色档案文化共情传播：问题分析、运行机理与策略优化[J].档案学研究，2024，（4）：95-102.

看，耦合通常包括紧密耦合、松散耦合和非耦合。①松散耦合系统中各要素是响应的，但又保持了其自身的身份和物理与逻辑上的分离。这种方式符合海洋档案基于自身条件加强与外部的沟通，在相对便捷的前提下关联更多的媒体平台，"为我所用"提升海洋档案文化产品的传播效果。

三、基于媒体矩阵的海洋档案文化产品传播实践

松散耦合的海洋档案文化产品传播媒体矩阵包括3个组成部分，一是自建传播渠道，即"海洋档案"微信公众号和"海洋档案信息网"等为主的自主可控的媒体渠道；二是联合系统内单位的相关传播平台，包括自然资源部和自然资源部宣教中心、中国极地中心等兄弟单位官方网站和微信公众号、《中国自然资源报》等；三是借助各级各类的官方媒体，《中国档案报》、"学习强国"平台、"科普中国"科普号等。以上三个方面共同作用形成矩阵传播的模式，显著扩大了海洋档案文化产品的传播效果和影响力。

根据海洋档案文化产品主题和内容，其开发主体通过多种渠道对同一主题进行联合发布。在庆祝新中国成立70周年、中国海洋档案馆成立40周年、我国首枚洲际导弹成功命中太平洋指定海域40周年等专题和"国际档案日"宣传活动中，采用专题文章、原创视频、微信图文等不同形式在《中国档案报》、"学习强国"平台、多个微信公众号等联合发布。"海洋档案"微信公众号通过扫描二维码的形式和"蓝色印记"档案展厅相连接，参观者打开手机，就可以看到有关展品更丰富的信息，使得档案文化产品产生累加效果。

与行业媒体、各兄弟单位逐步建立联动发布机制。对于原创类推送，提前着手规划，联系相关媒体制定同期发布计划，形成相对固定的拓展发布传播渠道。例如海洋档案编研类文章《巢纪平：宁静致远、推陈出新的气象学家、海洋学家》《40年前的今天，国家批准〈关于我国首次组队进行南大洋和南极洲考察的请示〉》等，除在自有的"海洋档案"微

---

①许悦，邵泽斌.基于松散耦合理论的职业教育产教联合体建构研究[J].教育发展研究，2024，44（1）：49-57.

信公众号、海洋档案信息网发布外，还通过国家海洋预报台公众号、《中国自然资源报》"观沧海"公众号等渠道发布传播。此外，海洋档案文化产品中的多部档案微视频被"学习强国"平台、"科普中国"视频号转播，获得远超自有渠道的点击量，多篇内容被《中国档案报》《中国自然资源报》转载，拓展了传播渠道，部分还产生了链式发散传播的效果。

第八章

海洋档案文化产品典型案例

本章从海洋档案文化产品类型和开发角度，精选近年开发形成的8个典型案例，有展览展示、视频产品、专题产品、系列文稿和文化创意产品等，介绍了每个案例的形成背景和概况、主要内容和做法、产生的效果等，收录了部分案例的核心内容，如展览中的展陈事件和各部分引导语、视频产品的解说词、代表文章评析等。

第一节 "蓝色印记"档案展厅

一、案例背景

布设档案展览是提高档案馆公共服务功能的主要途径。随着馆藏档案资源和类型的不断丰富,中国海洋档案馆结合各种重要活动需求,布设了多个临时展览,在档案信息传播和海洋工作、档案工作的宣传方面取得了很好的效果,在一定程度上发挥了档案馆的公共服务作用。特别是在2017年11月中国海洋档案馆挂牌10周年之际,国家海洋局与国家档案局在天津联合举办"档案助力海洋强国建设"研讨会,结合做好10周年系列纪念活动的需要,国家海洋局档案主管部门提出了丰富活动内容、提高档案工作显示度的要求,布设了以"档案·棱镜背后的蓝色印记"为主题名称的海洋档案图片展。该展览较好地展示了中国海洋档案馆10年来馆藏资源建设成果和海洋档案的价值,受到了与会代表和领导的好评。

2018年,为迎接2019年新中国成立70周年,结合"不忘初心、牢记使命"主题教育,中国海洋档案馆将建设档案长期展厅列为产品开发实践的重点任务。但馆藏档案资料还不足以全面反映中国海洋发展和海洋工作状况,不能满足建设系统反映"中国海洋发展史"或"新中国海洋发展史"展厅需求,且展陈可用空间仅400多平方米,经费投入也有限,这些现实问题限制了展陈的效果。建设一个什么样的档案展厅、选什么内容的主题成了棘手问题。经过反复研究和论证,提出了"小空间大世界"的建设目标,加强展陈内容和表现形式的创新和拓展,立足馆藏档案资源,让档案发声,再现新中国海洋发展的成就,向社会公众绽放海洋专业档案的文化魅力。

2019年10月29日,以"蓝色印记"为主题名称的中国海洋档案馆馆藏档案展厅开展,来自不同领域的4位档案资料捐赠者代表为展厅揭幕,参加"档案史料收集和开发利用"座谈会的代表参观了展览，对展厅建设给予了高度评价。时任自然资源部办公厅副主任陈现宾表示，在新中国成立70周年之际，国家海洋信息中心、中国海洋档案馆举办此次展览非常有意义，实物、讲解、老前辈及家属的讲述使历史档案活了起来，观看展览重温了新中国海洋工作的历史，也是一次精神之旅。

二、展厅概况

"蓝色印记"档案展厅面积450平方米，包括序厅和主展厅两个部分。其中序厅为古代海洋事件展示区，主展厅为新中国海洋事件展示区。主展厅包括"梦想足迹""蓝色经纬""人海依存""关怀与希望"四个部分，共22个展区。展陈海洋事件100余个，图片、本体和实物等档案660余件。展厅以诸多"首次"视角，再现了新中国海洋事业走过的不平凡历程和取得的成就。

（一）序厅

1. 舆图橱窗

量身定制了展示多种古代海洋舆图的展示橱窗。主要有《盛朝七省沿海图》（纵28.9cm、横900cm）、《筹海全图》（纵36cm、横433cm）、《郑和七下西洋全图》（纵24.2cm、横606cm）。

2. 走廊顶灯为星空图案

走廊顶灯为星空图案，寓意大海星辰。星空是航海时夜晚最壮美的景色，也是古代航海时辨别方向的手段。顶灯共设计了9组，依次是天龙座、仙王座、双鱼座、北斗七星、大熊座、武仙座、天津四、飞马座和金牛座。

3.走廊两侧展陈古代海洋事件

共计展陈事件15个。其中科技发明事件有甲骨文"贝"、楼船与汉代海路、指南针与航海、范公堤；通商贸易事件有宋元泉州港、广州十三行、隆庆开海；海上游历和文化传播事件有杜环亚非之旅、汪大渊远行西非、郑和下西洋、妈祖、鉴真东渡、徐福东渡等；海上冲突事件有白江口之战、戚继光抗倭、露梁海战、崖山海战、郑成功收复台湾等。

（二）主展厅

1.认识海洋

标题为"梦想足迹"。主要展陈事件有六个部分。

①新中国第一次海洋渔业调查、新中国海洋科学技术发展的第一幅蓝图、新中国第一次海洋综合调查、《1963—1972年科学技术发展规划》海洋相关内容、国家海洋局成立等及其衍生事件；

②我国近海海洋标准断面调查、全国海洋污染基线调查、全国海岸带和海涂资源综合调查、全国海岛资源综合调查与开发、全国省际间海域勘界、我国近海海洋综合调查与评价、全国海域海岛地名普查、第一次全国海洋经济调查等事件；

③首次远洋科学调查及其衍生事件和我国成为国际海底开发先驱投资者、首次大洋科学考察、大洋首次环球科学考察、首次环球综合科学考察等事件；

④我国加入《南极条约》、首次南极洲和南大洋科学考察、首次北极（北冰洋）科学考察、首个北极科学考察站、勇于挑战的极地考察队员、中国南极科学考察站等；

⑤我国第一个海洋观测站（厦门站）、自主建设的第一个验潮所（坎门验潮所）、第一个观象台（青岛观象台）、第一个波浪观测站（小麦岛站）、第一个海洋水文观测平台（吕泗平台）、第一个南沙海洋观测站（永暑礁站）；

⑥漂流瓶投放计划、我国第一颗海洋卫星、我国最早的海洋资料浮

标网（南海浮标网）、我国加入全球Argo计划等事件。

2. 经略海洋

标题为"蓝色经纬"。主要展陈事件有五个方面。

①首次发表海洋管理署名文章、首次全国海洋功能区划、第一次全国海洋工作会议、第一部全国海洋开发规划、我国现有海洋法律法规；

②第一次海洋经济座谈会、第一本中国海洋统计年报、第一部全国海洋经济发展规划、全国海洋经济总值首次突破万亿元大关、首次发布我国海洋产业生产总值（GOP）；

③第一个无居民海岛使用权证书、国家实行统一配号后的第一宗海域使用项目、中国海洋行政诉讼第一案、第一条省际间海域界线划定、首次海洋行政执法巡航、第一批国家级海洋自然保护区；

④我国发布领海和领海基线声明、我国海上第一条边界线、2012年中菲黄岩岛对峙、钓鱼岛——中国的固有领土、我国南沙群岛海域调查、美济礁第一代高脚屋、南海GPS岛礁联测；

⑤我国参加《联合国海洋法公约》第三次会议、加入联合国教科文组织政府间海洋学委员会、参加国际间海洋资料交换工作委员会会议、中美海洋和渔业科学技术合作、中日黑潮合作调查研究。

3. 和谐海洋

标题为"人海依存"。主要展陈事件有三个方面。

①首套用计算机计算编制的潮汐表、我国第一份近海海区天气和海洋预报、首次发布渤海区冰情年展望、我国首次播发西太平洋海浪图、官方传媒首次播发海洋预报、海平面变化与地震关系研究成果应用第一例；

②首次明确海洋资料工作制度和要求、"一网三系统"基本建成、海洋环境和资源信息自动查询检索服务系统、国家海洋信息系统、中国近海"数字海洋"信息基础框架；

③全国首次大型科普展览会、1998国际海洋年、第一套海洋邮票、世界海洋宣传日、《中国海洋报》等。

4.关怀与希望

展陈内容包括两个方面：一是毛泽东、邓小平、江泽民、胡锦涛、习近平对海洋工作的题词或批示各一幅。二是党和国家对海洋工作的关怀与希望，包括领导题词、领导视察照片和列入国家重要事项的文件等多媒体查询浏览系统。

（三）特殊展品

1.沙盘

我国"蓝色国土"沙盘和"中国南极科学考察站"沙盘。其中"蓝色国土"沙盘尺寸3.2m×2.4m，以地形图展现我国300万平方公里主张管辖海域，涵盖内海、领海、毗连区、专属经济区、大陆架等，表现了我国国土全貌、蓝色国土空间和部分大洋区域，以及海岸线、海底地形、领海基点基线、钓鱼岛、南沙岛礁及主要的地理实体名称等海洋元素。

2.音、视频

视频有《新中国海洋不能忘记的29名专家》《沧海为证 向海而生——新中国70年海洋事业成就掠影》《2012年中国钓鱼岛维权纪事》；音频有模拟我国首枚洲际弹道导弹发射前后新华社对外公告的播音。

3.互动查询系统

29名专家信息展示系统和"中国极地科学考察""中国大洋科学考察""中国海洋机构变迁""新中国海洋人物"综合信息查询系统。

4.设备模型

"中国海监B-3899"飞机模型、"中国海监46"船模型，"金星号""向阳红五号""向阳红10号""大洋一号""雪龙号""雪龙2号"等海洋科学考察船模型，有大浮标、"海洋1A号"卫星、"蛟龙号"深海潜水器等设备模型。

5.标本实物

有新旧海监制服、南极科考服装、海洋站各类观测设备、各种大洋海底样品、南极企鹅标本和国际交流礼品等。

三、展厅文案

（一）序

"北冥有鱼，其名为鲲……化而为鸟，其名为鹏……怒而飞，其翼若垂天之云"，鲲鹏源于海洋，喻意志向高远。

中华民族之鲲鹏，曾被"片板不得下海"束缚，屈辱于外族船坚炮利，民族独立时终向海展翅、激情腾飞，今日其羽下大海涌动、经纬韬略，科学技术尽显魅力。

鲲鹏直上，迹于兰台，既能一瞥其惊鸿，亦必丰其羽翼，助其翱翔深蓝，飞向梦之巅。

（二）梦想足迹

苍茫的海上，"金星号"调查船在巨浪中颠簸，几近倾覆。科研人员从容地对抗风浪，有条不紊地工作着……。

这是梦想启程时的一幅剪影。从渔盐之利到富民强国，新中国的千里海岸、万里海疆扬起了"向海而兴"的风帆。查清中国海，进军三大洋，登上南极洲，一代代海洋人跋涉疆土、耕波犁浪、探知求索，迈着坚定的脚步，走向蔚蓝，拥抱大海，为新中国的海洋事业打开了一个又一个划时代的篇章。

（三）蓝色经纬

"国力之盛衰强弱，常在海而不在陆！"100多年前，孙中山先生面对满目疮痍的中国，惟尽叹息！

江汉朝宗于海，风却从海上来！海洋从不风平浪静，承载着太多的担当，向海图强，共和国迎来了经略海洋的时代！强，强于管理，浓墨重彩的海洋法律法规、规划区划，为绿水青山、人海和谐提供科学的准绳；强，强于安全，蓝色疆土权益至上，全球治理大国风范，中华民族强海强国的声音唱响在世界舞台。

（四）人海依存

"我是海洋，每一条河每一朵云每一滴雨都将回到我的怀抱，地球上所有的生物都离不开我，所有的生命都来自于我……"

千百年来，人类面对着广袤的大海既心向神往又望而生畏。从占星卜象到精准预测，科学技术的发展让人们前所未有地拥有了与海洋相处的自信。大量汇集的海洋信息在科学和智慧的引领下，将多维度的海洋愈加清晰地呈现在人们面前。不断繁荣的海洋文化，促进全民海洋意识日益提高，关心海洋、爱护海洋已成为人们与海洋和谐相处的共识。

（五）结语

"我们人类居住的这个蓝色星球，不是被海洋分割成了各个孤岛，而是被海洋连结成了命运共同体，各国人民安危与共。"

人类与海洋同命运，中国与世界依海相联。回首过往，峥嵘的海洋星汉灿烂，壮丽的事业波澜辉煌，展望未来，史诗般的海洋强国之路就在脚下。这虽是沧海一粟，但最初的梦想、赤热的勇气、无比的荣耀在此汇聚，已经凝成强国路上闪亮的星，提醒我们曾经走过的路，引领我们奋力前行！

远航正是扬帆时！愿这兰台一隅，接续见证海的脊梁支撑中华民族的伟大复兴！

四、主要做法

（一）立足"三精"，丰富且延伸档案展陈内涵

展厅建设立足精确定位、精选事件、精准脉络的"三精"目标，将

一个个看起来零碎的海洋科技活动，通过海洋事业发展的潜在脉络进行有机联系，形成了主题鲜明且有特色的展陈内容，极大延伸了展陈内涵。

1.精准定位

展厅建设精确把握时代脉搏，定位"初心"和"成就"，在"不忘初心、牢记使命"主题教育和"创新与传承"的时代背景下，彰显出非常好的教育效果。其中"初心"是点，是海洋事业的每一个开端和创造。"成就"是面，以点带面，构成海洋工作从无到有的发展构架，如专项调查区集中陈列了历次国家重大海洋调查专项实施情况，大洋矿产资源调查和开发区域集中表现了我国申请的五个矿区情况，极地科学考察区域集中表现了我国在南极区域建设的5个考察站情况等。这些成就展区表现了相关领域的发展现状，不仅丰富了展厅的内容，而且将展厅提升到新中国成立70周年、中国共产党成立100周年海洋成就展的层次。

2.精选事件

新中国海洋事业70年成就斐然，展厅展陈事件在选择过程中须符合两个条件：一是馆藏要有相关档案资料来表现该事件，这些档案资料不在多而在于精，档案背后应具有表现该事件的不为人知的"故事"；二是展陈事件应该是相关领域的"首次""首创""第一个"，以此表现海洋工作的"初心"，侧重表现事件产生的背景、目的、意义、影响力和效果。海洋调查部分包括1958年第一次全国海洋综合调查、新中国第一次远洋科学调查、首次南极科考等；海洋管理类有第一篇海洋管理署名文章、首次海洋巡航执法、第一条省际间海域界线划定等；海洋公益服务部分有首份海洋预报图、第一套海洋整编资料集和第一个海洋科普展览、海洋邮票、海洋宣传日等。这些事件展示均以馆藏档案为载体，通过文字、照片、档案本体和实物给人以真实感和厚重的历史感。

3.精准脉络

展厅的展陈脉络总体上分为两个层次。一是按照海洋事业发展重大节点划分，即认识海洋、管理海洋、和谐海洋三个部分，并冠以"梦想足迹""蓝色经纬""人海依存"板块标题。二是在同一板块内按照事件发生先后顺序和相互关系进行组织，如"新中国第一次远洋科学调查"

事件，其"承前启后"作用表现在三个方面：一是从该事件的起源，向前追溯，可引出我国首次洲际导弹发射全程飞行试验工程；二是从该事件出发，到后续三下太平洋完成靶场选址，再到第五次远洋并圆满完成工程保障任务；三是以第三个航次中首次获得了锰结核样品为切入点，引出了大洋矿产资源开发有关展陈事件的线索。根据观展时长，引出相关的"718"工程、"向阳红五号"船、"三大洋"图集等一系列事件。展厅通过这样的展陈思路，有效地将上百个看起来相对独立的事件，串联成互相联系、密不可分的新中国海洋发展整体。

（二）开发辅助，突破且拓展档案展陈的外延

为了能够在小空间里呈现大世界，"蓝色印记"档案展厅打破传统档案展览主要展出档案本体或档案图片这一束缚，充分利用馆藏专业档案特有的海洋学科数据，发挥信息产品开发技术优势，研制了具有浓郁海洋特色的展品，并选择恰到好处的陈列位置，使得展厅建设事半功倍。

一是利用馆藏资料，世界大洋基础地理数据，制作了我国"蓝色国土"沙盘。展品朴实但信息量大。该沙盘标注了国界线、海岸线、领海基线及大洋海底主要地理实体名称和位置等，并采用陆地和海洋不同纵向比例尺的方法，在保证我国疆域完整的基础上，尽量向东延伸海洋表现空间，凸显海底地形形态。沙盘不仅很好地展示了我国陆地版图和海洋版图，强化了国家版图意识，而且成为我国在不同海域开展海洋科技工作的展现载体，如马里亚纳海沟的深潜试验、海底地理实体命名工作等。

二是利用馆藏的南极基础地理数据和我国南极考察档案，制作了南极立体沙盘。沙盘以白色和蓝色为基础色调，清晰地表现了南极区域的地理状况，同时也呈现了我国已建4个和建设中1个的南极科学考察站在南极区域的位置。该沙盘以一个立体挂件的方式与4个科考站建站历程档案、介绍图文、企鹅标本、两代雪龙船模型等融为一体，呈现在我国极地科考成果展示橱窗里，成为讲述我国南极科学考察历史和成就的平台。2024年秦岭站建成，该沙盘相关信息随之更新。

三是制作了关于1963年提出加强海洋工作建议的29名专家的短视

频。该视频利用29名专家档案资料征集成果，归纳总结并提炼29名专家学识、经历和贡献等信息，展现了新中国成立之初，海洋工作者寻求中国海洋事业发展之路的非凡贡献和"爱祖国、爱海洋"的执着之心。该视频与29名专家档案资料本体及提出建议前后的海洋工作重点事件集成在同一个主题区内。

类似产品还有全国海洋观测站点分布图、我国大洋矿区分布图、全球ARGO浮标分布图、2012年钓鱼岛维权大事记短视频和多个交互式信息集成查询系统等。这些基于档案信息开发的产品，客观上弥补了单纯展示档案的不足，成功地拓展了档案展陈的外延，支撑展厅在回顾历史扩充科普和教育等功能的需要。

（三）巧妙构思，赋以新颖有寓意的档案表现

传统档案展览，一般以展柜陈列档案文件外加配套图片的方式为主，"蓝色印记"档案展厅则拓展了展陈方式，解决了丰富的展陈内容与有限展陈空间之间的矛盾，从造型设计、寓意体现等方面营造了样式新、技术新，富于新鲜感的观展氛围，也实现了"小空间大世界"的观展效果。

一是充分利用狭长的楼道，改建为序厅，顶部布设"星辰大海"灯组，两侧悬挂中国重要海洋事件展板。顶部星座展现古代航海时辨别方向的"牵星术"，也寓意星辰守护大海。观展者漫步其中，犹如在"星辰大海"环境里，了解中国海洋文化。走向主展厅，也迎来中国共产党领导下的海洋工作。

二是海洋重大项目档案展示区，设计了一排可活动的外形类似档案密集架的抽拉板，每个抽拉板上是一个国家海洋重大项目的图文介绍，让人有走进档案库房、抽取查看档案的体验感，其一侧和下方设置展橱陈列专项档案本体，起到了互相补充和映衬的作用。这样的表现形式既拓展了展陈空间，又丰富了展览的档案元素。

三是充分利用原来的空间基础，实现展陈空间的最大化，形成了错落有致的展厅效果。如利用原有窗户的窗台布设内嵌展橱，将特定主题的图、文、物，甚至内嵌视频集于一体，形成相对独立的展示空间。对

原有不可移动的六根承重柱子进行装饰，成为独立的中岛展示区，正面内嵌"蓝色国土"沙盘，与上方拼接大屏相呼应，背面则是成套的海洋观测仪器和经典海洋工作制服等，与周边相关海洋工作相呼应。

整个展厅在展陈手段、空间布局等方面，构思新颖、设计巧妙，实现效果较好。

（四）量身定制，带入沉浸式的档案观展体验

增加档案展览观展体验是展厅建设的重要考量，巧妙的设计拉近了人与档案之间的距离，精心的展品陈列和人与展品的互动，加深了观展者对海洋和档案的了解。针对不同观展群体定制解说词，增强了档案展厅的趣味性和吸引力，给观展者体验感达到最佳效果的同时，牢牢地"拴住"了观展者的注意力，更好地提高了展厅观看效果。

展品选择方面充分考虑对不同参观者年龄层次、知识结构和专业背景等方面的涵盖，既有适合老同志重温历史的工作照片、工作旧设备和亲历形成的档案资料，也有吸引学生的企鹅和海龟标本、海底矿物样品、调查船模型、沙盘及集知识性和趣味性一体的海洋事件等。展厅也设计了观展者主动融入展览的环节，或互动操作，或犹亲临现场。如在提出加强海洋工作建议的专家展区，橱窗内设视频播放器，未通电时，可以观看橱窗内的展品，通电后则为视频展示区，观展者可以通过肢体控制多媒体操作，提升积极性和趣味性。首次远洋科学调查展区，设计了音频播放按钮，时代感很强的新闻播报将观展者带入1980年我国首枚洲际导弹发射成功前后那段激情燃烧的岁月。另外，展厅展出了部分档案复制件和资料，引导观展者进行翻阅，让观展者直接感受什么是档案，档案到底承载着什么。而大国重器"蛟龙号"模型，特别设计了可开启舱门，观展者可以通过操作了解潜航员的工作环境等。

展厅展品虽然简单明了，每件展品背后却蕴含着丰富的信息。针对不同的观展群体，展厅解说立足参观者背景，从历史事件中挖掘展品蕴含的情怀、精神、文化、知识和成就等多维度信息，定制解说内容，从不同的角度将观展者从展厅带入海洋的世界。

五、效果和影响

截至2023年12月，中国海洋档案馆共接待参观191批次，2360余人次，其中2023年度接待参观91批次，1050人次，单日最大接待量约180人次。参观者有中央外办、自然资源部等领导，有自然资源部机关及派出机构和所属单位的领导和职工，有天津市及河东区、和平区、滨海新区等党政机关人员，有国家档案局、海军及辽宁、山东、广东、广西等沿海省区自然资源（海洋）主管部门相关工作人员，有天津大中小学师生和老一辈海洋工作者。

展厅已成为社会公众了解海洋事业的窗口和海洋工作者的精神园地。曾参与过我国重大海洋工程的老一辈海洋工作者不约而同地表示，中国海洋档案馆发挥了"国家队"的职能，保存了属于海洋的国家记忆；工作联系单位和天津市属地党群机关领导同志通过参观展厅，对国家海洋信息中心的工作和发展沿革有了进一步了解，提升了关于海洋信息工作的认识；科普活动中，大学生和中小学老师纷纷表示这些知识是课堂上学不到的，不论是从学习科学知识的角度，还是爱国主义教育的角度，都受益匪浅。"蓝色印记"档案展厅已经成为中国海洋档案馆的一张名片，留存着历史的印记，也启迪着未来。

（一）以档为证，呈现了新中国海洋事业发展档案荟萃

展厅侧重回顾视角，满足了公众"一个展厅、一台海洋大戏"的观展需求；深入海洋专业视角，提供了"文、档、图、物"一体化展示的海洋科技工作宣传方式；立足"讲故事"视角，将历史融入公众喜闻乐见的每一个情节中，海洋工作宣传效果通过观众的认可得以提升。大部分参观者，都会很有感触："很多事情是第一次知道""我们的工作原来那个时候就有了""国家的海洋工作真了不起"等。

展厅聚焦用档案还原一代代海洋工作者无私无畏的家国情怀、奋勇争先的使命担当和默默无闻的辛勤坚守，引发观展者强烈的情感共鸣。观展者深深感受到，海洋事业和海洋科技工作不仅仅是一组组数据、一

个个成就，其背后是海洋工作者经年累月的奋斗。自然资源部有关领导评价展厅充分展现了"创新与传承"的海洋工作精神。国家海洋局原党组成员李春先评价展厅建设是"办了一件大好事"。

（二）以档为介，形成了助力党史学习党性锻炼新平台

新中国海洋成就是在中国共产党领导下取得的，每一个海洋重大活动和重要事件，都离不开党的领导和英明决策，这是展厅彰显的重要内容之一。展厅也通过展品和解说重现了科考队临时党支部在南极考察、大洋调查等工作的战斗堡垒作用。

展厅运行后，被有关单位列为"不忘初心、牢记使命"主题教育场所，在展厅开展主题党日活动，讲党课、学党史、重温入党誓词，特别是党史学习教育期间，参观展厅的广大党员干部在展厅浓郁的红色历史氛围中接受了一个又一个"初心"的洗礼，感受了在中国共产党领导下海洋事业取得的一个个突破性成就。自然资源部海洋预警监测司党支部在展厅开展了主题党日活动，其支部书记以展厅为平台，结合自身海洋工作经历，以及了解的海洋事件和海洋人物，为支部党员讲了一场生动的党课。

（三）以档为媒，传播了中华优秀文化之海洋璀璨星光

展厅展出的大量沙盘、模型、实物，均是活生生的海洋科普道具，展厅注重展品设置和宣传讲解，重点融入与海洋国土意识、海洋经济意识、海洋环保意识、海洋权益意识和海洋合作意识等有关知识点及讲解引导词，把意识教育潜藏在观展过程中。目前该展厅已成为有关科普基地的工作场馆。一些观众认为展厅适合丰富孩子们的海洋知识，特别期待能带孩子来看，来自大中小学的学生观众表示非常喜欢展厅及其展陈内容。

展厅给社会各阶层人士了解海洋知识感受海洋文化提供了窗口，对于海洋文化的宣传契合"文化自信"的内涵，也为海洋文化建设贡献了力量。海洋文化作家李明春认为，"这是一部新中国海洋事业发展史的合

成展，把历史的成就告诉后人，是一种自信，对现实与未来都是一件功德之事"。

（四）寓档以美，树立了专业档案馆社会文化价值示范

展厅的建成破除了非档案领域人员对档案馆"发黄故纸堆""密级档案盒"的刻板印象。展厅引入新手段、新技术，对多门类多层次的综合性文化产品进行精细化打磨，让回忆、情怀、感恩、自豪、憧憬这些抽象的体验与情感，在迎合观众不断提升的审美层次下得以强化，提高了观众对于档案的审美情趣和审美境界。很多观众参观完毕后都会说一句，没想到海洋档案馆还能做出这么漂亮且有意义的东西。而在受众的认可中，档案馆充满浓浓书香、充满文化气息、充满美学元素的形象也在逐渐树立。

展厅的建设运行，充实扩展了专业档案馆在做好档案"收管存用"之外的公共服务属性，探索了专业档案馆新的发展空间——宣传的阵地、教育的阵地和文化的阵地，为同类型档案馆发挥科技档案文化魅力，履行社会服务职能提供了示范。

第二节　中国南极长城站建站专题视频

一、案例背景

《南极条约》1959年生效。1983年5月9日，第五届全国人民代表大会常务委员会第二十七次会议通过加入《南极条约》的决议，同年6月8日，中国正式成为南极条约组织的成员国（缔约国）。但因在南极没有自己的考察站，中国南极科考队员不仅要过"寄人篱下"的科考生活，而且在南极事务上没有表决权。1984年9月11日，国家南极科学考察委员会（其办公室设在国家海洋局）组成中国第一支南极科学考察队，其任务就是开展南极洲科学考察并建立长城站，同时开展南大洋科学调查。

同年 11 月 20 日，一支 591 人的科学考察队捧着邓小平"为人类和平利用南极做出贡献"题词和"长城站"牌匾，搭乘"向阳红 10 号"远洋科考船和海军"J121"打捞救生船从上海出发，12 月 30 日到达乔治王岛。1985 年 1 月 20 日长城站落成典礼。10 个月后，中国正式成为《南极条约》协商国，取得了在国际南极事务上的话语权。中国南极长城站的建成不仅创造了"南极速度"，而且成就了今天的"南极精神"，是新中国历史上举世瞩目的壮丽篇章。

2019 年 2 月，为庆祝新中国成立 70 周年，国家档案局、国家发展和改革委员会组织开展了建设项目档案微视频征集活动，要求以档案视角宣传我国经济建设成就，加强建设项目档案工作业务交流，讲好建设项目中的档案故事。通过对馆藏档案进行综合分析，视频选题定为中国南极长城站建站。虽然中国南极长城站的建站历史从未离开过大众的视线，尤其是近年来随着国家对海洋工作和人文精神宣传重视程度的日益提高，这段新中国的卓越成就也时常出现在大众面前。从《朗读者》《等着我》《开讲啦》等节目，到一些大型纪录片，都在展现这段史诗般的过往。但馆藏特有的第一手首次南极科学考察档案及长城站建站的音像档案，依旧成为微视频创作主题的首选，其目的就是想让更多的人通过档案了解新中国 70 年取得的辉煌成就。

经历两个多月的馆藏首次南极考察档案阅读研究、前期策划、解说词和分镜头脚本撰写、视频编辑制作等工作，2019 年 6 月下旬，中国南极长城站建站微视频经过多层级审  核后，由自然资源部办公厅上报国家档案局。

二、视频文案

视频片名为《去地球南端上抹一道中国红》，副标题为《中国南极长城站建站档案掠影》，时长5分钟。视频文案内容如下（文案中凡被引文字来源于档案文件）：

中国长城，世界八大奇迹之一，她凝聚了中华民族五千多年的辉煌与荣耀。从这里往南眺望，距离一万七千多公里的冰雪大地上，也有一道同样亮丽的中国红。今天让我们透过档案之光，穿越时空，感受那段镌刻历史的中国南极长城站建站之旅。

1984年11月20号，我国首次南极科学考察队肩负着只能成功不能失败的重任，与随船建站物资一起驶向陌生的苍茫大海……这注定是一场不寻常的旅程。

"驶入太平洋后，有三分之一的人晕船，抢修主机高压油泵22次，抢修中两人晕倒。各种噪声对人的精神刺激很大，吃不下饭，身体疲惫，失眠，大脑麻木……"但队员们深知，眼前的困难只是冰山一角，后面等着他们的，是更艰巨更残酷的考验……

这些珍贵影像见证了长城站的诞生：勘探，选址，奠基，施工，竣工，落成！但这些看起来最习以为常的基本建设程序，在这片荒原上却显得异常的艰难！

为了将近600吨建站物资从船上卸运到长城站，一支临时组建的突击队在恶劣的环境里用五天五夜建造了一座运输码头。"这五天五夜是在暴风雪中度过的，队员们冒着冰冷刺骨的海水和呼啸的风浪，穿着水衣站在海水里，硬是把一根根钢管打进海里。队员身上里边是汗水，外边是雪水、雨水……"

在紧接着的120小时里，队员们不再是科学家、记者或摄像师，也不是工程师或船员，他们只是"搬运工"。为了能在有限的时间内完成建站工作，他们集体风餐露宿，和这里的极昼一样，没有了属于自己的"黑夜"。"上岛不久，几乎每个队员嘴唇都裂开了血口，大部分队员的耳朵和脸都冻肿了，每天要工作劳动十五六个小时"。

尽管如此，这片大陆依旧没有怜惜远道而来的中国科考队员。"1月6日傍晚，大风大潮袭来，把码头吞没了""1月29日凌晨1时

45分，突如其来的11级西北风大风袭击了长城站，发电机房顶的两块木板突然被风掀掉""2月2日清晨，暴风雪再次袭击了长城站，风力12级，长城站宿舍楼屋顶的防水铁皮顿时被掀开了"。就在长城站竣工的第2天，暴风雪又一次光顾了长城站，但此时的长城站已是岿然不动。

初建的长城站，虽没有长城的绵延和雄伟，但中华民族从此在南极大陆上有了立足之根，中国在南极事务上有了发言权。长城站的建设，不仅是创造了南极速度，更是铸就了中国的南极精神，引领中华儿女为人类和平利用南极而努力探索。

三、主要做法

档案是有温度、有情感、有色彩的，用档案讲故事、讲历史，真实客观地还原故事本身，更直观更形象。这是一部档案人用档案讲故事的代表作。其特点主要表现在三个方面：一是视频中展示的影像素材都是馆藏档案资料（除部分空镜）。二是视频中解说词中三分之一的文字来自档案文件引用，是原汁原味地表现，不是对画面编出来的。三是视频从策划、文案、编辑等创作人员均是馆内专业档案工作人员，只有1人具有视频编辑专业背景。

（一）主题选取和策划

首次南极科学考察和长城站建设，是新中国70年成就之一，媒体宣传广泛，除了大量纪录片、纪实片，《朗读者》《等着你》等节目都回顾了那段历史，详细真实，感染力强。选择"长城站"作为微视频创作主题，意义重大，但对档案人来说无疑是一项挑战。制作组综合分析本次微视频征集关于以档案为基础、突出新中国成就等要求，确定了创作要点：一是以馆藏声像素材作为展示线索，辅以文字、解说；二是以长城站建设为核心，以其过程和结果来反映新中国南极科考成绩和南极精神。本片制作过程中未开展采访亲历者和进一步收集长城站档案资料等工作，而是把心思沉浸在馆藏档案资料中，通过档案感受那段历史，从情感上找到碰撞和灵感，确定反映人物精神风貌的档案素材，拟定重点展现的情节和画面。

（二）脚本构思和设计

全片内容设计包括序、航行、施工和影响力等四个方面。其中"序"既是开篇也是表现主题。中国在南极建的第一个科学考察站以"长城"命名，不言而喻，表达了这个科学考察站对中华民族的意义，同时长城站上有个路标，箭头指向北京，距离为17501.949km。所以视频片头以中国长城的历史地位为切入点自然是很好的选择，并与南极长城站形成了默契呼应。

南极长城站建筑的主体颜色是红色的，"不到长城非好汉"，一幅画面就自然地呈现在眼前：站在长城烽火台上往南眺望，一群中国汉子离开祖国，远渡重洋，顶风破浪，冒着风雪，风餐露宿，红色的考察站在白色大地上逐渐明亮了起来。南极长城站的建设者正是一群不一般的"汉子"，片名《去地球南端上抹一道中国红》就是表达这个豪情和壮举，一个"去"字将国家和南极联系在一起，"上抹"两字既有动感又形象潇洒，与"一道中国红"形成动宾结构，渲染了中国科考队员们的伟大行动。本片结尾立足表现南极长城站建设的影响力。通过与长城实体的对比，一方面实现与"序"的呼应，另一方面将重点立在了南极速度、"爱国、拼搏、求实、创新"的南极精神，以及中国在南极事务中取得的成就。

南极建站困难非常多，首先要将人和物资运输到建站点，所以旅途是建站不能忽略的重要环节。"航行"作为主体之首，脚本设计了途中遇到困难和战胜困难两个内容，展现科考队员战风浪、排险情、过赤道、穿越西风带的场景，客观反映科考队员面对困难、阳光向上的精神状态。物资搬运是建站过程中最艰巨的环节之一，也是影视资料中不可或缺的内容，本片用其表现了长城站与本土施工不一样的艰难。从施工流程来看，长城站建设每个环节都有不凡之处，脚本设计以现有档案为素材，忽略人文因素，选择了风餐露宿的艰苦生活和恶劣天气对建站的影响等情节。

为了更好地凸显微视频的"档案"主题，表现档案在片子中的作用，脚本重点体现档案记录。首先是序中将带有"中国海洋档案馆"标识的大楼场景和馆藏档案本体引入故事。其次涉及重点描述的场景，全部是原汁原味的档案内容，并通过档案文字及其同期声与现场素材结合，充分表现了用档案讲故事的真实性。同时考虑了各部分在时间上的分配和内容上的衔接，脚本设计一些修饰性语言解说，以实现结构上的完整。

（三）素材选取和编辑

本片在视频素材选择方面很是用心。一般情况下选择画质好且内容贴切的素材，基于当时拍摄条件和拍摄技术的局限性，一些原始素材画质不理想，构图也不是很满意，但却能真实反映当时场景，能够体现人物的状态和精神，如雪地行走、水中浸泡等场景，这些原始素材要比影视资料更有震撼力，让故事更真实。

在视觉编辑方面，利用了动画包装技术，以满足展现多场景和大信息量的需求，如表现从长城到南极的地球球体快速移动、反映建站过程的胶卷模式和反映南极速度的台历模式等。同时，短片特别考虑了音效和色彩的运用，通过加入与场景相适应的汽笛声、脚步声和大风声，渲染了场景的氛围，按照情节选择不同节奏的音乐，实现了听觉与视觉的融合，如现场工作的节奏快一些，反映人物状态的节奏就要慢一些，并对不同的音乐进行协调处理。在色调方面，总体营造历史沉淀感，对原始素材进行了二次调色。

视频全程编辑过程中，结合素材和表现方式的实际情况，对脚本设计中不合适的内容进行了完善，使整体表现达到最好效果。

四、成效和经验

该视频以其聚焦的"南极精神"、富有艺术色彩的片名和丰富的原始档案资料等优势，最终在国家档案局、国家发展和改革委员会组织开展的建设项目档案微视频征集活动中，与其他525部参赛作品竞争，获得影视制作专业评委的一致认可，摘得桂冠，成为特等奖之首。2019年12月，主创人员在国家档案局举办的微视频创作交流会上做了主题发言，介绍视频创作过程和体会。随后"学习强国"平台、国家档案局官方网站、"科普中国"官方网站、腾讯视频、多个微信公众号等都转发了该视频，累计点击量数万次。2021年，该视频获得自然资源部"守正创新讲好自然资源故事"十佳案例称号。2024年，该视频被国家博物馆展出的"冰路征程——中国极地考察40周年成就展"录用。

（一）主要成效

该视频创作和传播取得的成效主要表现在三个方面。一是国家档案媒体和平台首次展示了中国南极科考的历史和成就，扩大了新中国70年海洋成就的宣传。一些西部和稍偏远地区的档案工作者对视频中展示的真实的原始影像表示震撼，达到了新中国的海洋力量向国内更多地区传播的目的。二是增强了档案工作在专业领域中的存在感和成就感，宣传了档案工作的重要性和价值，更多的专业领域管理者、一线工作人员通过档案工作者的创作成果体会到档案的魅力和温暖，提高了档案意识。三是对系统化开发海洋档案文化产品有很大的促进作用，增强了自主开发海洋档案文化产品的信心，提高了档案工作者深度挖掘馆藏档案资源、服务社会传播和海洋文化建设的能力。

（二）几点经验

一是组织得力、指导有方。首先是自然资源部档案主管部门在第一时间将征集活动信息传给了中国海洋档案馆，认为档案馆具备制作能力并给予信任和具体指导，尤其是在主题确定和视频审核过程中，主管部门积极鼓励、严格把关，确保提交视频符合组织方的要求，同时为制作组查阅极地考察档案提供了最大的方便。其次制作单位高度重视微视频征集工作，相关领导明确提出以"长城站"为创作主题，并积极沟通首次南极考察档案有关保管单位，为制作组协调潜在的档案资料收集和采访，以及在视频制作方面的技术需求，关注和跟进制作过程，并对提交成果进行了全面审阅。

二是沉淀丰富、实践积累。巧媳妇难为无米之炊，本片成功创作得益于馆藏丰富的档案资料，这些极其珍贵的原始素材是档案工作前辈冒着生命危险采集的，他们都是首次极地科考队中的成员，而在随后35年里，中国海洋档案馆对其精心呵护，及时备份、转带和数字化处理，保障了资料的安全和方便利用。在视频制作方面，开发了如《一个摄像师眼中的首次南极科考》《印象108乙机》《睦海匠心 勇立潮头——国家海洋信息中心60年历史回顾》等作品，得到了广泛好评，也为本片创作提供了经验和借鉴。

三是分工精细、互相督促。通过近年来的探索实践，一个良好的视频创作工作模式得以建立。从总体策划、解说词编撰和脚本设计，到素材选取、编辑和特效包装，再到监制、音乐音效等，分工明确细致，任务落实到位。制作成员在各司其职的同时，都能从不同角度来把控其他环节的质量，如解说用词是否贴切、场景表现是否到位、音乐选择是否协调等，每个人既是责任者又是旁观者，用责任做好分内事，又从旁观者的角度提出更好的建议，起到互相促进的作用，确保视频每个环节能满足每个人的视觉、听觉和感受。

第三节 海洋系统第一台电子计算机微纪录片

一、案例背景

108乙机是华北计算机研究所1964年研制的中型通用电子数字计算机，是我国第二代电子计算机，先后生产了150台，其中1台就落户在国家海洋局海洋科技情报研究所（以下简称"海洋情报所"），即现国家海洋信息中心（以下简称"海洋信息中心"）。1973年12月，海洋情报所完成108乙机及相关设备的安装调试，次年1月投入使用。这台108乙机在海洋情报所运行至1985年7月，也是国家海洋局系统的第一台电子计算机。

海洋情报所的108乙机系统体积大、配置复杂，除6台主机柜外，还有4台存储器磁鼓、2台磁带机、3台光电输入机、2台宽行打印机、2台电传机、3台快速打印机、2台快速穿孔机、1台X-Y平面绘图仪、1台1102中频发电机组、1台三相和1台单相稳压电源、2台K0-10空调机等。系统对温度、湿度、洁净度及电源的稳定性等环境条件要求也很严格。海洋情报所为此专门建造了一座三层的电子计算机楼，简称"电子楼"，在内设机构"资料编辑室"加挂"电子计算机站"牌子，后专门成立内设处级机构"计算室"，配备了一支专业专门的运维队伍。这台108乙机运行11年期间，完成了海洋情报所潮汐潮流预报、地震预测分析、海洋环境图集编绘、断面调查资料处理等多个重点业务的计算任务，也为国家海洋局局属单位和地方省市气象、水利、地震部门及工程建设等提供了大量的科学计算服务，作出了重大贡献，也产生很大的影响。

2018年5月，海洋信息中心成立60周年，这台108乙机又一次走进人们的视野，它的时代价值和贡献也引起关注。为了更好地记录和留存历史和成就，弘扬海洋信息中心"团结、奉献、传承、创新"的精神，我们对海洋信息中心历史上的重要事件、重点业务进行了口述历史采集工作，获得了一批珍贵的口述历史资料，其中就包括多位亲历者从多角度对108乙机的回忆。随后，以馆藏档案资料和采集的口述历史资料为素材，经过精心策划、脚本编写、素材拍摄和后期编辑等过程，完全自主地创作了这部海洋系统第一台电子计算机的微纪录片。

二、视频文案

微纪录片名为《印象108乙机》，时长7分56秒。以下文字为视频文案全部内容，凡用引号引起的为亲历者同期声，其他文字均为旁白。

1975年，一部叫《海潮》的科教纪录片将大海的力量和人类的智慧带进了寻常百姓家，但你可认得电影中这个看起来像钢琴的机器？

"这是国家海洋局系统第一台计算机。""这是海洋界第一次引进计算机。""这是咱们所走向现代化最重要的一步。"

1965年6月，国家海洋局海洋科技情报研究所（以下简称情报所）从中央气象局接过编辑出版中国民用潮汐表的任务。与数据打交道，最重要的就是计算工具了。

"上世纪50年代末一直到60年代前期、中期以前，都是用的手工，就是（用）算盘（和）手摇计算机。""把所有资料汇总之后，再进行平均计算，（就是）拿手摇计算机（计算）。"

此时的新中国，虽然国力薄弱、外强封锁，但自主研发的计算机在国防建设和自然灾害防治等特殊领域中发挥着重要作用。情报所也成了北京中科院计算机研究所的"黑客"（夜间工作的客人）。

"我们都是半夜去上机，他们把夜里的时间都安排给我们。上一次机（情报所）给一个夜餐补助，这个补助是一个面包，三毛钱，大家没日没夜在那儿干。"

1972年，情报所瞄上了刚投入小批量生产的108乙机，国产晶体管电子计算机，我国第二代计算机代表机型，DJS-6型计算机。但如此庞大而又金贵的身躯，已经不是那座俄式小楼所能容纳的。为此，国家海洋局批准情报所为108乙机找个家。

"设计院那里设计问题还不太大，难就难在施工。那个时候工程不可能像现在这样，（当时材料不到位）请不来施工队。一会儿没有沙子，一会儿没有水泥，一会儿没有砖，我们自己去组织拿到指标后，（才）请来（天津）三建。"

1973年6月，专属"电子计算机楼"竣工了。而此时身在108乙机娘家的桂叶欣正为爱人要转业回天津而犯愁。

"联系天大（天津大学），说我们这里没有计算机专业，不需要计算机的人，联系到海洋技术所，（说）我们是搞海洋仪器的，不要计算机，但推荐你（到）海洋情报所，他们可能要安装计算机了。（我）马上联系，（他们）正好要，（说）我们整个计算机维护（团队）里，还没有学计算机专业的。"

1973年10月，老桂和108乙机都在情报所安了家。经过2个月的调试之后，108乙机于1974年1月正式运转。

这一转就是11年，这份1985年形成的档案文件成为那个岁月的印记。11年，2.4万多机时，科学研究、防灾减灾、工程建设，她是不可小觑的功臣。海洋局、气象局、地震局、高等院校，天南海北，她是毋庸置疑的宠儿。11年，主机运行控制，内存储器管理，外部设备控制……一支专业维护团队随108乙机一起运转着。

"因为是分立元件，故障率非常高。要保证那么高的使用率，维护工作量相当大。有时经常连轴转，24小时。排队排到那儿，夜里也要上机。我记得很清楚，当时我住在9号楼，一出故障就过来敲门。一般都是小问题，但问题解决后，我还不能走，还得看一会儿，回去就睡不着了。"

但事实上，维护工作要解决的还有因操作失误甚至是程序设计错误带来的非计算机故障。

"做不下去了，就赖计算机。我记得印象最深的，天津市有个7047工程，就是（建）天津市第一条地铁（地铁1号线）。他们在我们这儿计算，有个程序编（译）了以后计算老是不行，（出现的错误是运行）一次一个样。我（将系统）全部清零之后只有一个现象。最后查出，是一个三角函数sin（n*π/2），π写的是3.14156，但穿孔穿错了，这个点（穿）成了逗号，这个逗号引起了计算机某一个工作单元一次一个样。一改，两个月没有算过去的算过去了。"

穿孔纸带：数据和程序指令通过穿孔机记录在纸带上，纸带通过光电输入机被计算机识别。

"就和英文打字机一样。当时我们来了10个人，先练指法，然后就学盲打，学了有半年多。打完以后要校对，1个人拿着带子念，1个人对着拿着原始资料看。我们每人有个小盒子，用来修改纸带上的错误。"

"当时我们把中国沿海主要港口的潮汐资料穿成纸带，穿了800（多）盘，然后去分析计算。"

11年，情报所的潮汐潮流预报工作得到快速发展。

"咱们引进108乙机以后，咱们所（潮汐工作）做了几件事：一是调和分析、潮汐预报增加了很多港口，另一个是短期潮汐调和分析没有，当时他（王骥）跟老方（方国洪院士）商量提出一个短期分析方法，是科技大会的一个成果，还有一个是老方做技术指导，咱们所编辑了大面潮流预报，现在还能用，海军在用。"

11年，情报所资料整编和图集出版工作取得了丰硕成果，为我国洲际导弹发射靶场选址做出了重要贡献。

1985年7月31日，这台108乙机在全部应用程序被移植到IBM 4341计算机后，情报所将其赠给了天津102中学。

三、主要做法

从馆藏实际情况来看，这台108乙机的档案只有当年申报国家海洋局科技进步奖的十几份手写材料，其内容主要是有关108乙机运行和维护情况的总结，照片只有一张，无任何实物档案，这对以档案为主要素材的海洋档案视频创作来说是不利的。因此，在创作这部微纪录片的过程中，特别重视前期策划、网络素材搜集和文案编制等工作，在理清脉络基础上抓住重点、突出细节、强化故事情节，充分发挥现有档案资源的作用，在内容上解决了从无到有的问题，在形式上实现了从宏观到微观、从面到点、从物质到精神的视觉表现。

（一）理清脉络，抓住重点

因为记录的对象是一台机器，所以首先要讲清楚几个问题。第一，海洋情报所为什么要购置108乙机，第二，这台108乙机到了海洋情报所以后，做了哪些事情，第三，这台108乙机为海洋情报所做了哪些贡献，第四，这台108乙机后来去哪里了。综合有限的档案资料和多个亲历者的讲述，对这几个问题进行了详细梳理后，形成了一条比较清晰的脉络，回答了这台108乙机的"why""who""what""how""now"等一系列问题。同时从海洋情报所职责角度，将定位提到国家层面的高度，将108乙机的国产特征、晶体管特点及其国家和地方的贡献均纳入记录要求中。

但108乙机是面上的主角，不是这部微纪录片的内核，108乙机归根到底还是一台用来计算的工具，它在人指挥下运行，为人服务，需要人对其维护。因此，策划过程中要重点考虑创作这部微纪录片的目的，即要通过108乙机来表现一个时代的特征和精神，表现海洋信息工作的成就和贡献。重点内容表现在三个方面：第一，把108乙机的服务对象或者贡献从"宾语"转为"主语"，在海洋信息中心发展历史上，尤其是发展初期，核心业务是"潮汐潮流预报"，所以在108乙机运行期间，"潮汐潮流预报"业务成为记录重点，具体表现在预报范围的扩大和预报精度的提高；第二，108乙机的贡献归功于长时间有效的运行和维护，因此一支专业团队的付出也是记录重点，具体通过档案数据和运行中发生的典型事件来表现；第三，"穿孔纸带"是108乙机输入设备不同于现代计算机的一个重要标志，由此实现海洋科学数据进入计算机处理的重要环节——穿孔形成模拟纸带成为讲述的一个重点。

（二）强化叙事，挖掘细节

纪录片重要的是叙事，但叙事不是罗列，更不是大而空语言的堆砌。叙事既需要逻辑也需要细节。强逻辑性的叙事，可以紧紧扣住观众的视线，让观众记住纪录片传播的内容，包括知识点、兴趣点等。这部微纪录片采用了线性叙事方法，即从购买、运行到报废，体现了这台108乙机的整个生命过程。同时，该纪录片注重叙事的逻辑关系，讲述了海洋情报所在108乙机从无到有的过程中，海洋情报所处理资料和提供信息服务的情况，如最早用算盘、手摇计算机，国产电子计算机问世后，到其他单位去处理资料等，由此也导出计算设备对海洋情报所的重要性。在108

乙机落户海洋情报所的环节，结合108乙机庞大系统的特征，讲述了落户的过程，进一步表现了这台108乙机对海洋情报所的重要性，包括建造专用小楼的过程和解决维护人员的问题等。

同时，从亲历者的讲述中，微纪录片工作组捕获到了很多有趣且有意义的事情，精选了在叙事过程中能够发挥"承前启后"作用的事件，并挖掘细节，确保讲述生动到位。重点细节有：①关于北京计算加班熬夜的报酬，一个面包的故事；②亲历者桂叶欣从108乙机原产单位转业至天津，与108乙机同时"落户"海洋情报所的故事；③服务对象"π"中"."错误穿孔成","，导致程序长久不能通过和维护人员之间的故事等。这些情节都是讲述者自己的经历，30多年过去了，依旧记忆犹新，讲述生动且有情感，不言而喻。

（三）扬长避短，合理利用

考虑微纪录片拍摄细节或者宏大的场景的不可能性和不专业性，尤其是模拟当时场景拍摄涉及环境布置和演员出镜等复杂过程。在镜头语言使用方面，除口述历史影像资料外，全片只有模拟资料校对和天津102中学外景两个实拍镜头，其他均为现有素材或者对素材进一步加工处理后使用。

一是尽量使用现有档案资料。有反映11年运行情况的三份统计表格，包括机组人员设备维护任务分配表、硬件维护工作时间表和历年运行机时分布图，及工作人员绘制的108乙机的结构图和有关服务情况档案文件等，并对其进行了包装处理。同时在表现海洋情报所利用108乙机取得的成果时，也引用大量的成果档案和获奖照片等，充分展现浓郁的档案气息，体现了档案视频产品的特色。

二是恰当使用亲历者的采访素材。将亲历者的讲述贯穿整个微纪录片，注重选取生动、点睛的内容，除了故事感比较强的，如把"."穿孔成","这样的情节，讲述比较长。一般口述者一次连续出镜时间不宜过长，如果讲述内容是必需的，也用与内容匹配的其他镜头语言来表现。全片同期声的文字约占50%，出镜的亲历者有6位，重点讲述2人。

其中片头选择了多位亲历者对108乙机的一句话评价，并将其与108乙机的图片进行了融合包装，连续推出，点睛108乙机的时代价值和地位。

三是巧妙使用搜集的视频素材。包括《海潮》科教片中108乙机的工作场景和网络搜集的相关影像资料。其中《海潮》是长春电影制片厂和国家海洋局联合制作的一部科教片，海洋情报所是编剧单位也是协助拍摄单位，其中108乙机的工作场景成为此次创作的核心声像素材。重点表现在两个方面，一是片头直接通过108乙机的影像资料带入主题，二是涉及108乙机运行等场景，选择放大局部镜头，增强动感，同时避免多次重复。网络搜集的视频资料一般作为空镜头表现，非具象化。

第四节　新中国海洋不能忘记的29名专家专题视频

一、案例背景

1963年，么枕生等29名国内知名专家联名向国家科委上书《关于加强海洋工作的几点建议》，分析了当时新中国海洋面临的国内外形势，提出了关于加强海洋工作组织保障、加强海洋科学研究和增设调查船、充实仪器设备等3个方面的工作建议，直接推动了1964年国家海洋局的成立，开启了新中国海洋科学研究、海洋调查和海洋教育的发展之路。2004年，国家海洋局在成立40周年成果展览上，首次公布了这段历史和29名专家名单。

2007年，29名专家之一刘好治先生在天津（生前工作单位是海军司令部航海保证部）离世，引起我们对29名专家的关注，启动了对其个人档案资料的征集工作。2008年10月，刘好治先生档案资料捐赠仪式在天津举行，其夫人李琴芳女士捐赠刘好治档案资料146件。2012年，经过多年信息收集和整理后，形成了《倡导成立国家海洋局的29名专家档案征集方案》，获国家海洋局批准，29名专家档案资料的收集工作正式启动。至2017年，建立了完整的29名专家档案信息一览表，获得了一批珍贵的档案资料，其中有刘好治、郑重、李法西、么枕生等专家档案资料原件，有严恺、朱树屏、文圣常、陈吉余等专家的档案资料数字化文件等。同时，2014年、2017年先后采访了刘光鼎院士和文圣常院士，我们获得了两位亲历者极其珍贵的口述历史资料。

2016年，我们在29名专家的档案信息还不够完整的情况下，布设了以"铭记·传承·弘扬"为主题的29名专家档案信息临时展，引起了业界的广泛关注，29名专家这个特殊群体的贡献逐渐传播。为更好彰显29名专家寻求新中国海洋事业发展之路的非凡贡献和爱祖国爱海洋的赤子之心，2017年我们对29名专家的学识、经历和贡献进行了分析和凝练，撰写了文案，用极简的视频编辑方式创作了一部短视频，时长5分钟，通过"海洋档案"微信公众号发布。

二、视频文案

视频片名为《寻路漫漫 初心永恒》，是29名专家追求新中国海洋事业发展的精神，也是海洋档案工作者学习先辈精神，坚持不懈征集29名专家档案史料的内心表达。视频文案如下：

1963年5月6日，他们联名上书。1964年1月4日，国家科委写出报告。1964年2月11日，中共中央批复"同意在国务院下成立直属的海洋局，由海军代管"。1964年7月22日，中华民族第一次有了专门的海洋管理机构。

经过一代又一代海洋人的不懈努力，新中国的海洋事业从无到有、逐步壮大。但我们也没有忘记，促使这艘大船扬帆启航的他们。

他们是那个年代国家的骄子，他们大多出自当代人为之仰慕的知名学府，他们中间14人有国外学习和工作的经历，不乏硕士和博士。

新中国开国礼炮声响起时，他们回来了。

1963年，他们的工作是这样的：教授，副教授，院系负责人，也有工程师。年长的，66岁，年轻的，34岁。

正是他们，在国家海洋事业最需要的时候，落下了那浓重的一笔。

这一笔是信任，这一笔更是责任和担当，但是他们留下的不仅仅是那一笔。

他们中间有11人当选为中国科学院或工程院院士（学部委员），他们中间有11人是学科和领域的开拓者和奠基人（之一），他们中间也不乏高校院系的创始人。

她（刘恩兰）是他们中间唯一的一朵玫瑰。周恩来总理曾三次接见，邀请她参加中国科学院的建设。她终身未嫁，她一生与海相伴，她把自己全部积蓄捐给了海洋事业的未来。

他（刘好治）是第一个进入我们视线的。"刘所长，是当时倡议建局的主要策划者之一"，文圣常院士这样评价他。他是海洋一所（原海军四所）的首届领导。

他（丘捷）是最后出现在我们面前的。"海洋档案"微信平台，首发的"众里寻你"，让人关注，也知晓了他的贡献。

而他们（文圣常、陈吉余、刘光鼎），2016年11月13日，国家海洋局给他们颁发了"终身奉献海洋"纪念奖章。

这是超凡的远见，是历史的贡献，更是伟大的功绩。认真，严谨，执着，是精神，是文化，是对国家、对海洋的爱……

这是他们留给我们的记忆和财富，那段需要我们铭记的历史，是我们海洋人的启程。聆听他们的讲述，如同档案跃上眼前……

我们辗转北京、南京、青岛、厦门、长春等地，寻访了他们的家属、同事和学生，获得档案史料1500余件，但这些远不能反映他们的足迹和贡献。为了那共同的深蓝梦想，我们将继续追寻⋯⋯

三、人物信息

以下人物介绍按照档案有关记录排序。

么枕生（1910—2005），河北丰润人，气象学家，中国当代气候学及统计气象学的奠基人，中国高等学校气候学专业的开创者。1936年毕业于清华大学地学系。时任（1963年）南京大学教授。

毛汉礼（1919—1988），浙江诸暨人，物理海洋学家，中国物理海洋学的奠基人之一。1943年毕业于浙江大学文学院史地系地理专业，1947年赴美国加州大学斯克里普斯海洋研究所进修海洋学。1951年获博士学位。1954年回国工作。1980年当选为中国科学院学部委员（院士）。时任（1963年）中国科学院海洋研究所研究员。

文圣常（1921—2022），河南光山人，物理海洋学家。1944年毕业于武汉大学。1947年毕业于美国航空机械学校回国工作。1993年当选为中国科学院院士。时任（1963年）山东海洋学院水文气象系教授。

业治铮（1918—2003），江苏南京人，沉积学家、海洋地质学家，我国地质教育事业的开拓者和海洋地质科学的奠基人之一。1941年毕业于中央大学地质系。1950年获美国密苏里大学硕士学位后回国工作。1980年当选为中国科学院学部委员（院士）。时任（1963年）长春地质学院教务长、教授。

刘恩兰（1905—1986），山东安丘人，地理学家、海洋学家。1925年毕业于南京金陵女子大学。1929年赴美国克拉克大学地理研究院学习，1931年获硕士学位。1938年赴英国牛津大学圣西尔达学院攻读自然地理学，1940年获博士学位。1941年回国。时任（1963年）海军司令部航海保证部教授。

刘好治（1912—2007），河南安阳人。1937年毕业于清华大学地学系。1947年赴英国利物浦大学海洋系学习。1949年获硕士学位。1950年回国。时任（1963年）海军司令部航海保证部工程师。

刘瑞玉（1922—2012），河北乐亭人，海洋生物学家、甲壳动物学家，中国海洋底栖生物生态学奠基人和甲壳动物学开拓者。1945年毕业于北平辅仁大学生物系。1997年当选为中国科学院院士。时任（1963年）中国科学院海洋研究所副研究员。

刘光鼎（1929—2018），山东蓬莱人，海洋地质与地球物理学家。1952年毕业于北京大学物理系。1980年当选中国科学院学部委员（院士）。1993年当选为第三世界科学院院士。时任（1963年）北京地质学院副教授。

丘捷（1904—1973），广东梅县人。1927年毕业于北京大学。时任（1963年）山东海洋学院地质地貌系主任、教授。

朱树屏（1907—1976），山东昌邑人，海洋生态学家、水产学家。1934年毕业于中央大学，1941年获英国剑桥大学博士学位。1946年回国。时任（1963年）水产部海洋水产研究所所长、研究员。

任美锷（1913—2008），浙江宁波人，自然地理学与海岸科学家。1934年毕业于中央大学地理系。1939年获英国格拉斯哥大学博士学位。1939年回国。1980年当选为中国科学院学部委员（院士）。时任（1963年）南京大学地理系主任、教授。

吕炯（1902—1985），江苏无锡人，气象学家、教育家，我国海洋气象学与农业气象学的先驱者。1922年考入国立东南大学地学系。1928年研究生毕业于中央研究院气象研究所。1930年赴柏林大学、汉堡大学学习。1934年回国。时任（1963年）中国科学院地理所研究员。

严恺（1912—2006），福建闽侯人，水利学家、海岸工程学家和工程教育家。1933年毕业于交通大学唐山工学院。1935年考入荷兰德尔夫特科技大学土木工程专业。1938年获得土木工程师学位后回国。1955年当选为中国科学院学部委员（院士），1995年当选为中国工程院院士。时任（1963年）华东水利学院院长、教授。

李法西（1916—1985），福建泉州人，海洋化学家，中国海洋化学研究的开拓者和学术带头人。1943年毕业于中央大学化学系，1949年获美国俄勒冈大学化学硕士学位。1950年回国。时任（1963年）厦门大学化学系副教授。

何恩典（1920—1992），福建惠安人，海洋物理学家。1941年毕业于厦门大学数理系。时任（1963年）厦门大学物理系主任、副教授。

陈吉余（1921—2017），江苏灌云人，河口海岸学家，中国河口海岸理论应用于工程实践的开拓者和代表性人物之一。1947年毕业于国立浙江大学（研究生）。1999年当选为中国工程院院士。时任（1963年）华东师范大学地理系副教授。

李树勋（1910—1993），河北安国人。1932年毕业于北京师范学院，同年考入北京大学地质系。时任（1963年）海军工程兵部工程师。

李嘉詠（1913—2012），山东泰安人，实验胚胎学家，我国海洋无脊椎动物胚胎学奠基人。1935年考入国立山东大学生物系，1940年毕业于中央大学生物系。时任（1963年）山东海洋学院生物系副教授。

郑重（1911—1993），江苏吴江人，海洋生物学家、教育家，我国浮游生物学的创建者。1934年毕业于清华大学生物学系，1944年获英国阿伯丁大学博士学位。1947年回国。时任（1963年）厦门大学生物系教授。

郑执中（1917—2011），福建南安人，海洋生物学家，我国有孔虫研究的开拓人之一。1943年毕业于厦门大学生物系，1953年获菲律宾大学研究生院动物学硕士学位，1954年攻读有孔虫博士学位。1955年回国。时任（1963年）中国科学院海洋研究所副研究员。

施成熙（1910—1990），江苏海门人，水文学家、湖泊学家，中国湖泊水文学的奠基者，中国湖泊科学研究的开拓者。早年毕业于杭州之江大学土木系，1937年获美国康奈尔大学土木工程硕士学位后回国工作。时任（1963年）华东水利学院水文系主任、教授。

陶诗言（1919—2012），浙江嘉兴人，气象学家，中国天气学研究和天气预报业务的开拓者与奠基人之一。1942年毕业于中央大学地理系。1980年当选为中国科学院学部委员（院士）。时任（1963年）中国科学院地球物理所研究员。

张玺（1897—1967），河北平乡人，动物学家、海洋生物学家，我国海洋科学界的先驱之一，我国贝类学的创始人和奠基者。1921年毕业于直隶公立农业专门学校附设农艺留法班。1927年获里昂大学硕士学位。1931年获法国国家理学博士学位后回国。时任（1963年）中国科学院海洋研究所副所长、南海分所所长、研究员。

张孝威（1913—1971），江苏苏州人，鱼类学家。1941年毕业于东吴大学生物系，1948年赴英国海洋学会海洋生物实验室做访问学者，1951年回国。时任（1963年）中国科学院海洋研究所研究员。

曾呈奎（1909—2005），福建省厦门人，海洋生物学家，中国海藻学研究的奠基人，中国海藻化学研究的开拓者。1931年毕业于厦门大学。1934年获岭南大学研究院理学硕士学位。1942年获美国密执安大学研究院理学博士学位。1980年当选为中国科学院学部委员（院士）。时任（1963年）中国科学院海洋研究所副所长、研究员。

程纯枢（1914—1997），浙江金华人，气象学家。1936年毕业于清华大学气象专业。1945年赴美国芝加哥大学进修气象基础理论和天气分析预报。1946年回国。1980年当选为中国科学院学部委员（院士）。时任（1963年）中央气象局观象台总工程师。

杨有栋（1912—1983），湖北武汉人，物理学家。1935年毕业于国立山东大学物理学系。时任（1963年）山东海洋学院物理系主任、副教授。

杨剑初（1915—1990），江苏宜兴人，气象学家，中国长期天气预报研究与业务工作先驱者，日地关系研究开拓者。1935年毕业于中央研究院气象练习班。时任（1963年）中国科学院地球物理所副研究员。

赫崇本（1908—1985），辽宁凤城人，物理海洋学家、海洋科学教育家，新中国海洋事业的开拓者、中国物理海洋科学主要奠基人。1932年毕业于清华大学物理系。1943年赴美留学，1948年获加州理工学院气象学博士学位。随后进入加利福尼亚大学斯克里普斯海洋研究所从事海浪研究，攻读海洋学博士。1949年回国。时任（1963年）山东海洋学院教务长、教授。

第五节　纪念我国首次洲际导弹全程飞行试验成功 40周年专题产品

一、案例背景

1965年8月，钱学森等科学家提出：中国必须重点发展具有远程攻击能力的洲际导弹，并且进行全程飞行试验。1967年7月18日，中国人民解放军国防科学技术委员会（以下简称国防科委）上报关于建造编组远洋调查测量船的研制计划，获得毛泽东、周恩来批准，代号"718工程"。1969年7月22日，国防科委确定由国家海洋局负责选定我国第一次洲际导弹飞行试验靶场，并提供试验海域和航线的环境保障。1970年5月15日，交通部将"长宁号"货轮移交国家海洋局，远洋科学考察船改装工程启动，代号"515项目"，该船被命名为"向阳红五号"。1979年，国防科委确定1980年向太平洋预定海域发射"东风五号"运载火箭，代号"580任务"。1980年5月18日，我国首枚洲际导弹成功命中太平洋预定海域，打破了超级大国对洲际战略核武器的长期垄断，在国际上产生了强烈反响。

1967年至1980年，海洋工作者五下太平洋，出色地完成了洲际导弹靶场选址、试验海域和航线环境保障等任务，实现了新中国海洋史上诸多零的突破，为我国国防事业做出了重要贡献，开启了新中国走向深海大洋的时代。而"718""515""580"等代号也成为一个时代、一代海洋人刻骨铭心的印记。2009年7月，中央电视台《见证·亲历》栏目播出5集纪录片《向阳红》中，《绝密航程》一集首次公开"718工程"的历史。2017年7月，"718工程"批准立项50周年之际，中央电视台《国家记忆》栏目连续播出5集纪录片《秘寻洲际导弹靶场》，再次向社会公众揭开了我国第一次洲际弹道导弹全程飞行试验的神秘面纱。

2020年5月18日是我国洲际导弹首次全程飞行试验成功40周年，我们以此为契机，提前谋划，精心设计，通过开发海洋档案文化产品，开展系列纪念活动，传承新中国这段历史，弘扬一代海洋人敬业、爱国、拼搏、创新的精神。

二、案例概述

本案例立足纪念"我国首次洲际导弹全程飞行试验成功40周年"活动（以下简称"纪念活动"），以此为主题，自主研发多种类型海洋档案文化产品，内容丰富，主要包括视频产品3部、图文产品3个、专题文章27篇。其中视频产品有《在大洋上空扬起的激情和荣耀》《太平洋上放气球》《燃！时光跨越40年 留影档案》；图文产品有《一图尽览15年——我国第一次洲际导弹飞行试验中的海洋工作图鉴》《大海与星辰邂逅的那些事——"718工程"档案资料图片展》和宣传海报；专题文章包括日记、诗歌、报纸等"史料见证"10篇、"亲历者说"4篇、"我看历史"4篇、"来自国家的记忆"5篇及人物类、报道类、总结类共4篇。

全部产品在纪念活动周期内均通过"海洋档案"微信公众号发布，每周推送2~3次，累计32次。系列产品全景式地展现了老一辈海洋工作者的突出贡献，一批亲历者纷纷留言点赞，在自然资源工作者和社会公众中得到广泛关注认可，活动期间总阅读量超6000次，起到了较好的宣传效果。纪念活动专题海洋档案文化产品内容和发布情况见表8-1。

表8-1　专题海洋档案文化产品一览表

序号	推送时间	推送内容	备注
1	2020.5.15	专题活动预告宣传海报	原创
2	2020.5.18	致敬片：为大洋上空扬起激情和荣耀	原创
3	2020.5.19	亲历者说："神箭"飞到太平洋	原创
4	2020.5.21	大事记：海洋工作图鉴	原创
5	2020.5.25	亲历者说：《太平洋上放气球》视频	原创

序号	推送时间	推送内容	备注
6	2020.5.27	史料推介：《一颗螺丝钉 一本流水账》	原创
7	2020.5.29	见证历史：《出海记事：集结》	原创
8	2020.6.1	来自国家的记忆：打造科考船	整编
9	2020.6.3	人物风采：总指挥刘道生	整编
10	2020.6.5	见证历史：《出海记事：演练》	原创
11	2020.6.8	来自国家的记忆：绝密航程	整编
12	2020.6.11	专题展览："718工程"档案资料图片展	原创
13	2020.6.12	见证历史：《出海记事：备航》	原创
14	2020.6.15	来自国家的记忆：挺进大洋	整编
15	2020.6.17	亲历者说：那一年，他们让星辰"邂逅"大海	转载
16	2020.6.19	见证历史：《出海记事：航渡》	原创
17	2020.6.22	来自国家的记忆：选定靶场	整编
18	2020.6.26	见证历史：《出海记事：功成》	原创
19	2020.6.29	来自国家的记忆：决胜太平洋	整编
20	2020.7.1	史料见证：诗歌诉衷情——张爱萍	转载
21	2020.7.1	我看历史：跨越时光的传承	原创
22	2020.7.3	见证历史：《出海记事：荣归》	原创
23	2020.7.6	史料见证：诗歌诉衷情——将军们	转载
24	2020.7.6	我看历史：逐梦人	原创
25	2020.7.8	我看历史：首枚洲际导弹如何让世界主流媒体刮目相看	原创
26	2020.7.10	我看历史：档案教给我的那些事儿	原创
27	2020.7.14	我看历史：数字代号背后的故事与一代海洋人	原创
28	2020.7.15	史料见证：诗歌诉衷情——科技工作者	转载
29	2020.7.18	视频：写在今天——时光跨越40年	原创
30	2020.7.23	口述历史：回望首航太平洋的日子	原创

序号	推送时间	推送内容	备注
31	2020.7.28	口述历史：绝密航程上的大洋组	原创

三、主要做法

（一）精心策划编制工作方案

1.确定纪念活动时间

1980 年 5 月 18 日是试验成功日、1967 年 7 月 18 日是任务启动日，历年 6 月 8 日、6 月 9 日分别是"世界海洋日暨全国海洋宣传日"和"国际档案日"，综合考虑这些时间节点，最终决定本次纪念活动时间为 2020 年 5 月 18 日至 7 月 18 日，周期为 2 个月，并在 6 月 8 日、9 日开展重点宣传活动。

2.明确纪念活动方式

纪念活动以发布海洋档案文化产品为主，辅以档案史料收集、口述历史采集、主题党日活动开展等，纪念活动期间保持档案人员与亲历者之间

的互动交流，实现产品开发、发布服务、史料收集等相关工作相辅相成。

3.确定产品开发要求

明确本次纪念活动主题产品从单一类型到多类型并举，集合文字类、图片类、音视频类等多种形式，综合原创、整编和转载等多个途径。设计有宣传海报、档案视频、"718工程"大事记文稿、"亲历者说"、"我看历史"、"718工程"档案资料图片展等内容。按照产品类型分别明确开发要求，包括各产品内容、质量要求、素材来源、完成时间和人员安排等。

4.拟定产品发布时间

产品发布时间按照纪念活动周期和重要时间安排，综合考虑产品形式和纪念活动氛围的连续性要求，确保纪念活动期间在主要发布平台"海洋档案"微信公众号上每周推送2~3次。重要发布节点有：5月15日，提前发布宣传海报；5月18日，推出历史回顾档案视频和大事记；6月8日，"718工程"档案资料图片展开放；7月18日，发布活动总结视频和相关文稿。"亲历者说"、"我看历史"等相关文稿在活动期间每周1篇等，并在6月底开展主题党日活动。

（二）全方位多角度收集分析档案资料

1.馆藏档案资料梳理

主要来源国家海洋局多个单位的全宗，重点是"718工程"功勋船"向阳红五号"所属的南海分局全宗、国家海洋局机关全宗，这部分档案有助于捋清事件的历史脉络和重要环节及其节点时间，确保各类产品开发的真实性和准确性，是"718工程"大事记编写的重要资源。馆藏音像档案是视频产品策划、创作的重要素材。

2.网络资料及线索搜集

网络搜集是本次产品开发资源的重要途径。1976年首次远洋调查和1980年首枚洲际导弹发射成功，当时《人民日报》《参考消息》《光明日报》《科技日报》《解放日报》《解放军报》等国内主要媒体都有新闻类和纪实类的报道，一些境外媒体也都有相关报道和评论。近年来，许多官方媒体对我国首枚洲际导弹成功发射事件均用大量笔墨进行回顾和评述，同时随着网络和新媒体应用的普及和发展，大量亲历者通过微信、微博、美篇等平台撰写和发表回忆文稿，而知网、万方、维普等文献资源平台和孔夫子等旧书网也是相关资料和线索的来源。

经搜集和对相关资料内容及价值的综合评估，通过下载、购买、仿真等手段，获得研究论文和纪念文章17篇、照片80幅、珍贵资料实物35件。其中就有1980年《人民日报》号外，有《飞向太平洋》故事片、连环画、台本，有《远望》诗歌专辑、歌曲《诉衷情》和《海洋小报》等，有美联社、法新社、巴基斯坦《今日报》等10家境外媒体的报道。这些不同形式的档案资料不仅为图片展提供了丰富的素材，而且极大地丰富了本次产品开发的内容。

3.有目标的史料征集和口述历史采集

通过网络线索查找并联系亲历者，获捐赠日记1本，捐赠照片、书籍、手稿等17件，采访亲历者6人，获口述音视频800分钟、454GB。同时，在纪念活动期间，随着开发产品的传播，引起了更多亲历者的关注，同步获得部分亲历者的回忆记录。

（三）产品开发和发布齐头并进

按照工作方案有序推进产品开发工作，开发人员各司其职，强化每个产品的策划、开发方案编制、素材提供和成果审核等环节，在保障产品内容丰富的基础上，加强产品表现形式的多样化、形象化和趣味化，提高最终效果，如宣传海报采用点亮模式、文稿产品发布编辑时尽量嵌入相关图片等。

以中国海洋档案馆官方公众号"海洋档案"和"海洋档案信息网"为主要平台，设计了"史料见证""亲历者说""来自国家的记忆""我看历史"等栏目，以平均每周2~3篇的推送频率向社会公众发布，部分内容在"国家海洋信息中心"微信公众号和抖音号同步进行推送。关注微信粉丝留言，及时获取和处理粉丝反馈信息，使其成为新老海洋工作者的交流平台。这些留言也唤起了大量亲历者对往事的回忆，其间还为一位亲历者找到了多年失去联系的战友。配合6月8日"世界海洋日暨全国海洋宣传日"和6月9日"国际档案日"活动，布置了"718工程"档案资料主题展览，吸引了单位职工和来访人员的观看。

（四）开展业务促党建特色主题活动

"一个始于5月的专题工作，拉开6月主题党日活动的序幕/跨越时空的对话，是兰台世界里青年的风采/一张照片的探寻，感受文化、精神和情怀/我想听你说，只是内心的交流和独白/这一天，这样的每一天，都是我们期待的日子/红色印记，蔚蓝梦想，我们明天更精彩。"

　　结合系列档案产品开发工作，特别策划了一场题为"纪念历史荣光 感悟使命担当 甘为岁月长河的摆渡者"的主题党日活动。通过"我们都是主持人""我想听你说"等形式，串起了青年代表主题演讲、支部书记主题党课和大家交流心得体会等活动环节，所有分享内容均为档案产品开发过程中的所见、所听和所思，是档案工作者在挖掘档案资源、传承历史与精神过程中的心灵碰撞、历史对话和智慧交融。

　　其中"在追寻路上感受文化与精神至上的历史传承"主题党课，通过"718工程"配套任务——整编大洋资料、编制"三大洋"水文图集的历史，讲述了大洋数据整编过程中发生的"马角坝的印记""论文中的端倪""厕所里的信笺""小鬼搞大洋"等4个故事，弘扬了老一辈海洋信息工作者严谨细致、甘于奉献、团结创新、传帮带的生动、感人的事例和精神，并就"甘为岁月长河的摆渡者"对档案工作"守护历史 不负未来"价值观的几点思考。青年同志分别就"回望深蓝的启程""逐梦人""档案教给我的那些事儿"为题，致敬老一辈海洋工作者，表达了青年一代不忘初心、接力奋斗的信念与决心。

四、重点产品

（一）历史回顾专题视频《为大洋上空扬起激情和荣耀》

　　该视频选用馆藏《首战太平洋》《再战太平洋》《飞向太平洋》纪录片影像素材及远洋调查档案资料、"718工程"有关档案文件，还原了"718工程"从任务提出、第一艘远洋科考船诞生、首次远洋科学调查到洲际导弹发射试验成功等过程，再现了一代海洋人奔赴绝密航程、艰苦卓绝的工作场景。视频时长5分18秒，于2020年5月18日发布。

　　视频用1980年5月18日我国首枚洲际导弹发射成功和举国上下庆祝、

叶剑英等领导接见编队场景为开篇，主要内容包括国家海洋局接到任务、各单位积极准备、历次远洋调查及成果等重点事件，结尾采用时任海军司令员刘华清的诗词为文字语言，用誓师大会、动员大会、编队出发、预定海域准备、发射数据仓打捞、返程庆功等"580任务"执行过程的照片轴为镜头语言，完成与视频开头的无缝衔接。

（二）"718工程"档案资料图片展"大海与星辰邂逅的那些事"

展览以"大海与星辰邂逅的那些事"为主题，设计制作展板10块、精选图片68张，包括"718工程"简介、"向阳红"编队四次远洋调查成果及不同视角下的历史记录，多维度地展示了20世纪70、80年代我国远洋科学调查和首次洲际导弹发射试验的掠影。

展览核心部分由报纸、照片、日记、诗歌、纪录片、故事片等不同类型的档案资料图片构成，参观者可从不同的视角回望了解这段历史。一张张报纸，刊登着那个年代大洋里传来的头条新闻；一幅幅照片，定格了一代海洋人在太平洋上栉风沐雨、勘测选点、会商决策的身影；一篇篇日记，表达着闯海人的内心独白和蓝色情怀，勾画出海上的壮美风情；一帧帧影像，承载着亲历者战风斗浪、惊心动魄的过往；一个个故事，再现了驶向南太平洋的远洋船队所历经的艰苦战斗；一首首诗歌，抒发着从将军到一线工作者的豪情壮志。

（三）"718工程"大事记《我国第一次洲际导弹飞行试验工程中的海洋工作图鉴》

以我国第一次洲际导弹飞行试验为主题，表现国家海洋局在该工程中的主要工作和贡献为目的，梳理了自1965年钱学森提出发展洲际导弹到1980年洲际导弹发射成功15年间海洋工作的重要节点，采用时间轴的方式合成整体，形成大事记图鉴并发布。

图鉴包括受命、筹备、四次远洋调查、执行护航任务、不辱使命等5个主题的22个事件，其中四次远洋调查不仅详细展示了调查信息，而且突出了每次调查取得的突破性成绩，如首次获得台风在大洋上过境的资料、中国人第一次在大洋上用中国的名字命名了一个地理单元、首次获得大洋底层样品和铁锰结核、首次开展大洋磁场调查、首次进行大洋中的声速和声传播调查试验等。该图鉴资料翔实，数据丰富，图文并茂，清晰地表现了在我国第一次洲际导弹全程飞行试验工程中海洋的工作和成就。

（四）"580任务"亲历者日记《出海记事》

以本次活动期间征集的洲际导弹发射试验亲历者的日记为蓝本，精选图文并茂、风趣幽默的内容，嵌入编辑与亲历者的对话，整编形成集结、演练、备航、航渡、功成和荣归等6个篇章，以连载的方式，再现了洲际导弹发射试验过程中旗舰船"向阳红五号"上的点点滴滴。

"有细节、有手绘的《出海记事》，是高进先生1980年随'向阳红五号'船参加'580任务'时写的日记，作者称之为'流水账'，而自己就是一颗小小的螺丝钉，螺丝钉一旦遇上了流水账，会擦出火花吗？"这是该系列连载的开场白。"《出海记事》不知不觉中已经翻到了最后一页，这几笔画画在文字的点缀下，经过岁月的沉淀，已成为回望历史的一双眼睛"为结束语连载文章。带着读者领略了一个士兵在"580任务"执行过程中看到的、听到的各种事情及心理活动，呈现小人物看大世界的效果，而这一角度是如此真实。有"此次出海是参加船上卫星导航仪的值班。我就是一个值班员，一颗小小螺丝钉"的个人工作定位，有"船上派33人上岸参加'580'誓师大会和中央首长欢送大会，会上，各位首长纷纷讲话，其中张爱萍讲到'只许成功，不许失败'"等表现"580"任务重要事件的内容；有类似"美国海军的反潜巡逻机出现了，飞得很低，每次都是一个来回，分别从两舷拍照，持续约二十多分钟"这样频繁出现的海上严峻形势等等。

（五）"来自国家的记忆"系列文章

以中央电视台《国家记忆》栏目推出的《秘寻洲际导弹靶场》纪录片为核心背景资料，提取整理形成文字稿，插入视频截屏图片，为读者快速了解细节提供了直观、简洁的方式，同时通过"阅读原文"，引导读者观看来自国家的权威记忆。

"来自国家的记忆"文稿与《秘寻洲际导弹靶场》纪录片完全对应，共有5篇，分别为打造科考船、绝密航程、挺进太平洋、选定靶心、决胜太平洋。文稿整理过程中将旁白、主持和亲历者统一到同一个表述层面上，取消了提问和解答模式，合并或删除了出现频繁的同期声内容，如删除了"根据你的情况给你选上，送了一个比较光荣的地方去""指导员通知我立刻到广州报到，干什么呢，他说不该问的你不能问""我们是查三代的，那么查来查去你们单位呢，还觉得你比较合适""他说行李不用拿了到时候派人给你送过去"等亲历者的口述内容。

五、影响和效果

（一）多维度展现的历史，全面呈现了初心使命

本次专题海洋档案文化产品涉及内容覆盖面广，时间可追溯到1965年甚至更早，领域涉及国防、航天、船舶和海洋，学科涉及海洋气象、水文、生物、重磁、水深和地质，业务有情报搜集、资料处理、分析研究、预报决策和远程通信等，表现人物从党和国家领导人到一线科技工作者、从将军到士兵，多维度地"点亮"了40年前新中国的壮举，引导公众思考并铭记时代初心和历史使命，起到了宣传新中国历史、自然资源史和讲好自然资源故事的作用。

（二）连接国家命脉的荣耀，充分彰显了责任担当

海洋工作及其贡献是本次宣传重点，但海洋档案文化产品并没有局限于海洋工作本身，而是将其融进国家大局，置于我国首枚洲际导弹成功发射的大背景下，较好地表现了一代海洋人在国家需要时的责任和担当，凸显了海洋工作者的荣誉感和使命感。其间，亲历者、老一辈工作者表达了对过往的追忆和海洋档案文化产品的认可，年轻同志既了解了历史，也对当时海洋工作的艰辛感同身受，实现了纪念历史荣光、感悟使命担当的活

动目标。"我看历史"栏目和相关主题活动，则促进了读者的思考和分享，进一步渲染了本次专题海洋档案文化产品开发服务的现实意义。

（三）多类型史料元素，切实提高了档案魅力

发布产品蕴含多类型的史料元素，不仅扩大了馆藏资源的开放度和受众面，发挥了档案史料记录历史、鉴古知今的作用，而且增强了受众对档案及档案工作的认识，也得到许多亲历者对档案工作认可和史料捐赠支持。而中国海洋档案馆通过本次专题类的"短频快"服务活动，踏实锻炼了队伍，参加本次海洋档案文化产品开发服务的业务人员都觉得受益匪浅，不仅接受了一次深刻的历史洗礼，而且提高了对档案服务和产品开发的认识和能力，增强了档案工作的责任感和使命感。

"写在今天，是因为我们铭记的那年今日。1967年7月18日，一段绝密航程出发的日子，一代海洋人从此仰望星空。写在今天，是因为我们纪念40年前的一天，1980年5月18日，一个振奋全中国、震惊世界的日子，一代海洋人从此笑傲海天。从7·18到5·18，是他们拼搏的岁月，从5·18到7·18，是我们追寻的脚步。蓝色印记，跨越时空的相遇，我们和他们一起回望大海与星辰邂逅的美丽。"

该段选自短视频《写在今天——时光跨越40年》文案。

第六节　"那年今日"系列专题文章

一、案例概述

"那年今日"，即"历史上的今天"，是媒体常用的回顾历史的栏目，

拟通过"同月同日"引起人们对相关事件的回忆和关注，激发人们对现实社会的思考。纵观新中国海洋的发展，每个年轮上都承载着无数个需要铭记的日子，它可能是一个新生事物的起点，也可能是几经波折、几番努力的一个结果，或是万千世界中的偶发的瞬间。"那年今日"专题文章，是我们常态化开发的海洋档案文化产品，这样文章以时间为线、以档案为据、以新媒体为平台，使新中国海洋事业发展史上的重大事件、重要节点梯次出场，让档案打破时空界限，持续呈现新中国海洋事业发展的历史印记。

截至2024年6月，依托海洋事实数据库提供的事件线索，结合馆藏档案资料和网络信息收集，通过原创、整编和转载等方式，"海洋档案"微信公众号累计推送"那年今日"专题文章122篇。专题文章内容有简有繁，少则几百字，多则数千字。覆盖海洋工作方方面面，涉及海洋机构、海洋人物、海洋法律法规、海洋调查、海洋经济、海洋工程、海洋权益、海洋公益性服务、极地和深海大洋事务等领域。部分精选文章及事件发生日期和文章发布年份见表8-2。

表8-2　精选"那年今日"专题文章（按事件发生日期排序）

序号	那年今日	文章推送标题	发布年份
1	1.8	1991年的今天，全国首次海洋工作会议召开	2018
2	1.26	20年前的今天，中国正式对外宣布加入国际Argo计划	2022
3	2.11	1964年2月11日，中共中央批复："同意在国务院下成立直属的海洋局，由海军代管。"	2018
4	2.15	1983年2月15日，《海洋通报》开始"国内外公开发行"	2023
5	2.19	2004年2月19日，我国首次发布海洋经济统计公报	2019
6	3.1	十年前的今天，海岛"守护神"——《中华人民共和国海岛保护法》施行	2020
7	3.1	40年前的今天，"中国海监"首次执行环境保护巡航监视	2023
8	3.2	2012年3月2日，国家海洋局、民政部受权公布我国钓鱼岛及其部分附属岛屿标准名称	2018

续表

序号	那年今日	文章推送标题	发布年份
9	3.18	1965年3月18日，国务院批准成立国家海洋局情报资料中心	2018
10	4.2	2005年的今天，我国首次环球大洋科学考察启航	2020
11	4.9	2007年的今天，我国首次发布海洋生产总值数据	2020
12	4.12	2011年的今天，我国公布首批开发利用无居民海岛名录	2021
13	4.22	1978年4月22日，我国首次在深海获得锰结核	2023
14	5.9	1983年5月9日，第五届全国人大常委会第27次会议通过我国加入《南极条约》的决议	2023
15	5.15	2008年5月15日，首届中国"数字海洋"论坛在天津召开	2023
16	5.17	十年前的今天，习近平会见载人深潜先进单位和先进工作者代表，中国载人深潜表彰大会召开	2023
17	5.29	1995年5月29日，《海洋自然保护区管理办法》发布施行	2019
18	6.26	1998年6月26日，《中华人民共和国专属经济区和大陆架法》公布	2023
19	6.27	2012年6月27日，"蛟龙号"载人潜水器7000米海试成功｜李克强发贺信祝贺	2018
20	7.10	20年前的今天，苏纪兰再次当选为海委会主席	2021
21	7.22	1964年7月22日，第二届全国人民代表大会批准在国务院下成立国家海洋局｜国家海洋局成立前后的那些日子与那些事儿	2018
22	8.22	2001年的今天，我国第一条省际间海域界线（辽冀线）协议书完成签字	2020
23	8.23	《中华人民共和国海洋环境保护法》颁布四十周年	2022
24	8.28	2017年的今天，中国首次环球海洋综合科学考察顺利起航	2020
25	9.8	2003年9月8日"我国近海海洋综合调查与评价"专项由国务院正式批准立项	2023
26	9.10	2012年的今天，中国政府就钓鱼岛及其附属岛屿领海基线发表声明	2022
27	10.9	2015年的今天，华阳灯塔和赤瓜灯塔正式发光投入使用	2020
28	11.18	2014年的今天，习近平慰问中澳南极科考人员并考察中国"雪龙"号科考船	2021

续表

序号	那年今日	文章推送标题	发布年份
29	11.16	1994年11月16日，《联合国海洋法公约》开始生效	2018
30	12.13	2016年12月13日，刘光鼎等29位中国科学院和中国工程院资深院士获颁"终身奉献海洋"纪念奖章	2018

二、主要做法

"那年今日"专题文章编撰以事实为依据、以引发社会共鸣为目标，旨在让社会公众了解历史上新中国海洋的要事大事，更多更好地了解新中国海洋事业的发展，主要做法有以下三点。

（一）善于发现，把握敏感话题

善于发现敏感话题，引起社会公众阅读兴趣，是撰写文章的主要目的。选择一个好的主题也是撰写"那年今日"专题文章的第一要义。

第一，依托海洋事实数据库，提前列出有影响力的值得纪念的日子及相关事件，一般以月为单位。然后删除已经撰写过的或者意义和影响力一般的，重点选择有里程碑意义的事件。如《1983年3月1日，〈中华人民共和国海洋环境保护法〉正式生效》《"中国海监"首次巡航》《1991年3月5日，中国获得15万平方公里的开辟区》等选题。

第二，按照事件发生的时间，距离较远的事件为优选，尤以事件发生整5年、整10年、整20年的纪念日为先，满足一般逢5、逢10等周年纪念的习惯。如《35年前的今天，我们第一次向着南极出发》《十年前的今天，海岛'守护神'——〈中华人民共和国海岛保护法〉施行》等。

第三，选择和当前热点话题接近的并能引起社会或者领域特别关注的相关事件。如《2012年3月2日，国家海洋局、民政部受权公布我国钓鱼岛及其部分附属岛屿标准名称》《2016年的今天，中国政府严正声明我国在南海的领土主权和海洋权益》等。

第四，选择馆藏档案资料较为丰富的事件，便于较为全面地、正确地揭示相关事件的事实真相，体现海洋档案的特色和底蕴，并通过档案资料增强文章的说服力和公信力。

（二）由点纵深，道明前因后果

"那年今日"主题最主要的特色就是"点"，因此"一句话标题"或者"事实摘要"成为大多数媒体选择编写的方式。但从档案文化产品来说，这种编撰方式会导致内容略显单薄，不能更好地体现档案的优势。因此，海洋档案"那年今日"专题文章以"那年今日"为时间节点，按照时间溯前至后纵向深入揭示该事实的相关信息，既要让读者了解"历史上今天"海洋领域发生的事情，又要让读者了解这个事件发生的前因后果。如此，丰富的内容和信息才能引起读者的思考，更好地了解事实的价值和意义。

因此，"那年今日"专题文章一般分为三个部分：一是揭示事件发生的背景，也就是要说清楚、讲明白为什么会在那天发生，即"因"；二是揭示"那年今日"之后该事件发生后的效应，也就是要说清楚、讲明白那天那事发生后发生了什么，那天那件事对相关领域和方向或者有关机构和人物带来了什么样的影响，即"果"；三是跳出那天那事这个看点，从"今年今日"的视角来看待这个事件或者这个事件产生的效应，即其价值或者影响或者现状等等。

（三）依靠档案，增强事实分量

要完整地揭示一个事实的前因后果，必须有大量的档案资料支撑。其中馆藏档案资料是最主要的信息来源，是提供事实真相或者事实线索的主要途径。但利用馆藏档案及其信息可能会涉及档案公布等敏感问题。因此，首先要通过多种渠道进行信息搜集，尤其是权威的官方的媒体，获得事实相关信息，然后将其与馆藏档案资料及其信息进行对比。这样做主要是两个目的，一是通过馆藏档案资料对已公布信息进行求真去伪，二是为引用馆藏档案资料及信息提供公布依据。

　　但是无论是引用已公布信息还是馆藏档案资料，要注意两个现实问题。一是在馆藏档案资料尚未公布前，尽量避免直接利用，即引用馆藏档案资料时尽量选择社会上已公布的内容，或者与已公布信息比较一致的档案资料。若确实需要直接引用馆藏档案资料，应严格执行档案信息公开审批程序。二是引用已公布信息时，要考虑现实环境与相关信息公布时代背景之间的关系，不能因为"抢占话语权"而触碰与现实不一致的档案资料。

三、代表文章评析

（一）第二届全国人民代表大会批准在国务院下成立国家海洋局

　　2018年7月22日"海洋档案"微信公众号上刊登文章《1964年7月22日第二届全国人民代表大会批准在国务院下成立国家海洋局 | 国家海洋局成立前后的那些日子与那些事儿》，阅读量近1300次。此文内容丰富，表现形式多样，可以让读者从不同的角度汲取自己需要的信息。

　　1.事实及事实的意义

　　文章首先以事实的意义开头。

　　"1964年7月22日，中国政府机构序列中出现了一个新名字——国家海洋局，从而结束了中国身为海洋大国却没有管理国家海洋事务行政职能部门的历史。从此，面朝300万平方公里主张管辖海域，中华民族第一次以国家的名义统一管理，海洋事业揭开新的一页。"

　　然后通过《中华人民共和国国务院公报》《全国人民代表大会常务委员会关于调整国务院所属组织机构的决议》《国务院提请全国人民代表大会常务委员会批准设立国家海洋局的议案》等3张文件截图对事实进行了佐证，增加了事实的说服力。

　　2.事实发生的经过

　　这部分用大事记时间轴的方式表现，从"1963年29名专家联名向党中央和国务院写信，建议成立国家海洋局"开始到"1964年10月31日，国务院任命齐勇为国家海洋局局长"结束，选择期间发生的6个事件。读者通过这个时间轴，可以快速地了解国家海洋局成立的主要过程。

3.事实发生重要环节

文章重点讲述了"29名专家联名上书"的背景，感兴趣的读者可以从这个切入点了解到新中国海洋事业启程的岁月。接下来，讲述了国家海洋局成立之后的"系统架构与队伍建设：最初的日子与最初的事"，并结合现有海洋工作机构和机制进行了简要的评述。读者阅读到此，能够体会到新中国第一代海洋人的智慧和成就。

此文"那年今日"与时事密切相关，即：2018年3月，第十三届全国人民代表大会第一次会议表决通过了关于国务院机构改革方案的决议，不再保留国家海洋局，将国家海洋局的职责整合进新组建的自然资源部，对外保留国家海洋局牌子。但仅从阅读量来说，远不及2018年2月11日发布的《1964年2月11日中共中央批复"同意在国务院下成立直属的海洋局，由海军代管"》，此文阅读量约为3500次，这也和2018年3月事件有关。

（二）"中国海监"首次执行环境保护巡航监视

2023年3月1日"海洋档案"微信公众号上刊登文章"40年前的今天，《"中国海监"首次执行环境保护巡航监视》，阅读量约1300次。

1."编者按"话意义

文章以"编者按"的方式简要描述"那年今日"的事实及事实的意义："1983年3月1日，是一个在我国海洋事业发展进程中值得铭记的日子。这一天，《中华人民共和国海洋环境保护法》正式生效，国家海洋局所属的海监船纷纷亮相。国家海洋局北海分局派出'中国海监11'船首次对黄、渤海进行环境保护巡航监视，国务院法制局、交通部及电台、电视台、报社等多家记者前往采访报道。东海分局派出'中国海监71'船首次对东海、南海海域实施巡航监视，国家海洋局局长罗钰如付仑头码头为'中国海监71'号船送行。这标志着我国海洋管理进入了新的阶段。"

2.选题意义重大

《中华人民共和国海洋环境保护法》的出台，一方面意味着严峻的海洋环境保护形势，另一方面意味着海洋环境保护进入了有法可依的轨道。正因为海洋环境保护执法需求，一个专门的海洋执法机构从无到有并逐步壮大：1989年成立国家海洋局船舶飞机调度指挥中心；1998年更名为"中国海监总队"；2012年，国家海洋局组建"中国海警局"，并入"中国海监总队"职责；2018年，"中国海警局"成立，隶属公安部。这无疑是一代海洋人参与并见证的事实，这个事实也见证了一代海洋人为之努力和奋斗的历史。

3.内容故事性强

文章主体是从亲历者李鸣峰的视角，详细描述了国家海洋局执行环境保护巡航监视的过程。文章从首次执行巡视监视任务的由来说起，国家海洋局依据《中华人民共和国海洋环境保护法》（1983年）第五条规定"国家海洋管理部门负责组织海洋环境的调查、监测、监视、开展科学研究，并主管防止海洋石油勘探开发和海洋倾废污染损害的环境保护工作。"上报请示国务院关于海洋环境监视船使用"中国海监"舷号等问题并获批，以3月1日《中华人民共和国海洋环境保护法》生效为契机，谋划部署并向各分局发出3月1日出海执行任务的通知及相关准备要求，同时告知相关部门。然后文章通过两个执法案例介绍了"中国海监11"船首次亮相北海遇到了违法案例以及处理过程，其中在"渤海8号"钻井船上空出现浓烟事件中，描述了执法人员冒险采集现场海水样品的过程，彰显了执法的力量。文章还通过对海监船和统一海监服饰的描述，表现了首次亮相的仪式感。

2023年12月12日，"海洋档案"微信公众号发布了与该文内容相近的文章《再忆40年前中国海监的首次巡航》，描述角度是亲历者及其捐赠的与事实相关的史料，阅读量近5000次，不仅进一步说明了这个事件的影响力，而且也反映了史料和叙事细节在档案文化产品中的魅力和对读者的吸引力。

（三）"我国近海海洋综合调查与评价"专项由国务院正式批准立项

2023年9月8日在"海洋档案"微信公众号上刊登《"908专项"20年 | 2003年9月8日"我国近海海洋综合调查与评价"专项由国务院正式批准立项》文章。该文阅读量5800余次，并引起了众多亲历者后台留言，"真不简单还有人记得这些东西，立项阶段有很多故事""有幸参加了908专项海洋底质数据处理，愿祖国海洋事业蒸蒸日上""有幸参与了其中的子项目，广西北仑河口近岸环境调查工作"，并在朋友圈分享和热议。分析这篇文章之所以引起关注和共鸣，主要有"三点好"。

1.推送时间点

虽然选题有事实发生时间远近的考虑，但时间是一把"双刃剑"，能增加历史的厚重感，也能缩小关注群体范围。"908专项"从2003年至2012年，项目实施近10年期间，中央和地方180余个涉海单位、3万多名海洋工作者参加。二十年，在历史的长河中可以说是一个不长不短的岁月，但对大部分"908专项"亲历者们来说，无论是工作还是生活，其角色已经发生了改变。二十年前，专项策划者都是资历和阅历深厚的"谋臣"，今天都已经退出为之奋斗的舞台多年；作为"908专项"主力军，无论是管理者还是技术领军，二十年后的今天，已从中坚力量转为一方的主导者，并将逐步淡出舞台；二十年前初出茅庐的那批年轻人，如今已是中坚力量，有的甚至是主导者。因此，这个时间节点最能唤起亲历者们的记忆。

2.文章起点

"908，铿锵的代码，你我的年华。20年前的今天，可曾想过，是你启航的日子。多少次乘风出海，多少天挑灯夜战，这里有你奋斗的足迹，有你摸过的每一朵浪花……"

这首小诗的作者既是一名档案工作者，也是一位在"908专项"启动时刚离开校园入职的亲历者，十年对一个年轻人来说意义非凡，是磨炼，也是成长。简短的几句话，刻画了"908专项"实施的景象，引起了读者的共鸣，唤起了亲历者们对过往岁月的回忆。

3.切入节点

文章从"908专项"立项建议初步形成开始，揭示了一些鲜为人知的细节。"时针拨回到1998年。原国土资源部计划开展国土资源大调查，但在实施方案中，却没有涉及海洋。于是，时任国家海洋局局长王曙光萌生开展近海资源调查的想法。"随后，讲述了2001年王曙光出访欧洲，在德国看到了"数字海洋"信息系统的感受和心情，"更加坚定了在中国近海开展海洋资源调查的想法"。最后，通过历时1年半的调研，形成立项建议，"2003年2月，原国家海洋局依据包括16位院士在内的专家组意见，修改了立项建议。之后，在呈送有关部门审阅、完善后，上报国务院"。这些内容不仅让读者或者亲历者更加了解"908专项"，而且对"908专项"立项初期精心谋划的人来说，无疑是"热上心头"。

第七节 "中国海洋之开端"系列专题文章

一、案例概述

新中国的海洋事业走过75年，今天在许多领域已跻身世界一流行列。回望历史，每一项骄人的成绩都能在档案中找到其起源和发展的足迹，它们记录着一个行业一个领域的初始探索和方向，影响着过去也启迪着未来。"中国海洋之开端"系列专题文章选取新中国海洋事业历程中具有开创性意义的事件，聚焦海洋管理、海洋科研、海洋开发、海洋教育等领域的"首次""第一"等。通过挖掘历史事件相关的馆藏档案资料，提炼其中具有故事性、可读性和启示意义的内容，呈现其历史背景和鲜为人知的细节，满足社会公众对高质量海洋档案文化产品的需求。同时，通过"开端"的视角回顾海洋事业，科学分析其发展脉络，直观展现新中国海洋工作的今昔对照，并形成参考资料，也是档案工作通过编研产品资政建言的重要形式。

近年来，依托丰富的馆藏档案资源和海洋数字文献资源，结合网络信息收集，开展有关领域的发展研究，通过原创和整编的方式，撰写了多篇反映"中国海洋之开端"的文章，在"海洋档案"微信公众号"那年今日""喜迎二十大 档案颂辉煌"等专题栏目上发表，有的刊登在《中国档案报》。部分精选文章及发布日期见表8-3。

表8-3　精选"中国海洋之开端"系列专题文章（按发布日期排序）

序号	文章推送标题	发布日期
1	我国建造的第一艘海洋综合调查船——"实践"号的"前世今生"	2018.11.08
2	方寸之间展波澜——我国首套海洋邮票的自述	2019.04.30
3	我们第一次向着南极出发	2019.11.20
4	四代高脚屋见证我国南海建设的沧桑巨变	2020.01.06
5	我国成为深海采矿先驱投资者	2020.03.05
6	中国人自建的第一个验潮所——坎门验潮所	2020.03.12
7	我国第一个海洋观测站——厦门海洋站	2020.04.14
8	新中国第一座海浪观测站：小麦岛海洋站	2020.04.29
9	这些年我们追过的"星"（我国海洋卫星研制）	2020.06.16
10	我国首个北极科学考察站——黄河站建成	2020.07.28
11	青岛观象台和她的中国台长们	2020.11.05
12	我国首枚运载火箭成功命中太平洋预定海域	2022.05.18
13	我国第一次全国海洋综合调查及其影响力和精神价值	2022.09.07
14	我国建立第一批国家级海洋自然保护区纪事	2022.10.07
15	驾海洋意识之船 展海洋文化之帆——回顾98国际海洋年的"首次"	2022.10.09
16	中国南沙永暑礁海洋观测站及验潮井建成，并首次发回了海洋水文气象观测资料	2023.08.02
17	1958年我国发布领海声明	2023.09.04
18	"108乙机"：首台服务海洋的功勋计算机	2023.09.28

序号	文章推送标题	发布日期
19	开创国家海洋重大项目档案管理之先河——全国海岸带和海涂资源综合调查档案工作	2023.10.23
20	从1、2、3、4到5！（中国南极科考站）	2023.11.01

二、主要做法

编撰"中国海洋之开端"系列专题文章是一项带有研究性的档案史料利用工作，既要服务社会，体现出海洋档案文化产品的价值，又要符合互联网尤其是新媒体传播规律，为公众所喜爱和认可，主要做法表现在选择主题、使用资源和体现价值等方面。

（一）看重事件分量

选择"中国海洋之开端"事件为文章撰写主题，主要考虑该事件在我国社会主义建设和改革发展的历史长河中的分量，这个分量一般从三个方面来考虑。

1.首次层级要高

要对"中国海洋之开端"事件的理解要正确，不是所有的"首次""第一"都可以称之为"开端"。"开端"事件选择应从中国海洋事业发展宏观的时间轴上来寻找，具有一定的实施周期、推动或影响海洋事业整体发展的历史事件才能列入选题范围。如1958年全国海洋综合调查、国家海洋局成立、我国首次南极科学考察等。而在特定事件条件下的"首次""首个"等，对该事件具有"开始"意义和推动作用，但在中国海洋发展宏观时间轴上，不宜作为"开端"事件选题，如全国首次海洋工作会议、我国首次发布海洋经济统计公报、我国第一条省际间海域界线协议书完成签字、全国海洋综合调查领导小组第一次扩大会议在青岛召开等。

2.具有开创意义

选题事件应具有开创性或里程碑式的意义。首先应是"史无先例"，其次应是成功的"第一个吃螃蟹的人"，事件应为中国海洋事业的发展打开了崭新的局面，其影响力或者成果利在千秋。如我国首次南极科学考察，不仅建成了我国第一个南极科学考察站长城站，完成了首次南大洋科学考察，让我国成为《南极条约》协商国，在南极事务上有了表决权，实现我国极地工作多项从无到有的重大转折，而且推动了我国极地事业的蓬勃发展。目前我国已经形成由南北极七个科考站、两条科考船、多个固定翼飞机等组成的"七站两船三飞机一基地"极地考察体系，极地科考40年取得了辉煌的成就。

3.现实引导价值

选题应与社会发展和时代需求相匹配，应着重考虑选题和当前海洋领域热点话题的契合度。当前热点话题也是社会公众较为关切的，作为专业档案馆"国家队"成员，中国海洋档案馆对和时事政治相关的话题也应当及时回应，响应时政热点，对不符合史实的信息，应通过原始档案记录予以澄清。如我国第一个南沙海洋观测站建站，该事件应从联合国教科文组织要求中国在南沙建设全球海洋观测网点说起，一代海洋工作者历经千辛万苦，最后建成永暑礁海洋观测站，为全球气候变化研究提供观测数据。永暑礁海洋站建站不仅仅体现了中国作为一个大国的承诺，履行了联合国成员国义务，也更加坚定、有力地维护了我国在南海的权益。

（二）强化资源整合

"中国海洋之开端"系列专题文章需要从历史视角、用研究的分量来论述该事件或事物的发生、过程、影响和价值等。由此，没有大量信息的支撑难以形成高质量的文章，强化资源整合是实现该系列专题文章信息的量最大、质最优的主要途径。

1.馆藏档案为核心

档案信息是海洋档案文化产品构成要素之一，没有一定馆藏档案信息量的支撑下的文章不能成为海洋档案文化产品，"中国海洋之开端"系列专题文章也是如此。关于这一点，在选择事件过程中要综合考虑，切勿选择完全没有档案佐证的事件。利用馆藏档案撰写文章时，应选择内容完整、真实可靠、有权威的信息，切勿断章取义。

2. 网络资源为补充

一是可以获得更多信息收集渠道，弥补馆藏档案缺失部分内容，尤其是一些官方媒体对相关事件的报道。这些报道不仅有对事件的权威介绍，而且还有时代特征非常鲜明的综述信息，这些信息恰是最能反映事件意义的。如我国首次洲际导弹全程飞行试验成功后，中、外媒体对此事件纷纷报道，足以看出该事件对中国在国际地位上的影响。二是可以利用已经开放的信息来代替未开放档案的利用。档案"不为人知"的神秘感会增加产品的魅力，但也增加产品发布审批的难度，因此网络发布信息可以成为部分档案已开放的依据。

3. 研究文献为参考

称得上"中国海洋之开端"的事件，必然是学者们关注研究的对象，学者们的研究观点和成果可以成为"开端"事件"话在当下"的补充。这些研究成果也用来弥补海洋档案工作者在历史学、海洋学方面研究能力的不足，尤其是契合国内外形势、有利于国家社会发展的学者言论，可进一步提高对"开端"事件评价的高度和力度，从而提高专题文章的质量和传播效果。因此，编撰"中国海洋之开端"专题文章时，广泛搜集和研读相关文献资料，了解事件对我国社会发展、新中国海洋事业发展的意义和影响力，进行摘录并引用。

（三）优化内容组织

"中国海洋之开端"系列专题文章是对大量材料进行选择和研究总结，形成一个基本能够反映该事件比较全面的整体。但基于现有海洋档案文化产品体系运行条件，文章篇幅不宜太长，一般在3000字左右，因此撰文时需要对内容进行合理组织和优化。

1.以资源定风格

根据现在掌握的全部档案资料，确定文章的写作风格。素材丰富全面且层次较高，选择综述形式；素材"骨干"但可较完整地反映事件的前世今生，可选择纪实形式；素材生动有细节且真实可用，选择叙事形式，叙事形式也可弥补素材覆盖面不够完整的缺陷。多种条件符合情况下，根据作者自己的文字特色来确定文章最终风格。

2.突出核心元素

"开端"事件不同凡响，编撰"中国海洋之开端"系列文章不能忘记编撰的初心，即在现实环境里回顾这个重大历史事件的目的。文章无论采取何种表现形式，无论篇幅长短，都要突出表现作为"开端"事件的核心元素，即要通过文字内容回答"为什么开端""发生了什么""有哪些贡献""时代的影响"等系列问题。

3.符合当代需求

作为历史上的一个重要事件，必然具有鲜明的时代特征，尤其当时形成的一系列档案文献，时代痕迹是其根本的表现。但在撰写"开端"专题文章时，需要认真阅读和研究，汲取与当前政治方向保持一致并契合时代需求的精华，尤其是能体现中华民族优秀文化和中国共产党人精神的内容，合理使用，使其成为文章点睛之笔。

三、代表文章评析

（一）我国第一次全国海洋综合调查及其影响力和精神价值

2022年9月7日，"海洋档案"微信公众号推出原创文章《我国第一次全国海洋综合调查及其影响力和精神价值》，该文依托馆藏档案资料，较为完整地回顾了新中国第一次海洋综合调查的背景、过程、成果、影响力及其精神内核，呈现了我国老一辈海洋工作者开创性的贡献，充分展现了档案史料的凭证价值。文章发布后，有读者留言"这篇文章很好，主题突出，思路清晰，客观真实地反映了当时海洋普查的基本情况和精神状态"。对比其他"中国海洋之开端"文章，文章主要有三个方面的特色。

1.综述视角有高度

文章没有采用具体细节和故事情节来陈述新中国海洋的这个开端，而是首先从国家层面上引出项目调查的背景，即《1956—1967年科学技术发展远景规划纲要》之"中国海洋的综合调查及其开发方案"。然后从全国海洋综合调查组织管理层面，提出了为"形成全国上下一盘棋、集中力量办大事的工作局面"而实施的"八个统一"的工作原则，以及"分别在北海、东海和南海成立海区工作组和调查队，形成了强有力的组织机构"。并对上述两个方面的内容进行了清晰地表达。同时，从两个方面表现该事件毋庸置疑的"开创性"，一是新中国第一次海洋综合调查产出了一大批服务海洋资源开发利用的成果，推动国家海洋管理机构、海洋高等院校和科研机构的建立，二是新中国第一次海洋综合调查项目构架及其管理模式直接指导和影响了近70年的海洋综合调查工作。

2.研究内核有价值

文章内容具有研究性，尤其是对新中国建设时期的精神风貌及时代价值进行了研究，重点表现在两个方面：一是表现了当时因海洋工作力量非常薄弱的形势，项目实施采取的"三结合"工作方式，即"调查与研究相结合""专家与群众相结合""普及与提高相结合"，体现了"群众路线"，以及从实践到理论、理论指导实践的工作方法。二是以1988年纪念全国海洋普查30周年之际，时任海洋普查办公室技术指导组组长的毛汉礼先生以"普查精神"为基础，提出了"全国海洋普查的当代精神价值"，即"高度的主人翁责任感""高质量高速度""同心协力、艰苦奋斗""严格的科学态度贯彻始终"，这些值得我们永远学习、继承和发扬。

3.选材丰富有权威

首先，依托丰富的馆藏档案，包括原始调查资料、工作报告、现场工作照片、项目研究报告和各类成果图件等，这些珍贵的档案为捋清1958年全国海洋综合调查的前因后果提供了最为真实和全面的信息。其次，文章撰写过程中研读了《海洋普查通讯》《纪念全国海洋普查，学习"普查"精神》《1958—1960年：全国海洋综合调查》《聂荣臻与新中国第一个科技发展远景规划》等关键文献资料，这些文献资料有细节、有张力，解决了不少在档案中找不到答案的问题。再则，引用了新中国成立60年来"十大海洋事件"的评语，即"1958—1960年我国的海洋综合调查取得了系统全面的我国基础性综合海洋资料，掌握了我国近海海洋水文、化学、地质和生物等要素的变化规律，使中国海洋科学实现了跨越式发展，极大地推进了我国的海洋经济建设和海洋综合管理，是中国海洋科学发展史上的里程碑"。这些都充分提高了这个"开端"事件影响力的权威性。

（二）我国建立第一批国家级海洋自然保护区纪事

2022年10月7日，"海洋档案"微信公众号"喜迎二十大 档案颂辉煌"专题栏目推出原创文章《我国建立第一批国家级海洋自然保护区纪事》。文章从时任国务委员宋健给时任国家海洋局局长严宏谟的一封信写起，还原了我国国家级海洋自然保护区工作的前世今生，重点关注了建立海洋自然保护区的时代背景、从选划区域到批复的过程、保护区如何建设等问题。文章撰写视角独特，内容丰富，时代特征鲜明。

1.融合亲历者的视角

文章大量使用领导同志公开讲话原素材和新闻采访资料，不仅丰富了文章的故事性和可读性，而且提高了文章内容的真实性和含金量，鲜明地表现国家决策层对设立海洋自然保护区的态度、决心和策略。文章引用宋健给严宏谟的信的内容有，"近读我驻加拿大使馆寄来的一份材料，说加要开设海上（岸）自然保护区……建议海洋局的同志研究一下，中国18000km海岸线上有否必要建立几个保护区……""海洋必须开发，但是，如果一点原始资源都不保护，结果可能全部被破坏"。文章引用严宏谟的讲话有"建设海洋类自然保护区国内尚属首次，必定具有开创意义，你们务必要做好此项工作""保护区的首要任务是保护、开展科学研究，根据符合保护区资源持续发展的要求，因地制宜可以适度开发利用，发展海洋经济"。文章引用了时任国家海洋局海洋管理指挥司司长鹿守本在接受采访时提到的"建立国家级自然保护区，主要是从其生态学价值、科研价值和观赏价值等方面综合考量"。

2. 具有丰富的知识点

文章故事情节明显,内容丰富。其中知识点有国内外自然保护区的历史和现状、第一批国家级海洋自然保护区设立的过程及其概况,包括昌黎黄金海岸自然保护区、山口红树林生态自然保护区、大洲岛海洋生态自然保护区、三亚珊瑚礁自然保护区、南麂列岛海洋自然保护区等的地理位置、面积、保护对象及环境特征、生物分布情况等。文章还引用关于第一批国家级海洋自然保护区和我国海洋保护现状的内容,如"山口红树林生态自然保护区2000年加入联合国教科文组织世界生物圈,2002年列入《国际重要湿地名录》。""1998年,南麂列岛国家级海洋自然保护区成为我国最早纳入联合国教科文组织世界生物圈保护区网络的海洋类型自然保护区。""目前,我国已建有各类海洋保护区近300处,覆盖沿海各省区市,保护对象达200余种,初步形成了沿海海洋生态走廊"。

3. 适应时政热点话题

2021年10月12日,我国第一批国家公园名单公布,标志着我国生态文明领域又一重大制度创新正式落地。实现自然资源的科学保护和合理利用是我国建立国家公园体制的主要目的之一,从破解"九龙治水",到实现"一龙管水",国家公园建设解决了管理体制不顺、权责不清、管理不到位和多头管理等问题。《我国第一批国家级海洋自然保护区》文章点明"1979年,我国仅有59处自然保护区,约占国土面积的0.17%,到1986年增加到约3%左右,但这个数字远低于发达国家10%的水平,也低于世界平均6%的水平"的具体数据,以及"摆在我们面前的一项紧迫任务就是要在人口对环境造成的灾难到达之前,千方百计地抢救一批自然生态保护区域,为后代留下一点大自然痕迹"等领导同志决策意见及当时工作思路,与国家公园建设相对照,既看到我国海洋保护区管理理念的变迁,也可以从最初的工作设想中汲取营养。

(三)我国第一个海洋观测站——厦门海洋站

2020年4月14日,"海洋档案"微信公众号推出《我国第一个海洋观测站——厦门海洋站》一文。文章以大事记的形式，讲述了厦门海洋站从1903年清政府在英国殖民者的"协作下"始建，到今天成为国家示范海洋环境监测站的历程。文章以厦门海洋站独特的位置和影响力获得大量阅读和转发，也引起了其他海洋站工作人员的关注留言，期望自己所在海洋站能入选介绍。

1.以点看历史

文章以时间脉络为主线，选取厦门海洋站的历史沿革中关键内容变化为节点，如隶属关系、观测位置、观测手段、观测要素和基础设施等，分为"江心礁水尺观测""鹿石礁水尺观测""自动观测""系统化集成观测"等四个发展阶段。其海洋观测手段从原始水尺读数、人工仪器观测到仪器自动测量，观测内容从单一水位要素到水温、盐度、潮位、风、气温、气压、湿度、降水多个要素的变化，站址从1903年厦鼓海峡中的江心礁，到1985年"主体站房外观改为圆顶，静立于厦门港内，成为鹭江上的一道风景"。这些变化见证了中华民族的历史，彰显了百余年来中国海洋的进步和新中国海洋的成就。

2.形象有细节

文章总体上是"记事体"，但内容表述上具有亲和力，语言形象生动，展现出当年观测和记录的工作场景，丰富了文章的历史价值和趣味性。如"白天，值班员在值班室用望远镜观测江心礁北面水尺的刻度读数，夜间，需乘小艇到江心礁水尺进行观测"和"鹿石礁离鼓浪屿岸边70米，退潮时可步行至鹿石礁，涨潮时要靠小舢板摆渡"，这两段文字很好地佐证了厦门海洋站的变化。文中"厦门海洋站最早的潮汐观测水尺——江心礁水尺示意图"是一张手绘的示意图，形象地反映了当时水位测量状况，"1907年9月厦门海洋站潮汐观测记录月报表"则成为厦门海洋站的历史最好佐证，体现了海洋档案的魅力。

3.开端有依据

海洋观测站的建设是海洋科学走向现代化的重要标志之一，厦门海洋站作为"我国第一个海洋观测站"，在历史地位上具有不可替代的开创性意义。厦门是我国著名的旅游城市，与海洋事业渊源颇深，回顾新中国海洋事业的发展历程，厦门的身影不可或缺。厦门海洋站位于"厦鼓海峡（俗称鹭江海峡）的鼓浪屿西南侧的海中，距郑成功雕像北约500米处，处于鼓浪屿风景核心区"。这样独特的地位使得厦门海洋站颇具故事性。正如文章结语，"厦门海洋站迄今走过了110余年的历史，仿佛与鼓浪屿的景致融为一体。悠悠百年，她见证了我国海洋观测事业发展壮大的历史"。

第八节 "蓝色印记"纪念徽章

一、案例概述

2019年，新中国成立70周年，"蓝色印记"档案展厅的建成，展示了新中国海洋历史上具有里程碑意义的重大事件和取得的成就。为更好地宣传新中国的海洋工作，配合展厅的开放运行，开发了海洋档案文化创意类产品"蓝色印记"纪念徽章1套，共8枚，包括主题徽章1枚、新中国7个重要海洋事件纪念徽章各1枚。7个海洋事件均为"蓝色印记"档案展厅的展陈事件，其信息来源于馆藏档案。

7个海洋事件分别是：1958年全国海洋综合调查，1964年国家海洋局成立，1980年我国第一次洲际导弹全程飞行试验，1984年中国首次南极科学考察并建成长城站，1985年中国永暑礁海洋站建成，1991年中国在国际海底区域获得多金属结核矿区，2012年中国坚决维护钓鱼岛主权的海洋权益。8枚徽章有成套分发和单枚分发两种形式。主题徽章作为新中国70周年海洋贡献的纪念徽章，主要是在2019年展厅开放运行期间分发，其他7个单枚徽章结合参观群体和参观时间进行分发，其中"钓鱼岛 中国的固有领土"徽章主要面向社会公众尤其是学生群体分发。

"蓝色印记"纪念徽章运用了多种不规则形状，主题突出，寓意深刻，制作精致，色彩艳丽，彰显了新中国海洋的成就和推动新中国海洋事业发展的力量，其受众群体广，深受公众的喜爱，是一份优质的海洋档案文化产品。

二、档案元素

徽章作为海洋档案文化创意类产品，同其他类型的海洋档案文化产品一样，其核心元素是"海洋档案"，且是中国海洋档案馆的馆藏档案。

"蓝色印记"纪念徽章采用意象化设计，即用简单的线条和色彩勾勒出主题元素。8枚徽章共有17项主题元素，其中"金星号"调查船、1958年全国海洋综合调查成果、原国家海洋局大楼、"向阳红五号"调查船、"蛟龙号"深潜器、钓鱼岛三维模型照片、"中国海监"船、"DF-5号"洲际导弹命中预定海域、中国南极考察队第一次登上南极洲、中国南极长城站、中国南沙科学考察纪念碑和南沙海洋观测平台等12个元素来自馆藏档案的照片或者实物拍摄。另有人民大会堂照片、新中国成立70周年图标、太平洋版图、中国获批矿区点位5个元素也纳入了设计。

三、表现内容

（一）"庆祝新中国成立70周年"海洋主题纪念徽章

徽章为正圆形，所含元素多为流线型。徽章背景是浅蓝色、天蓝色和深蓝色三条渐变色带卷起波浪，波浪正中托起庆祝新中国成立70周年的标志，其下方"溅起"海水水花，正上方印刻整套徽章的主题"蓝色印记"。

徽章寓意新中国海洋事业取得的辉煌成就。

（二）"中国第一次全国海洋综合调查"纪念徽章

徽章以中国第一次全国海洋综合调查为主题。该调查于1958年9月启动，至1960年底结束，对我国大部分近海区域开展断面调查、大面观测和连续观测，掌握了我国近海海洋水文、化学、地质和生物等要素的变化规律，形成的成果填补新中国海洋工作的多项空白，促进中国海洋事业实现了跨越式发展。

徽章为正方形设计，灵感源于书籍式成果材料的方形元素。徽章档案元素有"金星号"调查船、全国海洋综合调查成果、主题事件名称和起止年份。徽章内容和寓意清晰，下方为行驶在海上的"金星号"调查船，船上"装载"了调查成果，最上方印刻了事件名称"中国第一次全国海洋综合调查"及事件起止年份"1958—1960"的字样。

徽章整体设计传达了中国第一次全国海洋综合调查的历史意义与成果，"金星号"调查船、海洋综合调查成果等元素共同构成了一个完整而富有寓意的画面，象征着新中国海洋事业的启航和稳固、持续发展。

（三）"中国国家海洋局成立"纪念徽章

徽章以国家海洋局成立为主题。1963年，国内29名海洋和气象领域专家联名上书党中央和国务院，建议成立国家海洋局，以加强对全国海洋工作的领导。1964年2月11日，党中央批复同意在国务院下成立直属的海洋局，由海军代管。同年7月22日，第二届全国人民代表大会常务委员会第一百二十四次会议批准成立国家海洋局。

徽章为圆形及波浪弧混合设计，灵感源于国家海洋局原办公大楼上的红旗形状元素。徽章背景主色为蓝色，两侧附以波浪元素，顶部印刻事件主题文字"中国国家海洋局成立"字样，底部印刻事件发生时间"1964"。正中为圆形图案，图案上方为人民大会堂天花板元素，寓意第二届全国人民代表大会批准成立国家海洋局，图案下方为国家海洋局成立之初的办公大楼正门及"国家海洋局"牌匾，寓意在大会后国家海洋局正式成立并挂牌办公。

徽章寓意中国海洋事业有了专门的海洋管理机构，中国共产党领导下的海洋工作从此扬帆起航。

（四）"中国第一次洲际导弹全程飞行试验靶场选址"纪念徽章

徽章以我国第一次洲际导弹全程飞行试验发射靶场选址为主题。1967年7月18日，为配合我国第一次洲际导弹全程飞行试验，国防科委向中央军委上报关于建造编组远洋调查测量船的研制计划，获批准后该项工程被命名为"718工程"。国家海洋局承担了"718工程"的配套项目，即负责选定我国第一次洲际导弹飞行试验靶场，并提供试验海域和航线的环境保障。1980年5月18日，中国首枚洲际导弹成功命中太平洋预定海域。海洋工作者出色地完成了"718工程"全部任务。

徽章为圆形设计，体现的是地球和靶场圆心元素。底色以天蓝色和深蓝色为主。徽章底部印刻主题文字"中国第一次洲际导弹发射靶场选址"，顶部印刻任务实施的起始年份"1976—1980"。正中间印刻"太平洋"字及灰色系陆地间的太平洋版图，即洲际导弹发射的目标海域。左下方是行驶在太平洋海上执行任务的"向阳红五号"船。该船是"718工程"的功勋船，先后四下太平洋，开展多学科的海上调查和仪器试验，同时也是洲际导弹发射试验编队的指挥船。"向阳红五号"船的上方是"DF-5"洲际导弹链接弧形虚线，虚线一头与红色靶心连接，显示了我国第一枚洲际导弹"DF-5"在酒泉卫星发射基地腾空而起，准确落入预定海域的过程。

徽章表现了新中国国防建设的伟大成就及国家海洋局在国家重大工程中的突出贡献。

（五）"中国首征南极建成长城站"纪念徽章

徽章以中国首次南极科学考察为主题。1983年5月9日，第五届全国人民代表大会常务委员会第二十七次会议通过加入《南极条约》的决议。同年6月8日，《南极条约》对我国生效。1984年11月，中国第一支南极科学考察队共591名队员，乘坐"向阳红10号"远洋科学调查船和海军

"J121"打捞救生船，从上海出发，于12月30日抵达南极洲乔治王岛。1985年2月，中国第一个南极科学考察站——长城站建成。从此，中国在南极事务上有了发言权和表决权。

徽章为圆形设计，左侧突出的五星红旗与中间红色元素呼应，增强了视觉效果。徽章最上方印刻主题文字"中国首征南极建成长城站"，最下方印刻首次南极科学考察的起止时间"1984—1985"。徽章中间图案包含三个元素：一是被蓝天和大海包围的乔治王岛，二是橘红色的长城站基础设施，三是中国首次南极考察队队长郭琨高举五星红旗，带领考察队员登上南极洲大陆的场景。

徽章彰显了海洋工作者坚忍不拔的毅力、勇于探索的精神、团结协作的力量，以及积极参与南极事务、提升我国国际地位的决心。

（六）"中国南沙永暑礁海洋站建站"纪念徽章

徽章以中国在南沙永暑礁建立海洋观测站为主题。1987年3月，联合国教科文组织政府间海洋学委员会第14次年会要求中国在南沙建立全球海平面观测网第74号站。1987年5月15日至6月6日，国家海洋局组织开展南沙科学考察，经科学分析和研判，选择永暑礁为第74号站的站址。1988年8月，永暑礁海洋观测站落成，并同时向国际组织发送观测资料并为来往船只提供预报服务。

徽章为三角形设计，与中间考察纪念牌形状呼应。徽章底部印刻主题文字"中国南沙永暑礁海洋观测站建成"，主题事件发生的时间"1988"印刻在文字的上方浅色区域。徽章中间图案主要有3个主题元素：一是象征永暑礁海洋观测站的两个观测台；二是1987年国家海洋局竖立在永暑礁的南沙考察纪念碑，碑刻"国家海洋局南沙考察队"；三是永暑礁海洋站所在海域的浪花。

徽章表现了中国积极参加国际海洋事务的姿态，以及为一个大国的承诺而作出的贡献。

（七）"中国首次获得多金属结核专属勘探区"纪念徽章

徽章以中国在国际海底区域首次获得多金属结核专属勘探区为主题。1991年，中国大洋矿产资源开发协会在联合国海底筹备委员会注册为"国际海底先驱投资者"，我国成为继印度、法国、苏联和日本后第5个具有深海采矿资质的国家，并在太平洋获得了15万平方公里的矿区勘探权。2001年，中国大洋矿产资源开发协会和国际海底管理局签订《国际海底多金属结核矿区勘探合同》，我国对7.5万平方千米的海底矿区具有多金属结核资源的专属勘探权和优先开发权。

徽章为方形设计，下半部分从左到右，逐渐突出的浪花增加了灵动感。徽章顶部两侧印刻主题文字"中国在国际海底区域获得多金属结核矿区"，底部印刻获批的时间"1991"。徽章中间图案有4个元素：一是大洋中部版图，国际海底共同开发区，二是用五星红旗表示了中国先后获批的5个矿区位置，三是执行海底勘探的"蛟龙"号载人潜水器，四是"蛟龙"号下潜时形成的大洋海浪。

徽章彰显了中国在国际海底开发领域的实力和话语权，寓意中国在海洋科技领域取得的重大进展。

（八）"钓鱼岛 中国的固有领土"纪念徽章

徽章以中国维护钓鱼岛主权和海洋权益为主题。2012年，中国针对日本政府非法"购岛"行为，进行了强烈回应，表明中国对钓鱼岛拥有无可争辩的主权，同时采取了一系列的反制措施，包括公布钓鱼岛及其附属岛屿的领海基点基线，公开发布"钓鱼岛 中国的固有领土"蓝皮书，中国海监船只对钓鱼岛及其附属岛屿海域进行常态化监视监测和巡航执法等。

  徽章为圆形设计。徽章背景色调由深到浅，突出了白色的执法船和绿色的钓鱼岛。徽章顶部印刻主题文字"钓鱼岛 中国的固有领土"。徽章底部的海浪，将外侧圆和内部图案融入一体。徽章中间图案主要有两个主题元素：一是中国国旗所在的钓鱼岛三维影像图，二是带有"中国海监"标识的执法船。

  徽章是"钓鱼岛 中国的固有领土"的宣传载体，表现中国在钓鱼岛问题上一贯的明确的立场。

附　录
我们用档案点亮新中国的蓝色印记

本文原刊载于《中国自然资源报》2023年6月8日1309期第4版

1983年，海洋档案馆在天津应势而立，与国家海洋信息中心一个单位、两块牌子。2007年9月，经国家档案局批准，海洋档案馆正式更名为中国海洋档案馆。40年来，尤其是近10年，中国海洋档案馆在强化档案资源建设、档案信息化建设和档案安全保障能力建设的同时，抢救性收集新中国海洋的社会记忆，开发档案文化产品，让"深闺"珍品走向了大众视野，点亮了新中国的"蓝色印记"。

一、抢救珍贵史料，丰富蓝色典藏

2012年，中国海洋档案馆关于征集1963年提出《关于加强海洋工作的几点建议》的29名专家档案的工作方案获批准实施，标志着海洋档案史料征集工作正式启动。2017年，为解开馆藏漂流瓶档案的疑惑而开展的青岛寻觅之旅，则推动了海洋口述历史采集工作的常态化发展。

10年来，为建立29名专家的群像记忆，档案人员辗转多地，寻访他们的家属、同事和学生，获得了档案资料近4000件，更有幸获得了刘光鼎院士和文圣常院士对新时代海洋工作的亲笔勉励。如今，这些专家虽都已离开人世，但他们留下的照片、手稿、书籍和物品等已被永久珍藏，成为新中国海洋事业启程不可或缺的佐证。

近年来，中国海洋档案馆采访亲历者近90人次，获得口述历史资料约3.2TB、7500分钟。新中国海洋事业发展征途上的南极考察等重大事件，通过亲历者的讲述愈加生动、翔实，这些口述历史资料也让历史更加鲜活、可感，让新中国的蓝色印记熠熠生辉。

不仅如此，档案人员没有放弃任何一次填补馆藏空白、丰富馆藏的机会。他们通过网络收集、社会征集、口述采集、仿真复制、共享交换等途径，获得珍贵史料近7600件，极大地丰富了新中国海洋的社会记忆。

二、强化能力建设，打造品牌效应

2019年，《去地球南端上抹一道中国红》微视频获评国家档案局、国家发改委为庆祝新中国成立70周年，组织的建设项目档案微视频征集活动特等奖。2021年，"蓝色印记"档案展厅获评国家档案局庆祝中国共产党成立100周年特别案例。这些都是对中国海洋档案馆服务工作的高度评价。

10年来，中国海洋档案馆加强音像档案管理能力建设，配备了专业化的档案影音采编设备，为自主研发视频类档案产品创造了条件。同时，档案人员精心打造"蓝色摄像头"档案视频品牌，产出200余部作品。其中，有音影素材艺术合成的专题片，如《一个大国的承诺》《为星辰与大海相遇》；有以亲历者诉说为核心的纪录片，如《印象108乙机》《一个摄像师眼里的首次南极科考》《太平洋上放气球》；有原始音像档案精剪片，如《影像中的海洋情报所》和《档案里的海洋日》系列短视频等。

10年来，中国海洋档案馆在各类纪念日举办主题档案展览，如"蓝色印记"档案展厅就是在新中国成立70周年和中国共产党成立100周年之际开展的主题海洋档案展览。展览通过新颖的表现形式，带给观展者沉浸式的体验，再现了新中国海洋事业走过的不平凡历程和取得的成就。

中国海洋档案馆还围绕"那年今日""海洋人物"等主题，挖掘撰写档案背后的故事，向社会发布。近10年来，档案人员原创、整编、转载各种类型档案文章约900篇，广受好评。

三、打通传播途径，探索体系建设

2017年11月，在"档案服务海洋强国建设"主题研讨会期间，一场由6部短视频和2个档案图片展组成的文化盛宴，首次规模化地展现了海洋档案的文化魅力，获得与会代表的一致好评。

10年来，中国海洋档案馆的档案文化产品通过"海洋档案"微信公众号和"海洋档案信息网"同步发布。多部产品被"学习强国"平台，"i自然全媒体""观沧海"等公众号以及国家档案局网站、科普中国网站等转载。"蓝色印记"档案展厅自开放以来，接待了来自中央和国家机关、自然资源部派出机构和直属单位、海军、沿海自然资源管理部门、天津市党政机关和各地多所学校的数百批次参观者。

越来越多的社会公众通过海洋档案文化产品，了解了新中国海洋发展的历史和成就，改变了对档案馆"发黄故纸堆""密级档案盒"的刻板印象，"知档案、看档案、认档案"的社会氛围逐渐扩大。同时，中国海洋档案馆不断探索海洋档案文化产品开发体系建设，初步构建了由规划计划、制度规范、资源管理、产品开发、传播服务5个层面组成的工作框架。史料收集、产品开发和传播服务相辅相成，同主题产品实现多样化，同类型产品实现系列化。

2020年，是我国首次洲际导弹全程飞行试验成功40周年，中国海洋档案馆研制主题鲜明的档案产品32个，包括短视频、展览、大事记图鉴、史料故事、纪念文章等，开展了为期2个月的集中式发布，展现了海洋工作的卓越贡献。